珍藏本
纪念版

汉译世界学术名著丛书

自然的体系

或

论物理世界和精神世界的法则

上卷

〔法〕霍尔巴赫 著

管士滨 译

2017年·北京

Par Le Baron D'Holbach

SYSTÈME DE LA NATURE

ou des Lois du Monde Physique et

du Monde Moral

Londres 1777

本书根据 1777 年伦敦法文版译出

汉译世界学术名著丛书
（120 年纪念版·珍藏本）
出版说明

2017 年 2 月 11 日，商务印书馆迎来 120 岁的生日。120 年前，商务印书馆前贤怀揣文化救国的理想，抱持“昌明教育，开启民智”的使命，立足本土，放眼寰宇，以出版为津梁，沟通中西，为中国、为世界提供最富智慧的思想文化成果。无论世事白云苍狗，潮流左右激荡，甚至战火硝烟弥漫，始终践行学术报国之志，无改初心。

迻译世界各国学术名著，即其一端。早在 20 世纪初年便出版《原富》《天演论》等影响至今的代表性著作，1950 年代后更致力于外国哲学和社会科学经典的译介，及至 1980 年代，辑为“汉译世界学术名著丛书”，汇涓为流，蔚为大观。丛书自 1981 年开始出版，历时三十余年，迄今已推出七百种，是我国现代出版史上规模最大、最为重要的学术翻译工程。

丛书所选之书，立场观点不囿于一派，学科领域不限于一门，皆为文明开启以来，各时代、各国家、各民族的思想与文化精粹，代表着人类已经到达过的精神境界。丛书系统译介世界学术经典，

一

18世纪在法国是一个有着非常重要意义的历史时期。在这时期中,法国无论政治上还是经济上,都在经历着一种前所未有的蜕变。这时期的法国基本上还是一个农业国家。土地的大部分掌握在两个占统治地位的封建阶层——贵族和僧侣手中。他们把土地交给农民耕种,用名目繁多的各种苛捐杂税对农村进行残酷的掠夺和剥削。农民不仅对封建领主要交税,对国王要交税,对教会也要交税。当时虽然很少地方保留了农奴制度,可是各式各样的封建义务和重重捐税,已足使农民遭到破产。疾病、贫困、饥饿驱使农民放弃田地,流入城市。遇到荒年,便只有"吃野草,啃树皮,像苍蝇一样地死去……"①

和极端贫困的广大农民的悲惨命运形成鲜明对照的,是那些享有特权的贵族老爷们和教会中的高级僧侣。他们作威作福,过着荒淫奢侈的生活;对国家几乎免缴任何捐税,却享受着王室的恩俸、薪俸和津贴。当时的法律禁止贵族经营工商业,这就更有助于在社会上形成一支吞食国家收入的寄生队伍。大部分的封建领主向往城市的浮华生活,都离开庄园,把农业经营交给雇佣的管理人员,对农业的生产技术和生产工具不闻不问。农民在饥寒交迫,疲惫不堪的情况下,自然更谈不到有什么生产情绪。这样,封建农业生产的再生产的能力就丧失了,而作为封建经济基础的农业,就陷

① 弗·罗凯:《18世纪法国社会思潮》,第111页。

于严重的瓦解的危机之中。

另一方面，我们也不可不看到，尽管法国在18世纪还是一个农业国家，但同时它也已经有了相当发达的工业。当时的法国有制造各种商品，如棉纱、毛织品、麻织品、花边和陶器等的手工业生产，也有了容纳几千名工人的煤矿、呢绒、瓷器、玻璃、花毡、冶金工厂等大规模的工业生产。这些工厂的产品不仅供应国内市场，而且远销海外。随着工商业的发展和资本主义生产的增加，占有生产资料的资产者便逐渐形成了一个阶级，也就是资产阶级。

正如恩格斯所说："资产阶级没有科学便不行。"[①]在法国，情况也正是如此。"随着资产阶级的成长，科学也大踏步地成长起来了。天文学、物理学、解剖学和生理学的研究，又重兴起来了。资产阶级为了它的工业生产的发展，就需要有科学来研究物体的物理属性和自然力的表现形态。"[②]资本主义工业生产的发展一方面推动了科学研究向前迈进；另一方面，科学的日益进步又反过来给工业提供了新的技术和发明，大大提高了资本主义工业的生产力。

可是，在封建制度下面，资本主义工业的发展遇到很大困难。它主要受到下面几种封建组织形式的束缚。第一是行会制度。行会制度最初只是为保护工商业自己的权益而制定的。它的作用在于严格规定生产商品的规格、种类、数量和质量，以及行东、帮工与学徒之间的关系。行会的纳贡是国王政权收入的主要来源之一，受到政权的支持。随着资本主义工商业的发展，它越来越表现出

①② 恩格斯：《社会主义从空想到科学的发展》，人民出版社1963年版，第18页。

是束缚生产力的一种桎梏,在采用新技术、组织管理、提高产量和生产新品种等等方面,变成了很大的障碍。第二是当时的法国几乎仍然处于封建割据的局面,全国极不统一。各省各地不仅有自己的法律、自己的度量衡标准,而且有自己的关税规定。[①] 这样,资产阶级在国内各省间进行贸易便遇到了极其严重的困难。此外,封建的贵族老爷们是轻视工商业的。尽管资产阶级在经济上已成为一种强大的力量,但是在政治上却没有丝毫权利可言,因而往往遭受封建贵族阶层的摧残和压迫。

以上对于18世纪法国政治经济情况的简单描述,说明当时的封建生产关系已成为生产力发展的巨大障碍,与生产力发生了尖锐的矛盾。新兴资产阶级为了维护自身的利益,不得不向封建的统治阶级展开斗争。这种情况必然要在意识形态方面得到反映。因此,旧的封建制度和作为这一制度之有力支柱的宗教神学体系,成为代表先进资产阶级的思想家在思想战线上斗争的主要目标,也就是很自然的事了。

我们所要介绍的霍尔巴赫的这部《自然的体系》,就是在这一背景上产生的。

二

《自然的体系》是1770年在荷兰的阿姆斯特丹匿名出版的。出版后立刻使整个西欧受到震动。而不久以后,就接连遭到封建

① 参看恩格斯:《反杜林论》,人民出版社1956年版,第169页。

的御用学者和狂热的卫道者们恶毒的诬蔑和攻击。光以多卷本形式出现的驳斥这部著作的书，十年之内就不下四五种之多。[①] 人们也许要问，这部书究竟什么地方有违时讳，致使这些大人先生们如此切齿痛恨？这，只要把著者的一些观点和当时流行的思想对照一下来看，自然不难明白。

我们知道，从中世纪继承下来并且得到不断精工提炼的宗教神学体系，在18世纪法国思想界中基本上仍然处于统治地位。虚构的宗教世界观是当时一切政治、社会、法律、道德的思想基础。教会依据这种神学体系，制定出无数清规戒律，作为人们一切思想和行为的规范和指针；使人精神上保持着愚昧，堵塞人们追求真理的道路，从而在思想上有力地支持了当时的封建统治。

这种情况在先进的资产阶级思想家看来是无法容忍的。《自然的体系》的作者便是针对这种神学的思想体系提出了自己的一系列唯物主义观点，并且对之进行了无情的攻击。翻阅《自然的体系》这部书，我们可以到处碰到这样一些观点的对立。

---

① 例如：伯尔日（Bergier）的《唯物论的考察》（*Examen du matérialisme*）或《对自然的体系的驳斥》（*Réfutation du Système de la Nature*），1771年，分两卷；德耐斯勒（Denesle）的《新老哲学家关于人类灵魂的偏见》（*Préjugés des anciens et des nouvaux philosophes sur l'âme humaine*），1775年，巴黎版，分两卷；柏林的加斯底甬（Castillon de Berlin）的《对自然的体系的观察》（*Observations sur le système de la nature*）；居瓦桑（Duvoisin）的《反对无信仰者新约全书的权威》（*L'autorité des livres du Nouveau Testament contre les incrédules*），1778年巴黎出版；《关于自然宗教的辩论》（*Essai polémique sur la religion maturelle*），1780年，巴黎出版；洛什弗尔（Guillaume de Rochefort）的《对〈自然的体系〉的反驳》（*Réfutation du Système de la Nature*），1771年，巴黎出版；圣·马尔旦（Saint-Martin）的《关于真理的误谬的书》（*Livre des Erreurs de la vérité*），1775年，巴黎出版。当时伏尔泰也写了一个小册子来反驳这部书，书名为《上帝——对〈自然的体系〉的答复》。

神学家和唯心论者肯定有超自然的实体;而我们的作者却说:“人们所设想的那些超自然或与自然有分别的东西,往往是些虚幻的事物,我们永远不可能对这些虚幻的事物形成真实的观念,也不可能对于它们所占有的地方和它们的行动的方式形成真实的观念。”[①]在自然“这个包容一切的圈子之外,什么也不存在,什么也不能有”。[②]

神学家和唯心论者强调形而上学的重要性,认为不理解超自然的实体的属性,就不能正确理解自然的规律以及人与人之间的关系。而我们的作者却说,人首先应该研究“物理学”,研究“自然”。那些“想在成为物理学家之前先成为形而上学家”的形而上学家们,是愚蠢的,因为他们丝毫没有认识到“人是自然的产物,存在于自然之中,服从自然的法则,不能超越自然,就是在思维中也不能走出自然;人的精神想冲到有形的世界范围之外乃是徒然的空想”。[③]

神学家和唯心论者大力宣扬物质是一堆僵死的、被动的、没有生气的东西,自己没有运动能力,因此企图给神是宇宙的原动者这一说教寻找论据;而我们的作者却说,这是“完全归于徒劳的”。“既然自然是一个巨大的整体,在它之外什么也不能存往,因此自然只能从它本身得到运动。……运动是从物质的本质中必然产生的”。[④]

神学家和唯心论者不仅把世界分为精神世界与物质世界,而

---

①②③ 《自然的体系》,上卷,第1章。

④ 同上书,第2章。

且也把人分为精神的人与肉体的人；也就是说人具有灵魂与肉体这两种在性质上有着本质不同的东西。正如物质世界从属于精神世界一样，人的肉体从属于人的灵魂。灵魂由于自身的单纯性，是不死的。而我们的作者却说，所有这一切学说完全是“狂热的想象的产物”，是“彻头彻尾的胡说”。“人是一个纯粹肉体的东西；精神的人，不过是从某一个观点——即从一些为本身机能所决定的行为方式去看的同一个肉体的东西罢了。”①“只要肉体还具有生命，灵魂便是就肉体的某些作用或它所能具有的某些存在方式和活动方式去观察的肉体自身。”②“灵魂与肉体是一同消亡的。”③

神学家和唯心论者根据灵魂不死和来世说主张现世不过是走向来世的一个过渡，人的真实利益在天上而不在尘世。而我们的作者却说，这些说法“不过是一种幻想”，④是“单为讨好或迷乱一般不肯推理的常人的想象而创造的概念”；⑤“阻止他们从事于自己真实的幸福，阻止他们去想改善他们的制度、法律、道德和科学”；⑥这个教义正是教士们的“权力的基础、他们的财富的泉源……。”⑦

神学家和唯心论者连篇累牍地著书立说，为没落的、反动的封建专制制度涂脂抹粉，为暴政和教会的倒行逆施进行辩护，为帝王将相们的“丰功伟业”歌功颂德，而我们的作者却说：“颤抖吧，残暴不仁的国王们！你们把自己的属民们抛在苦难和眼泪里，你们蹂躏了国家，你们把大地变成了一片荒凉的墓园；你们为那些血迹，

① 《自然的体系》，上卷，第 1 章。

② 同上书，第 7 章。

③④⑤⑥⑦ 同上书，第 13 章。

那激怒了的历史将要在它下面把你们给后世的子子孙孙描画出来的血迹，而颤抖吧！无论是你们那豪华壮丽的建筑物，还是你们那威严赫赫的胜利，还是你们那数目庞大的军队，统统不能拦住后代人民对你们可恶可恨的幽魂破口大骂，为你们犯的那些惊人的罪行而替他们的祖先报仇雪恨！”①

不难想象，像这样一部充满和当时思潮相敌对的观点和情绪的著作，是无论如何不可能见容于当世的。这部书之所以成为众矢之的，封建制度的卫士和狂热的护道者们之所以把这部书看成是一部“危险的”、“万恶的”、“大逆不道的”书，看成是洪水猛兽，其原因主要也正由于这部书具备了为当时一般唯物主义著作所没有的两个突出的特点。

第一，《自然的体系》的作者在这部书中坚决地站在唯物主义的立场上，反对一切形而上学和唯心论；对统治当时思想界的神学思想体系作了全面的、尖锐的批判和攻击。作者用唯物主义这一锐利的武器严重打击了宗教的神学世界观，毫不留情地批判了建筑在这一世界观上面的虚伪的政治、社会、宗教、法律和道德学，尽管作者由于当时科学和历史的局限，对这方面的批判基本上还是唯心主义的。作者对宗教和教会的批判是如此坚决、彻底，他不仅反对某种形式的宗教，而是反对一切形式的宗教。他对宗教所进行的斗争是公开的、毫不妥协的；在他全部唯物主义的思想体系中，不给宗教信仰留下丝毫可以容身的余地。这样，这部书就不仅大大触怒了统治者和宗教的维护者，甚至像伏尔泰这种具有唯物

① 《自然的体系》，上卷，第14章。

主义倾向、坚决反对教会，但又对唯心主义让步而信仰自然神论的人们，也转而对这部书猛烈攻击了。

另一方面，我们也不能不指出，《自然的体系》的作者绝不是一个只有“破”而没有“立”的哲学家；《自然的体系》这部书也绝不是一本充满政论，间或闪烁着一些唯物主义思想微光的即兴之作。相反，它乃是“一种严肃而长久的沉思”[①]的结晶。拉梅特利的《人是机器》(*L'Homme, Machine*)，只是根据当时的科学发展部分地阐述了唯物主义的真理；狄德罗则诚然有着远为深刻的唯物主义思想，并且不时具有天才的、含有辩证因素的猜测，但他的哲学著作则失之零散，缺乏宏伟的构思和严密的组织。爱尔维修的《精神论》(*De l'Esprit*)无疑是 18 世纪法国唯物主义哲学的一部代表作，“具有真正法国的性质”；[②]但著者的意图主要是根据洛克和霍布斯的哲学，在社会伦理这一领域里，发挥了他的社会契约论和功利主义的思想。而《自然的体系》之不同于上述诸家著作的地方乃是在于，在这部密密匝匝印满六百多页的两巨册的著作中，著者充分利用了当时自然科学的一切成果，概括地总结了过去所有先进的唯物主义思想，以严谨有力的逻辑形式，通俗明确的文字，第一次科学地、系统而全面地阐述了唯物主义的世界观、认识论以及有关政治、社会、伦理、宗教等各方面的观点，从而构成了一部在内容和形式上严密统一的巨著。后来肯于在自己写作的哲学史上提到霍尔巴赫的名字的资产阶级哲学史家们，大都称《自然的体系》是

① 《自然的体系》，上卷，著者自序。

② 马克思、恩格斯：《神圣家族或对批判的批判所做的批判》。《马克思恩格斯全集》，第 2 卷，人民出版社 1957 年版，第 165 页。

一部18世纪的“唯物主义的圣经”。[①] 这样一部作品,在封建帝王和教会权威的心目中,便无异于是一个“巨大的唯物主义的幽灵”,时刻威胁着他们的宝座和祭坛,这部书遭到迫害,又有什么可奇怪的呢?

第二,《自然的体系》这部书通篇洋溢着强烈的革命战斗精神。

作为18世纪法国先进的资产阶级思想家之一,我们的作者对自己时代的矛盾是有着深刻的理解的。严重束缚着资本主义向前发展的是当时的封建专制制度和腐化顽固的教会的精神统治。在某种意义上来讲,教会的精神统治较之暴政更有利于封建制度的保存;因为它在人民精神上散布蒙昧主义,用神圣化了的无数戒条、习惯、权威、成见等等无形的东西,蒙蔽人们的眼睛,使他们看不到历史发展的必然性,看不到不合理的现实。我们的作者充分意识到,如果不揭穿这一骗局,使人的理性清明起来,就根本谈不到科学的发展和人类精神的进步。伏尔泰和孟德斯鸠在这方面诚然作出了出色的贡献。但是霍尔巴赫在这方面作得更彻底、更坚决。在《自然的体系》这部书中,霍尔巴赫勇敢地高举起唯物主义的大旗,号召人们起来向自然进军,打倒一切形式的宗教、迷信、权威、成见和一切中世纪遗留下来的废物,让经验去代替想象,让科学去代替玄学,让理性恢复它原来崇高的地位去判断一切……。他以极端蔑视的态度公开攻击宗教,以极端愤懑的心情揭露暴政的不合理性。坚决反对宗教、坚决反对暴政的革命精神,成为这一

① 见温德尔班:《哲学史》(*Windelband:A History of Philosophy*)英译本,第481页;霍夫丁:《近代哲学史》(Höffding:*History of modern Philosophy Vol. I*)英译本,第481页;蒂欧纳:《哲学史》(Turner:*History of Philosophy*),第503页。(英文版)

著作的基调。著者用《自然的体系》作为他这一著作的书名，未尝不意味着对当时“醉心于超自然事物”的形形色色的形而上学家和唯心论者们的一种挑战。

恩格斯正确地指出：“在法国为行将到来的革命而开导人们头脑的那些大人物，本身也是非常革命的。他们不承认任何种类的外界权威。宗教、自然观、社会、国家制度等一切都受到无情的批判；一切都要站到理性的审判台面前来，或者辨明自身存在的理由，或者放弃自己的存在。思维的理性成了衡量一切现成事物的唯一尺度。”①

读《自然的体系》，使人不禁想到它的作者和英国伟大的唯物主义哲学家培根（Bacon，F. 1561—1626）之间，有着某种相似性。培根生于英国资产阶级革命的序幕时期，历史的使命要求他为资本主义的发展清除前进道路上的障碍，发展科学。培根曾对严重窒息着人类理解力的各种荒谬哲学，尤其是当时占统治地位的经院哲学，进行了坚决的斗争，提倡破除迷信、研究自然、重视经验，并为进行科学研究提供了科学的实验方法。在确立唯物主义路线、解放人类精神、开辟正确的科学研究道路方面，培根确实表现出强烈的革命精神。他针对着被中世纪学者们所严重歪曲了的亚里士多德的《工具篇》（*Organon*）所写的批判著作《新工具》（*Novum organum scientiarum*），便是一篇类乎革命宣言的著作。

然而，不同也是十分显著的。培根所处的时代毕竟不同于《自然的体系》的作者所处的时代。他们虽然都号召人们破除迷信，研

① 恩格斯：《反杜林论》，人民出版社1956年版，第13—14页。

究自然、重视经验,可是前者之主张研究自然,目的主要在于征服自然,使自然为人类服务,以便科学能迅速前进,有利于资本主义的发展。而后者由于所处的历史条件不同,他所主张的研究自然,目的则绝不仅此。他不仅要求人们认识自然规律、从而推进科学,而更重要的是由于认识自然,使人能进而看穿暴政和教会所玩弄的把戏,挣脱暴君和宗教的枷锁,过幸福美好的生活。“人只因为对自然缺乏认识才成为不幸者。”[①]历史告诉我们,波旁王朝的统治者伙同教会中的权势,对广大的农民和手工业者进行了多么惨无人道的剥削和压迫。这些不幸者劳动终年,到头来一无所有。他们连起码作一个人的基本权利都已丧失,日夜挣扎在死亡线上,处于水深火热之中。教会更在人的精神上撒下了天罗地网,用天谴神怒的恐怖捆绑住人们的手脚,使他们卑躬屈膝、百依百顺、不得反抗。在这样一个暗无天日的社会中,凡稍有一点良心的哲学家是不会把自己关在象牙之塔中,去编造自己美妙的体系的。连出身贵族的高傲的伏尔泰也不能无动于衷,还为苦难重重的农民们写了《致王国全体公务人员的请愿书》;至于整天与贫苦农民为伍的乡村神甫让·梅叶[②],就更不消说了。总之,生活在这个时代的思想家,不能不重视“尘世的利益”、“尘世的世界”,[③]不能不把如何取得一种最起码的幸福生活这一问题,摆在自己哲学思考的

① 《自然的体系》,上卷,著者自序,第5页。

② 让·梅叶(Jean Meslier,1664—1729)是18世纪法国著名的唯物主义者和空想共产主义者。他的《遗书》(*Le Testament*)是18世纪杰出的无神论著作;中译本三卷,商务印书馆1959年版。

③ “17世纪的形而上学的衰败可以说是由18世纪唯物主义理论的影响造成的,这正如同这种理论运动本身是由当时法国生活的实践性质所促成的一样。这种生活

首位。这一点足以给我们说明，何以在《自然的体系》中，我们看不到什么“归纳法”，而只看到无神论，看不到什么“二重真理说”，而只看到纯粹的唯物主义。

诚然，《自然的体系》是一部纯粹的哲学著作，但又绝不是一部塞满艰深晦涩的奇特术语的不可思议的天书。它是通俗易懂的、情文并茂的、有血有肉的。它是一个生活在18世纪法国革命前夕的进步思想家思想情感的真实反映。读着这本书，人们不但可以看到作者所描画的世界图景，使人得到启发；作者对当时的暴政和宗教所表现的强烈的憎恨、对备受压迫和愚弄的不幸的广大人民所流露出的深厚的悲悯心情，使人受到感动；而且人们也几乎透过字面隐隐听到革命的战斗号召，从字里行间嗅到强烈的革命气息。《自然的体系》这部书所具有的这种独特的魅力，也许正是另一种原因，使得统治阶级读了感到惊惶失措、寝食不安，进步的人民读了感到欢欣鼓舞、勇气倍增的缘故吧。

正像法国18世纪其他唯物主义著作一样，《自然的体系》乃是18世纪法国资本主义关系发展的必然产物。它是在当时那个时代的社会政治关系的变革中产生的；是在法国资产阶级革命前夕的阶级斗争的形势中产生的；是在同封建统治阶级所极力维护的腐朽反动的宗教思想的斗争中产生的。由于它一方面，集中地、系统地陈述了先进的唯物主义观点；另一方面，勇敢地、强有力地表

趋向于直接的现实，趋向于尘世的享乐和尘世的利益，趋向于尘世的世界。和它那反神学、反形而上学的唯物主义实践相适应的，必然是反神学、反形而上学的唯物主义理论。”——《神圣家族或对批判的批判所做的批判》，《马克思恩格斯全集》，第2卷，第161页。

达了战斗的无神论思想,这就使它超出了当时一般唯物主义著作而成为西方唯物主义史上极其重要的文献之一。但是必须指出,由于历史和科学的局限,这部著作毕竟还不可避免地带着一些严重缺点。因此,当我们今日来读它的时候,就必须以历史主义的眼光来看待它,既要指出它包含的正确的、进步的方面,予以肯定,也要对它所包含的错误的、不正确的思想,加以批判。

三

霍尔巴赫在《自然的体系》中阐述了自己的全部唯物主义哲学观点。正如一切伟大的哲学家不是凭空创造出自己的哲学思想体系一样,霍尔巴赫的哲学思想也有它自己的渊源:他的哲学思想是继承了西方哲学史中优秀的唯物主义哲学思想并加以发展而形成的。确切些说,他的哲学乃是英国唯物主义和法国唯物主义的结合。作为他全部哲学之出发点的自然观,则主要受了笛卡尔(Descartes, R.)的物理学的影响。

笛卡尔是法国17世纪唯理派的伟大哲学家。在他研究物质实体亦即他的物理学这一部分中,含有许多重要的唯物主义因素。马克思在论及笛卡尔时就指出,笛卡尔"把他的物理学和他的形而上学完全分开。在他的物理学的范围内,物质是唯一的实体,是存在和认识的唯一根据"。[①]

① 马克思、恩格斯:《神圣家族或对批判的批判所做的批判》。《马克思恩格斯全集》,第2卷,人民出版社1957年版,第160页。

笛卡尔的物理学在哲学史上之所以具有重要的意义，并使霍尔巴赫在思想上得到强烈共鸣的，主要的是由于他明确地从物质和运动出发来解释世界。他在自己的物理学中表述了以下一些主要思想：世界是物质的、无限的；物质的属性是广延，因而一切物质的东西都可无限地分割；没有绝对的真空；世界上形形色色的现象都起于运动；运动就是物质微粒在空间的位移；宇宙中的运动是永恒的；运动总量恒常不变；物体是被动而非自动，神是运动的第一原因，等等。

尽管霍尔巴赫不能完全同意笛卡尔在物理学中所主张的一切观点，但却并不妨碍他在笛卡尔物理学的一些基本原理的启发和指导之下，建立起他自己的自然观。

那么，霍尔巴赫是怎样看待并说明自然的呢？

在这个问题上，霍尔巴赫的唯物主义思想表现得十分明确。他首先肯定了世界的物质性，认为世界上一切事物和现象都应归结为物质和运动。他写道："宇宙、这个一切存在物的总汇，到处提供给我们的只是物质和运动"[①]；"变化多端、以无穷无尽的方式组合的物质，不断接受并且传导各式各样的运动。这些物质的不同特性、不同组合、这样变化多端的方式，给我们构成了事物的本质。"[②]

很清楚，在霍尔巴赫看来，自然不过是一个包罗万象的巨大的整体。在这整体里，所有一切存在物都是"被多式多样地组合着、被多式多样地改变着并根据自己的性质而活动"的物质。矿物、植

①② 《自然的体系》，上卷，第1章。

物、生物如此,即使神学家和唯心主义者认为赋有崇高灵性的“人”,在《自然的体系》的作者看来也并不例外。人是什么呢?人是“一种物质的东西,他的组织或构造使他能够感觉、思维,能够以对他自己、对他的机体、对聚集在他身上的物质之特殊组合才是适宜的某些方式去接受种种变化”。[①]

物质分子之不同的性质、不同的配合、不同的活动方式,构成了自然中形形色色的事物和现象。这些事物和现象尽管各不相同,但它们都有共同的基础:物质性。“物质是永恒的和必然的,而它的组合和形态却是一时的和偶然的。”[②]

主观唯心主义者贝克莱(Berkeley, G.)主教否认物质的存在,竭力宣扬整个世界只存在于我们想象之中,世界上形形色色的事物不过是一些幻想和空想,是一些“表象”。霍尔巴赫坚决反对贝克莱的主观唯心主义,他说,我们虽然不认识物体构成的原素,但毕竟还认识物体的一些特性或性质。我们是由物质在感官上产生的不同的结果或变化,来判别各种不同的物质的。我们觉知它们,是因为它们有广延、有易动性、可分性、坚固性、引力和惰性。从这些一般的、最初的特性中又产生另外一些特性,比如密度、形状、颜色、重量等等。因此,“对于我们说,物质,一般地就是以任何一种方式刺激我们感官的东西;我们归之于各种不同的物质的那些特性,是以物质在我们内心所造成的不同印象或变化为基础的。”[③]

①② 《自然的体系》,上卷,第6章。

③ 同上书,第3章。

可见，对于霍尔巴赫，物质是我们感觉的依据，而使我们得以有了感觉的，则是物质的运动。由于运动，自然界的存在物才给我们以印象，我们才能认识它们的存在，判断它们的性质，把它们彼此加以区分，把它们分别归于不同的种类。也正是由于运动，我们才能在自己的器官和内在或外在于我们的存在物之间建立关系。

必须指出，霍尔巴赫对于运动基本上仍然局限于笛卡尔对于运动的理解。他写道："运动就是一种努力，由于这种努力，一个物体改变或倾向于改变位置。"[①]尽管霍尔巴赫提到所谓内在的或隐藏的运动这一说法，但并不能因此说他已理解了发展变化的观念。为弄清这一点，让我们看看他对运动到底是怎样理解的吧。

霍尔巴赫说，宇宙中的一切事物都在运动，没有一个是停在绝对静止状态的。但是所有这一切运动，归根到底，不外以下两种：一是质量的运动，另一是内在的或隐藏的运动。质量的运动是指一个整个的物体从一个地方转移到另一个地方而言，比方石头坠地、球的滚动、手臂摇摆或改变位置等等。这类运动在我们是可以感觉到的。内在的或隐藏的运动则有赖于物体特有的能力，或是说，有赖于物体所由构成的物质之不可感觉到的分子的本质、配合、作用与反作用。这类运动并不显示给我们，我们只是从一些物体在若干时期以后见到的衰败或变化上来认识这种运动。比方，发酵作用、一棵植物或一个动物凭着一些运动而生长、壮大、衰退、获得一些新的性质等等。

① 《自然的体系》，上卷，第 2 章。

在这里,显而易见,霍尔巴赫是从运动能否为我们感官所感知这一角度来对运动加以分类的。第一种不消说是一种位置转移的运动,完全符合霍尔巴赫对运动所下的定义;而第二种,意义便似乎有些暧昧。是否所谓内在的或隐藏的运动已不再是一种位置转移的运动?如果这种运动之能进行是由于物体所特有的能力使然,换句话说,是由于构成物体的物质的分子的本质、配合、作用与反作用,那么,所谓物质分子的本质、配合、作用与反作用又意味着什么呢?因此需要略加说明。

我们知道,在18世纪,由于自然科学的限制,人们对于物质还没有达到真正科学的了解。霍尔巴赫观察自然,研究自然,得出了这样的结论:物体是由“不同的物质”构成的。他所说的物质实际上就是原素或原质。每一种物质或原质都具有某些性质,正是从物质的性质中,产生了物质的特定的活动方式。比方,在霍尔巴赫生活的那个时代,火、水、气、土被认为是构成物质的最初的原素。火这个原素比起土来就要活泼得多,因此它被认为是活动的本原;土这个原素比火、气、水要坚固而沉重,具有不可入性和凝结性,因此被认为是物体的坚硬性的本原。水是特别有利于物体的配合的,具有特别的融合性,是一种媒介。而气则是一种流质,它提供给其他原素以必要的空间,因此是最易与其他原素配合的一种原素。霍尔巴赫认为,每一种原素的特性就是它们各自的本质,每一种原素都有各自的活动方式或“运动的倾向”。在一种物体或物质中,类似火、水、气、土这类的原素,由于各自的本质以及各种原素的比例、配合、重量、密度、大小等等方面的不同而发生了彼此倾压、相吸相拒、聚合分散的现象。一棵植物,由于从土壤中吸取了不同的原素，这些原素在植物内部不断地聚合、积累、保存、消失的过程，就形成我们在植物外部所看到的那种生成、茁壮、衰败的变化；一只在当天产生并且死去的蜉蝣，在它的内部也是经过同样的过程的。这些在物体内部进行的运动我们无法看到，霍尔巴赫把这种运动叫作内在的或隐藏的运动。

通过上面的说明，我们清楚地看到，霍尔巴赫所谓内在的或隐藏的运动，归根结底不外是原素在物体或物质中的增减聚散的运动；换言之，也就是物质分子在物体内部的位移的运动。在这种内在的运动中，霍尔巴赫也同样把他在说明物理界时所应用的牛顿力学的一些基本规律，应用到物质分子的运动上。如果说这种运动也可称为是一种变化的话，那么它只是量变而非质变。而且我们还认为，“变化”这个概念甚至没有引起霍尔巴赫认真的思考。在《自然的体系》里讨论运动的几章中，霍尔巴赫确实提到变化，但是，当他谈到变化时，只是把变化作为“运动的结果”来考虑，而不是作为“运动的形式”来考虑的。可见，霍尔巴赫所谓的内在的或隐藏的运动，与我们所谓的发展或变化，亦即从量变经过飞跃而达到质变的那种性质上的转化，确实相去甚远。尤其当他把我们具有社会意义的思维、情感和意志也归结为物体内部的分子运动的时候，就更其暴露出霍尔巴赫关于运动的看法中的形而上学的机械论的性质了。

然而，从另一方面来看，霍尔巴赫的唯物主义的彻底性表现得也是很明显的。

第一，霍尔巴赫把思维、情感和意志归结为物质的分子运动，这就清楚说明，他认为精神是从物质派生出来的，物质是第一性，精神是第二性;存在是第一性,思维是第二性。

第二,霍尔巴赫认为,不具有某种性质的物质是不存在的,而物质的性质必然要产生并决定物质的活动方式。这就清楚说明,他认为物质自己能够运动,并不需要任何外力的帮助。

他说:"如果人们问,在物质中,运动是从哪儿来的呢?我们就要回答,正是出于同样原因,它必须无始无终地运动,因为运动乃是物质的存在、它的本质、它的诸如广延、重力、不可入性、形状之类物质原始属性的必然结果。"[①]他又说:"运动在物质之内是自行产生、自行增长、自行加速,并不需要任何外因的帮助";[②]"运动乃是存在的一种方式,它是从物质的本质中必然产生的。"[③]

神学家和唯心论者们之所以模糊人们对于自然的正确认识,在霍尔巴赫看来,目的不是别的,而是企图使人盲目接受他们所极力宣扬的世界是由神所创造的谬论。霍尔巴赫直截了当地揭穿了这一欺骗,他说:"假如我们把自然理解为一堆僵死的、没有特性的、纯粹被动的物质,那么,毫无疑问,我们将不得不在自然之外去寻找它运动的原则;但是假如我们把自然理解为实际上的自然,即一个整体,它的各个不同的部分都有不同的特性,都适应着这些特性而活动,彼此之间都有不断的作用与反作用,都有重量,都引向一个共同的中心,而另外一些部分则离心外引,向外围运动,各个部分都互相吸引与排斥、结合与分离,通过它们继续不断地分合聚散,使我们所看见的一切物体形成与消散,那么,我们便不必乞灵于某些超自然的力量,就能说明我们所见的事物和现象之所以形

①②③ 《自然的体系》,上卷,第2章。

成了。"[①]

这样，霍尔巴赫关于物质与运动的唯物主义观点，就粉碎了宗教关于神创造世界的神话。

不过，人们如果仅仅从物体与运动这方面去理解自然，认为它不过是一切存在物的总汇，其中只有物质与运动，这样的理解还是不完全的。霍尔巴赫认为我们还应该注意到另外一个主要方面：即存在物与存在物、存在物与自然的关系。

在霍尔巴赫看来，自然中的一切事物都是由于自己的存在方式和特有的本质而活动的。正是由于运动，才使它们彼此相互影响、相互起作用，使它们彼此发生了联系。由于事物都具有传递运动这一特性，这一些作为另一些事物之运动的结果的事物，往往又成为另一些事物运动的原因，因此霍尔巴赫断言"在宇宙中一切事物都是互相关联的，宇宙本身不过是一条不断互相派生的原因和结果的无穷锁链"。[②] 在一切都是互相联系的自然之中，就绝不能有所谓独立的能力、孤立的原因和摆脱一切关系的活动。霍尔巴赫还认为，一切事物既然是根据自己特有的本质而活动，那么它们的运动就都是必然的、非如此不可的，是按照一些不变的法则而运动的。可是事物的运动也绝非一些盲目的运动，而一定要有一个方向，这个方向，据霍尔巴赫的意见，就是事物自身的自我保存。

很明显，我们在霍尔巴赫的思想里看到一些辩证法的因素。他一方面说明了世界上的事物是互相联系的而不是孤立的，一方

① 《自然的体系》，上卷，第 2 章。

② 同上书，第 4 章。

面他也承认了客观规律的存在。在他阐述事物间因果关系的时候,强调指出,距离结果最远的原因经常是通过一些中介的原因而活动的,由于这些中介的原因我们就能推究到那些最初的原因。如果我们一时找不到那些中介的原因,也绝不可用一些"超自然的"原因去说明事物的现象,而只能承认自然中还有一些奥秘,我们现在还不认识。这一点充分表明了霍尔巴赫的唯物主义的科学精神。恩格斯说:"当时哲学的最高光荣就是它没有被同时代的自然知识的狭隘状况引入迷途,从斯宾诺莎一直到伟大的法国唯物论者都坚持从世界本身说明世界,而把详细的证明留给未来的自然科学。"①

但是,我们也必须指出,霍尔巴赫在论及因果关系这一点上,过于强调了必然性的作用而忽视了偶然性,甚至把必然性和因果联系等同起来。比如他说,在一阵狂风所卷起的尘土的旋涡之中,或是在雷电交加的一场暴风雨当中,没有一粒沙或一个水的分子是"随便"地摆在那里的。他认为它们都有占据现在所处的地位的充足原因,它们没有不是严格地按照它们应当那样活动的方式而活动的。另一方面,他又把纯属偶然性的原因提到必然性的高度,从而混淆了对事物起决定性作用的本质的原因与非本质的原因的差别。例如他说,没有什么微小的或遥远的原因不会在我们身上有时产生最大、最直接的结果的。"说不定一阵暴风雨的一些最初因素就是在利比亚干燥的平原里聚集起来的,这个暴风雨,被风卷着,向我们奔驰而来,加重了我们的大气,影响到一个人的气质和

① 恩格斯:《自然辩证法》,人民出版社 1956 年版,第 8 页。

情绪，而这个人的处境又能影响许多其他的人，并且依照着他的意志来决定许多民族的命运。"[①]上面这两个例子，典型地表现出霍尔巴赫的非辩证的，形而上学的思想的特点。认为世界上的一切都服从自然的铁的必然性这种纯粹决定论的观点，不可避免地使他走向宿命论。

最后，为了对自然作一番比较完整的考察，霍尔巴赫阐述了存在物和自然的关系。他认为自然同存在物的关系，犹之乎整体对部分的关系一样。作为整体的自然，也像一切存在物一样，是由于自己固有的本质而活动，并且遵循着一种固定不变的法则。从自然本身借取各种原素而形成的种种存在物，它们在自然中尽管进行各式各样的活动和运动，但是都必然地共同协力地致力于自然的保存。一切力、一切本质、一切能力所服从的那个中心力——自然，规范着一切事物的运动。由于自然固有本质的必然性，由于维持它的总的需要，它便使存在物生长而又改变，增多而又减少，再生而又消灭。这样，作为整体的自然，便由于存在物之生与灭的永恒的循环而保持了自己永恒的生命。

从以上所述，我们看出：霍尔巴赫的自然观是一种唯物主义的自然观。他肯定世界统一于物质；他提出了关于物质的真正具有哲学意义的解释；他肯定运动是物质的一种形式，物质有自己运动的能力，因而沉重地打击了创造世界的神学观点；他意识到自然中事物的普遍联系，有客观规律的存在。所有这些，都表明霍尔巴赫是法国 18 世纪具有革命精神的进步思想家。但是我们同时也注

① 《自然的体系》，上卷，第 4 章。

意到,他并不理解运动的多种多样的形式;他对运动的理解只局限于量变而毫无变化发展的观念;他强调因果关系中的必然性而排除偶然性,抹杀本质的原因与非本质的原因的区别。所有这些,又都表现了霍尔巴赫的思想中还带着严重的机械论的形而上学的性质。

四

霍尔巴赫在认识论方面,一如他在自然观方面,同样表现是一个纯粹的唯物主义者。他继承并发展了洛克感觉论中积极的一面,反对笛卡尔唯理主义的天赋观念说。但是,由于他离开人的社会性,离开人的历史发展去观察认识问题和真理问题,不了解实践在人的认识上所起的重要作用,因此他的认识论也像他的自然观一样,是机械的,形而上学的。

霍尔巴赫首先从人类认识来源于客观世界这一唯物主义原理出发,断言我们可以通过感觉认识外界事物。根据霍尔巴赫对自然的看法,我们知道,一切存在物都是处于不断运动中的物质,而物质事物彼此间之所以发生联系,是由于它们相互施与的运动和作用。这样,作为物质事物的人,照霍尔巴赫看来,是借助于感官同外界事物发生了联系的。外界事物只有施作用于我们的感官才使我们获得感觉经验,产生知觉和观念,从而认识事物的规律。因此感官是人同客观世界沟通的一座桥梁,是人认识客观世界的唯一孔道。霍尔巴赫不止一次地指出:“没有感官,就没有什么东西能被我们认识”,[①]“实在,只有通过我们感官,事物才为我

① 《自然的体系》,上卷,第7章。

们所认识。”[①]

但是，认识是一个复杂曲折的过程，感官接受外界物事的刺激不过仅仅是认识过程的一个起点。霍尔巴赫指出，我们感官接受刺激后产生感觉，而这感觉才是真正构成我们对于事物认识的重要因素。那么感觉是什么呢？“感觉乃是这样一种被触动的特殊形式：它是有生命的物体的某些器官所特有，因作用于这些器官的物质客体的出现而引起。”[②]换句话说，感觉就是客观存在的物质世界作用于我们感官的结果。霍尔巴赫进一步从生理的角度对认识活动加以观察，他断言人的感觉器官接受刺激后产生的运动或震动，通过神经传达于脑。他说：“我们借助于散布在全身的神经才能感觉，所以说，我们的身体不过是一根大的神经，或者，它像一棵大树，它的细枝感受到由树干传达而来的树根的活动。在人体里面，神经汇集于脑而又在脑中消失；这个器官乃是感觉的真正中心。”[③]

值得注意的是：霍尔巴赫不仅坚持客观事物作用于我们感官才产生感觉从而使我们认识事物这一唯物主义原理，而且还断言，凡为我们感官所感觉到的一切物体的性质也都是客观存在的。比方，在他不惮其详地分析我们各种感官能力的时候，就明确指出，不仅物体的大小、形状、动静等是外物所实有，而且就是色、声、香、味这些性质，也都是客观的。正因为在外界存在着一些有光的或有颜色的东西，才使我有了光或颜色的感觉；正因为我受到一些发

① 《自然的体系》，上卷，第 10 章。

②③ 同上书，第 8 章。

散着有气味的微粒的分子的刺激,才有了嗅觉,等等。这一点和洛克的学说是有分歧的。我们知道,洛克把物体的性质分为两种。洛克认为广延、形状、动静、不可入性等是第一性质,是客观存在的;声音、颜色、味道等是第二性质,是主观的产物。这样就给主观主义开了方便之门。主观主义者贝克莱便利用了这种观点,把一切性质统统归之于主观,从而建立了他的主观唯心主义体系。霍尔巴赫认为物体的一切性质都是客观的主张,就恰恰突破了洛克关于物体的第一性质和第二性质的薄弱观点,表现出霍尔巴赫唯物主义的彻底性。

霍尔巴赫进一步阐述了从感觉出发的人类的认识过程。他认为外界事物刺激我们感官产生的变化,一旦为内部器官所知,这些变化就成为知觉;当内部器官把这些变化联系到产生这些变化的对象时,它们就成为观念。感觉、知觉把一些个别事物的影像、印象、观念等感觉材料提供给我们脑子,这时我们内部器官所具有的一种所谓思维的能力,才把这些观念等加以配合、分割、比较、革新,从而得到关于事物的概念或判断。他说:"要对思维形成一个明确的概念,就必须一步一步地审察在面临某一事物时我内心经过的是些什么。暂时让我们设想这事物是一只桃子吧:这果子首先在我眼睛上形成两种不同的印象;就是说,产生两种传达于脑的变动:这时,脑子便感受到两种新的方式或知觉,我用颜色和圆这两个名称去表示它们;因此,我便有了一个圆而有色的物体的观念。当我把手伸向这个果子时,我就是在对它使用触觉器官了;立刻我的手感受到三种新的印象,我用柔软、清凉、重量去表示它们;从这里也就产生了三种新的观念。如果我把这只果子挨近我的嗅觉器官，嗅觉器官便又感受到一种新的改变，传给脑子以一个新的知觉和一个我们称之为气味的新的观念。最后，如果我把这只果子放在嘴里，味觉器官便以一种新的方式而被感动，而接着便是一个知觉使我在心中产生了滋味的观念。把所有这些传达给我的脑子的、在我的器官上所造成的各种印象和改变联系起来，就是说，把我所接受的这一切感觉、知觉、观念组合起来，我便有了对于一个整体的观念，这个整体我名之为桃子，我可以对它进行思维，或者说我对桃子有了一个概念。”[①]

从上面这段引文我们清楚地看到，霍尔巴赫显然并不把思维和感觉同等并列地看待，思维是比感觉远为复杂的一种认识活动。尽管他对人的认识如何由低级的感觉过渡到高级的思维活动还缺乏明确的、科学的说明，但他对人类认识过程的阐述基本上是正确的。另外，我们还注意到霍尔巴赫的一个主要思想，即由外界引起的感性知觉乃是人类一切心智活动的出发点。人类的思维、判断、意志、反思等精神活动，都是在感觉的基础上产生的。没有感觉，就不可能进行抽象的思维，因此感觉乃是人类认识的唯一来源。

在这一点上，霍尔巴赫的主张又和洛克的学说发生了分歧。

我们知道，依照洛克的学说，人类的知识都来自经验。但他把经验分为两种。一种是外部经验，这是客观的外界事物对人类感官作用的结果，也就是我们所说的感觉，这种经验来源于外界。在这里，洛克是站在唯物主义立场上的。另外一种是内部经验，也就是洛克所说的反省，这种经验是通过观察人的心灵本身的活动而

① 《自然的体系》，上卷，第8章。

来的。在这里,洛克就显然表露出他的精神实体说的唯心主义倾向了。霍尔巴赫主张感觉是人类认识的唯一来源的论点,就恰恰克服了洛克在认识来源上所表现的唯物主义的不彻底性。

而且,霍尔巴赫的这个论点也有力地打击了笛卡尔的天赋观念说。

笛卡尔在认识论方面是理性主义者。他片面地夸大了理性的作用,认为人类的一切认识都是理性活动的结果而抹杀认识的经验来源。任何观念或命题,只要明白清楚或本身具有自明性,那么它就是真的,既不需要经验的证据,也不需要逻辑的证明。理性凭直觉能够分辨真理。比如,神这个观念在他看来就是明白清楚的。它在人类思想上是一个最完善的观念。它既然包括一切最完善的性质,因此也就应该包括存在的性质在内。这样,笛卡尔的天赋观念说就大大帮助了神学家们,从而维护了宗教。

霍尔巴赫在《自然的体系》中,用了大量篇幅直接或间接地强烈驳斥了笛卡尔的天赋观念的谬论,而他依之作为武器的正是他认为感觉乃人类认识唯一来源这一论点。此外,他还把亚里士多德在两千多年以前就说过的"无论什么进到我们精神里去,都要通过感官"这一有名的格言作了反面的引申,建立了"凡是从我们精神中出来的东西,也就必然应该找到可以把它的种种观念连接上去的某个可感觉的对象"①的唯物主义原则,作为自己在理论上的另一武器,对宗教的唯心主义的各种谬论展开全面的、有力的攻击。在霍尔巴赫看来,有一类观念不但不是什么先天观念,而且简

① 《自然的体系》,上卷,第10章。

直是神学家们虚伪的捏造，比如精神、灵性、非物质性等等。他说，近代人把精神说成是一个具有一种未知的本性的实体，单纯、不可分、没有广延、不可见、不可能被感官所把捉，以致它的部分，即便用抽象或思维也是不能给分开的。“但是，”霍尔巴赫问道，“对于像这样的一个实体，它本身只是对于我们认识的一切东西的一种否定，我们怎样可以思议呢？对于一个没有广延、却能作用于我们的感官，即作用于具有广延的物质的器官这样的实体，我们如何形成一个观念？一个没有广延的东西怎么能够移动并且使物质运动起来？”[1]霍尔巴赫不无讽刺地说：“实在的，毕达哥拉斯也好，柏拉图也好，无论他们头脑发热和他们对于神奇事物的兴味到了怎样程度，好像也从来没有由精神而体会出一种非物质的或没有广延的实体……。”[2]因此，霍尔巴赫说：“当我听人家口口声声说什么灵性呀、非物质性呀、无形体性呀、神明呀等等字眼的时候，我的感官、我的记忆，都不能帮助我；它们都不能供给我构成这些性质的观念的任何方法，也不能提供我应该把这些字应用上去的那些事物：在丝毫不是物质的、不能具有任何性质的东西中，我只看见虚无和空洞”；[3]“思想一些不能作用于我们感官的对象，这就是思想一些字，这就是梦想一些声音”；[4]“所以，只要一个字和它的观念并不使人能把它和任何可感觉的对象联系起来，那么，这个字或这个观念就是从无而来，就是毫无意义的。”[5]在这类观念以外，霍尔巴赫还说有另外一类观念，如道德、本能、理性、趣味等等，一般虽

①② 《自然的体系》，上卷，第7章。

③④⑤ 同上书，第10章。

被称作是先天的观念,其实它们都不是什么无源之水、无本之木,如果仔细推究起来,我们就会发现它们原来都是后天获得的。实际上,所谓先天的观念是绝对没有的。

此外,霍尔巴赫还坚决反对以自明性作为真理标准这种唯心主义观点。他认为真理是观念与客观事物二者间的吻合;真理是存在于人与影响他的事物二者间之恒久不变的关系的认识,这种认识不是建立在完全缺乏巩固性的假想上,而是建立在固定不变的事实和经过证明的经验之上。[①] 换句话说,真理必须得到经验的证实,才是妥当可靠的。

从以上所述,我们看到在认识论方面,霍尔巴赫一直站在唯物主义立场上,发展和修正了洛克的感觉论,反对笛卡尔的天赋观念说,为唯物主义的认识论开辟了道路。他认为人类认识来源于客观的物质世界,通过感觉认识事物;物体的一切性质都是客观存在的;由外界引起的感性知觉是人类一切心智活动的出发点,人类的精神活动包括思维在内,都以感觉为基础,思维是人的脑子的机能等等,所有这些都是正确的,是应该肯定的。但是,霍尔巴赫的认识论也暴露出一些不容掩饰的缺欠:在认识过程方面,他似乎已觉察出感觉与思维二者有所不同,思维显然比感觉是一种更为高级的认识活动,但是他并不明白由感性知觉如何辩证地过渡到理论思维。他不明白人们在实践中引起的感觉和印象反复多次,才在人脑中生起一个认识过程中的突变而产生概念的道理。[②] 尤其严重的是,在霍尔巴赫眼目中,人似乎只是一架物质的机器,被动地

① 《自然的体系》,上卷,第10章。

② 参看《实践论》。《毛泽东选集》,第1卷,人民出版社1952年版,第274页。

接受来自外界的刺激。这种片面的、不正确的看法，使他只注意到人的意识的感受性而忽略了意识的能动作用。他没有认识到，人类不仅能够适应环境，而且还能改造客观世界，因此人的认识并不只限于对客观世界的消极的直观，而是能够更进一步在改造客观外界的实践基础上，不断丰富自己的感觉，深化自己的认识。霍尔巴赫由于离开人的社会性、离开人的历史发展去观察认识问题，因此他不能了解认识对社会实践的依赖关系。事实上，人的认识不能脱离实践，只有在实践——生产斗争的实践、阶级斗争的实践和科学实验的实践——中，才能逐步发现自然物的各种属性、了解自然现象之间的种种关系、认识自然界的各种发展规律和人在生产过程当中所结成的人与人之间的社会关系。另一方面，霍尔巴赫也没有懂得，人的认识不仅产生于实践，而且也正是实践，才能作为检验真理的标准。人在实践中获得关于客观外界的规律性的认识以后，必须把根据这种认识所制定的理论、方案、计划等等，拿到实践中去考验，如果它们如期变为现实，那么这才证明人的认识正确。霍尔巴赫虽然谈到真理必须经过经验的证实，但他所说的经验实际上只是实验，意义是狭窄的。在认识问题上完全忽略了实践这一要素，这就使得霍尔巴赫在观察自然事物时不能不停留在消极的直观阶段，无法深入事物的本质，发现它们的属性和规律；当然也更不可能科学地说明比自然事物更要复杂的种种人类社会现象了。

五

然而，霍尔巴赫毕竟不失为一位杰出的唯物主义者，一位坚决主张无神论的哲学家。《自然的体系》一书就是一个极好的明证。

这本书,通篇贯穿着无神论思想,向神学体系和宗教进行了不屈不挠的、坚强有力的攻击。当然,他的无神论思想的形成绝不是偶然的。

首先,作为哲学家,霍尔巴赫从笛卡尔那里接受了物质和运动的观点,又从洛克那里承继了经验主义的感觉论,认为宇宙是永恒的,物质既不能创造,也不能毁灭;物质凭着自己固有的能力就能恒常运动,因此神在物质世界中毫无立足的余地。况且,说一位既无广延、又无形体,既不可感、又不可见的不动的神,能够推动有形的、可感的物质世界,也未免荒谬之至。可见,从霍尔巴赫唯物主义的自然观和认识论中,导致出一个彻底的无神论的结论,是完全合乎逻辑的。[①]

第二,作为科学家[②],霍尔巴赫重视经验、崇尚理性、尊重事实和自然科学。他认为物质世界是可以认识的。人的认识是一个由已知向未知推进的漫长过程。自然的秘密固然已部分地为人所掌握,但尚有更多的自然现象,人类还不能解释。人必须凭着理性之光和经验的帮助,耐心地探索事物间的因果联系。“自然不过是由

---

① 从本书的注解和引文看来,毫无疑问,霍尔巴赫对过去伟大的唯物论者和无神论者特别是卢克莱修、布鲁诺、斯宾诺莎、霍布斯的著作是很熟悉的。这对霍尔巴赫的无神论思想的形成不无关系。另外,我们相信,霍尔巴赫也受到法国杰出的无神论者让·梅叶的影响。霍尔巴赫在1772年曾把梅叶的《遗书》摘要出版,书名为《神甫梅叶的健全的思想》,尽管梅叶的一些观点霍尔巴赫是不赞同的。

② 霍尔巴赫不仅是一位卓越的哲学家,而且对自然科学特别是化学有着深厚的素养。他曾从德文翻译了几部有关化学的主要著作,对后来法国的化学研究起了有益的推动作用。

原因和结果结成的一条无限漫长的锁链”。如果对某种现象一时找不到原因，就硬搬来一个更为人所不可理会的神作解释，这对我们就只能徒增纷扰，损伤人的理性。

当然，18 世纪末叶以前的自然科学的发展，特别是哥白尼的太阳中心说，和开普勒、伽利略以及牛顿等在天文学和物理学方面有关运动的一些新规律的发现，也大大有助于霍尔巴赫的无神论思想的形成。

第三，作为 18 世纪法国资产阶级革命的思想家，霍尔巴赫，也像他的同道者狄德罗和爱尔维修一样，是重视“尘世的世界”、“尘世的利益”的。他不能不注意那些“忙忙碌碌的”、“动荡不宁的”和“变动不居”的世俗生活问题而没有任何感触。在 18 世纪的法国社会中，那些傲慢、吝啬、伪善、奸诈的贵族和僧侣狼狈为奸，对贫苦无告的农民们进行无耻的压迫和剥削；封建的暴政和伪善的教会互相支持、互相勾结、互相妥协，榨取和奴役人民，迫害热爱真理的斗士；满口天堂地狱的教士们劝人过俭朴克己的禁欲生活，而自己却沉溺在奢侈和荒淫之中……所有这些，霍尔巴赫是都注意到了的。历史和民俗学的记载以及当前活生生的现实，使霍尔巴赫不能不深深感到：

是宗教，让人听信这样的鬼话：“凡人呵！你们生来就是要成为不幸的；你们生命的创造者指定你们要过倒霉的生活；那么，顺从它的意旨，使你们自己成为不幸的人吧。打击你那些以幸福为目标的叛逆的欲望；放弃那些出于你的本质要去喜爱的快乐；不要迷恋尘世上的任何东西；逃开那个只会煽起你们的想象去追求你们应该拒绝的那些好东西的社会；把你们灵魂的动力摧毁；压制你

那想结束痛苦的能动性；受苦吧，忧愁吧，呻吟吧！这对你就是走向幸福的道路"[①]；

是宗教，"在人类精神上散布昏暗的黑夜"，"使人用虚幻的事物毒害自己"[②]；

是宗教，"阻止他们关心自己的真实幸福，阻止他们去想改善他们的制度、法律、道德和科学"，[③]使人"甘心呻吟于宗教和暴虐之下，甘心在错误之中苦熬日子、在有朝一日能够比较幸福的这种希望之中……萎顿下去"[④]；

是宗教，使人"醉心于神奇的和超自然的事物"，"越来越深地陷在错误之中"，以致"医学、物理学、农业，总之，一切有用的科学才进步得这样缓慢，这样长时期地为权威所束缚"，"人类实际上是停留在一个漫长的非常不易摆脱的幼稚时代"[⑤]；

是宗教，使"统治者自己成了社会的专制主人。……对社会没有丝毫义务，一句话，他们是地上的神明，就像七重天上的诸神一样统治着社会，为所欲为"[⑥]；

是宗教，使"很多民族变得麻木不仁，委靡不振，对自己的福利漠不关心，要不，就是把它们投入于疯狂的热情之中，这狂热往往使它们为得到升天堂的资格而竟至自相残杀"[⑦]……

请看，这就是霍尔巴赫对宗教的一些看法！宗教不仅用谎言

① 《自然的体系》，上卷，第16章。

② 同上书，著者自序。

③④ 同上书，第13章。

⑤ 同上书，第1章。

⑥ 同上书，第9章。

⑦ 同上书，第13章。

迷惑人民，使他们忽视尘世的利益，从而便利封建君主们的残暴统治，而且在人民心中散布毒素，使他们精神委靡不振，理性逐渐失去光辉，从而无法推进人类科学文化的发展。宗教不仅是社会道德败坏、怠惰成风的原因，而且竟是民族仇恨和战争的根由！所以，在怀有自由进步思想的霍尔巴赫看来，宗教是封建统治阶级的帮凶，是人类前进道路上的巨大障碍，是必须要铲除的。霍尔巴赫对于宗教危害性的认识和对于宗教的憎恨，很自然会使他产生反宗教的无神论思想。这种思想使他容易接近唯物主义，建立自己的唯物主义世界观和认识论，而后者又反过来使他的无神论的论证获得巨大的说服力。

那么，宗教到底是怎样产生的呢？神的观念又是怎样形成的呢？对于这些问题霍尔巴赫不能不加以思考，以便为根绝宗教迷信寻出切实可行的途径。

在霍尔巴赫看来，宗教来源于人对自然的无知。他说，当人类历史的初期，我们远古的祖先生活在大自然之中，经常遇到一些使他们为之惊愕惶恐、狼狈失措的宏伟的自然现象：风雨大作，雷电交加，山崩海啸，火山爆发，但忽而又万里晴空，风和日丽，花香鸟语，万籁俱寂。这些现象对他们都是无可理解的。于是他们在惊恐、敬畏和感激之余，便以为一定有一些什么超自然的力量存在着，他们便幻想出一些神灵来，认为它们就是自然的主宰。一些比较聪明的人，便发明了祭祀的办法，祈求天上的神灵不再发怒、不再扰乱自然的秩序，这样，宗教便产生了。霍尔巴赫说："由于不认识自然，他创造了种种的神，这些神成为他的希望和畏惧的唯一对象。……人类曾这样长久地在它们下面战战兢兢的那些不可知的

势力以及作为人类的一切不幸的泉源的这些迷信的宗教祭仪,都是从对自然的无知中产生的。"[1]在另外一个地方,他又说:"如果想要弄清楚我们对于神的一些观念,我们就势必得承认,人们用神这个字,从来不过只能指明他们所看到的那些结果之最隐蔽、最遥远、最不为人所知的那个原因罢了:他们使用这个字,只是当自然的和已知的原因的活动对他们不再是可见的时候;只要他们失去了这些原因的线索,或者只要他们的精神再也不能跟踪这些原因的锁链的时候,他们就会用以神为最终原因——即是说,出乎他所认识的一切原因以外的一个原因——这个办法来解消困难,结束了自己的探讨。这样,他们只不过给一个未知的原因指定了一个空洞的名称;他们的懒惰或认识的限制使他们不得不在这里打住。"[2]在这里,霍尔巴赫清楚地说明,人们在追究自然现象的原因时,不肯耐心地由因求果,循序渐进,竟然一下子跳到神那里去,用神来说明一切。这就表明人的无知,也表明人的惰性是很深的。

霍尔巴赫进一步对人在这方面所表现的无知作了具体分析。他认为人在观察自然之后而竟得出神的结论,大都出于对"秩序"和"物质"没有正确的认识。这种错误使他们误入歧途,并由此离真理越来越远。后来的神学家们也正是在这两点上大作文章,去俘虏那些无知的人们。首先,霍尔巴赫指出,自然界的万物是按照一些必然的法则而活动的。作为整体之部分的存在物,它的活动必然要遵循作为整体的自然的总的要求所规定的法则。其实,对

① 《自然的体系》,上卷,第1章。

② 同上书,下卷,第1章。

我们人类来说，在自然中并没有秩序和非秩序的分别。秩序和非秩序只是我们观察事物的一种方式，存在我们心中，而并不存在于客观外界，换言之，秩序和非秩序是主观的。所以霍尔巴赫说，“自然的秩序和混乱其实是并不存在的；我们是在适合于我们生存的一切事物中看到秩序，而在不利于我们的一切事物中看到混乱”[①]。但是人们并没有认识到这一点，他们把秩序误认为是存在于外界的一种安排，一种设计。于是他们想：世间的秩序是这样和谐美好，单凭自然本身的力量是绝对办不到的。因此断言，像这样浩大而精致的工程，必有一个设计者，而这个设计者非有超然绝顶的大智不为功，于是作了结论：在自然之外有一个智慧的神。

其次，霍尔巴赫指出，人们对于“物质”这一概念也没有正确的认识。他们把物质看成是一堆僵死的、没有生气的、纯粹被动的东西。他们没有认识到物质并不需要外力，仅仅凭着自己的能力就能运动。运动是物质的属性，是存在的一种形式。他们把运动的能力从物质本身割裂开来。基于这样的理解，很自然的，他们就不会懂得何以大地山河、日月星辰运动的道理；于是暗自思忖：万物化生，星辰运转，其中定有奥秘在焉。最后，也还是推出一个智慧的神来。

这样，人们一旦推出一个莫须有的神来以后，就完全抛开了理性，一任自己的想象去对神加以描绘、渲染。他们把人的性质予以夸大、予以绝对化而加之于神，以自己作为神的模型。“他们的灵魂用来作为宇宙灵魂的模型；他们的精神就成了支配自然的精神

---

① 《自然的体系》，上卷，第5章。

的模型;他们的热情和欲望就是自然所有的热情和欲望的模型;他们的智慧也就是自然的智慧的模型;凡是对他自己合适的东西,就名之为自然的秩序;这个所谓的秩序就成了自然的智慧的表现;最后,人们在自己身上称为完善的那些性质,就成了神的种种完善性之缩小了的模型”。[①] 人们对于神的观念,实际上就是这样产生的。

霍尔巴赫在对宗教的起源和神的观念的产生作了仔细的研究以后,得出这样的结论:神的观念是虚构的。不是神创造了人,而是人创造了神。理由很清楚:智慧必须以物质为基础,物质是产生智慧的必要条件。因为,“为了要有智慧、有计划和目的,就必须要有观念;要有观念,就必须要有器官和感官”。[②] 观念和思想都是外界事物所引起的,即有客观的内容。说神有智慧,这就等于说神具有获得观念的器官和感官,是可感的。但是这样的神我们从来没有见过,而且这同神学家所宣称的神是纯粹精神的观点直接对立;可见神存在的说法只是神学家们的呓语,神不过是一个幻影。

霍尔巴赫认为,宗教正是利用了人的无知,从神的观念出发,捏造了一系列极其荒谬的学说,比如,来世生活说、君权神授说、僧侣掌有神权说等等。根据这些学说,说什么尘世的生活不过是走向来世生活的过渡,今生的痛苦正是来世幸福的保证啦;说什么君主的权力得之于神,君主有罪直接对神负责,人民不得反抗啦;说

① 《自然的体系》,下卷,第2章。

② 同上书,上卷,第5章。

什么僧侣是神在人间的代理人，君主国王支配世人的肉体和财产，而僧侣则统治世人的心灵啦等等。这些邪说，有力地支持了封建统治阶层对人民的残暴统治，为君主们的倒行逆施作辩护；在人民群众当中起了极有害的麻痹作用，在精神上解除了他们的武装，使他们百依百顺、任人摆布。霍尔巴赫在《自然的体系》中，对这些邪说谬论进行了尖锐的、无情的批判，并彻底地揭露出它们对于人民的欺骗性。

由于霍尔巴赫断言人类的无知产生宗教，随后宗教才给人类带来一连串的错误和灾难，所以他认为宗教是非消灭不可的；但是要绝灭宗教，就首先必须发扬人的理性、研究自然。人类越对自然有认识，那么人类的精神便越会得到进步和发展，其结果就是导致宗教的毁灭。

霍尔巴赫在《自然的体系》一书中，充分发挥了他的无神论思想。他一方面大量揭露了宗教对人类社会的危害性和欺骗性，一方面不惮其烦地对神学和教会的种种荒谬观点，作了逻辑上的批判。除此以外，他还阐述和分析了宗教产生的根源等等问题。应该承认，霍尔巴赫的努力诚然是可贵的。但是作为一位资产阶级的思想家，他在对待社会问题方面毕竟还不可能摆脱历史唯心主义观点；他只看见事物的某些现象而不能深入到事物的本质。因此当他说明社会问题时，就无可避免地暴露出他思想上的局限性。在宗教问题上当然也是如此。

首先，霍尔巴赫并不真正了解宗教产生的社会根源，而片面地认为宗教产生于人的愚昧无知。他没有认识到，宗教，作为一种社会现象，是有着它的物质基础的，是同人的物质生产和生活条件有着密切联系的。在原始社会里,宗教产生的真正原因,并不是人的蒙昧无知,而是原始人为了求得生存,在向大自然进行的严峻斗争中所感到的束手无策和无能为力。在这里,宗教反映了原始社会落后的经济状态,是自然力量施之于人的压迫的产物。当社会发展进入对抗性阶级社会以后,宗教之所以能够继续存在和发展的原因,是人们由于受到社会力量压迫而产生的无能为力感。劳动人民在残酷的阶级压迫和剥削的情况之下,没有力量解放自己,因而不得不求慰于死后生活的幸福;而且,在对抗性社会中,社会发展规律的盲目自发势力,像幽灵一样,时时刻刻用破产、失业、饥饿和死亡威胁着所有的人们,使人处于对自己命运的经常恐惧中。因此,阶级压迫和剥削、贫困、恐惧等等,乃是阶级社会中宗教存在和发展的最深刻的社会根源。霍尔巴赫不从人的物质生活条件中而只从意识本身中去探寻宗教产生的根源,自然不能真正说明问题。

其次,由于霍尔巴赫对宗教产生的根源没有正确的理解,因而他不可能正确地估计宗教在社会上所产生的作用。他夸大了宗教的社会意义,错误地认为宗教思想体系和教会统治是封建社会中一切罪恶的唯一泉源;不用说,他在谋求如何绝灭宗教迷信方面,也就不可能提出切实有效的办法。在霍尔巴赫看来,宗教的产生既然出于人民的无知和受骗,那么,根绝宗教的唯一可行的途径,就只有进行无神论宣传,教育人民,在唤醒人的理性上下工夫。显然,这种想法是肤浅的、唯心的。他没有看到,要彻底消灭宗教,必须首先要消灭产生宗教的社会根源。只有消灭生产资料私有制、消灭一切剥削制度、结合耐心的无神论的宣传教育,最后才能有效地消灭宗教。

霍尔巴赫的无神论尽管有着上述一些主要缺点，但是不容抹杀，它在唤醒人们的宗教迷梦和鼓舞人民反抗暴政方面，确实起了一定的作用。列宁在谈到18世纪法国唯物主义哲学家时曾说，他们“所写的那些锋利的、生动的、有才华的政论，机智地公开地打击了当时盛行的僧侣主义”[①]。我们相信，列宁的评语对霍尔巴赫来说，也是十分确切的。

六

霍尔巴赫生活在18世纪法国封建社会中，深切地体会到宗教迷信侵入政治、社会、立法、教育、道德等领域所产生的种种不幸后果。君主不关心国家大事，沉溺于荒淫无耻的享乐之中；属下们争权夺利，忽视自己应尽的职守；人民呻吟于暴政的淫威之下，乞援于虚无缥缈的神灵。“社会上充满了一大群下贱的奴隶”，政治“成了武装社会成员们的情欲、进行彼此的毁灭，以及对本该给他们创造幸福的结合进行破坏的艺术”[②]。社会上所以产生这样一片混乱的局面，在霍尔巴赫看来，是由于人的理性受到宗教迷信的蒙蔽，当权者不知道结社和政府的目的，人民不认识自己的本性、倾向、需要和权利所造成的。因此他大声疾呼，要人们抛弃成见和错误、在人的本性上来建立社会、政治和道德学。

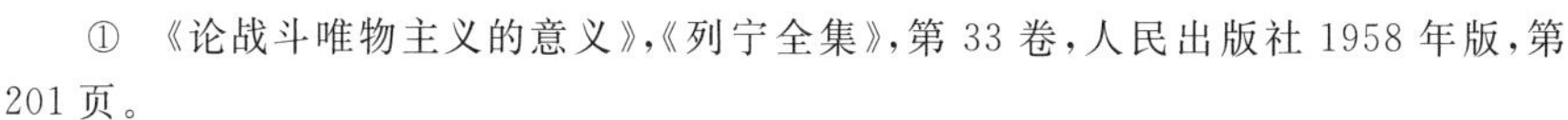

① 《论战斗唯物主义的意义》，《列宁全集》，第33卷，人民出版社1958年版，第201页。

② 《自然的体系》，上卷，第9章。

霍尔巴赫在《自然的体系》中,陈述了自己关于社会、政治、道德等方面一系列的观点。但是必须指出,霍尔巴赫由于受到他的阶级本质以及他的形而上学思想方式的限制,在社会、历史、道德等问题方面,是不可能贯彻唯物主义的。尽管他提出一些对当时来说显然具有进步意义的主张,但他在这方面基本上是唯心主义者。

现在,让我们来看看他的意见。

在社会方面,霍尔巴赫的中心思想是社会契约论。他从导源于他自已的自然观的人性论出发,断言人的本性是趋乐避苦;保存自己并使自己的生存幸福是人生活的目的。为此,人就必须同别人一起营社会生活。他说,人们当汇聚在一起而营社会生活时,或公开或默契地,就制定了一个公约,按照这公约,他们彼此规定互相服务,而不互相侵害。不过,由于人的本性是无时无刻不在追求自己的福利的,那么有时就难免为了满足自己的情欲而不顾及他的同类。因此,必须有一种力量把他领回到自己的义务上去,强迫他就范,使他尊重那个契约。这个力量,就是法律。法律是社会意志的总和。它的目的在于固定社会成员们的行为,或指导他们的活动,以便共同协力来实现团结的目的。而法律必须保障公民的自由、所有权和安全。在法律面前,所有社会成员一律平等。

在政治方面,霍尔巴赫主张实行符合于资产阶级利益的开明政治。他认为,不管是君主、领袖,还是立法者,他们都应该是社会意志的传达者和执行者。政府是从社会借得权力,并且只是为社会的福利才被建立起来的。因此,“当社会利益需要时,它就可以凭着部分必须服从全体这个自然的不变**法则**,收回这个权力,……

因为在这些领袖们之上，社会总是保有绝对权威的”[①]。政治要“符合社会的本质和目的”[②]；政治是“规制人们的情欲并指导它们趋向社会福利的艺术”[③]。

霍尔巴赫的这些有关社会、政治的观点，在具有进步思想的人们看来，是理所当然的，并没有什么不合“理性”的地方。但是，对于生活在“君权神授”、“朕即国家”的法国封建统治者们，这些话就显然有些刺耳了。但是，更刺耳的还有：

“统治者乃是社会的代理人，它的代言人，社会权力大小不等的一部分之受托者，而不是它的绝对的主人，也不是国家的所有者。……地球上从来没有任何社会能够而且愿意把损害自己的权力不可收回地付托给它的领袖们……”[④]；

“君主应该服从法律，而不是法律应该服从君主”[⑤]；

“任何协定都是有条件的、相互的，就是说，都以缔约双方的相互利益为前提。公民只有通过幸福生活这条纽带，才能与社会、祖国以及它的成员们连结在一起；这个纽带一旦割断，他便恢复自由，无拘无束了”[⑥]；

“一个不能或不愿给我们提供任何福利的社会，就丧失对我们的一切权利……”[⑦]；

“没有哪一个人是从自然接受了指挥另一个人的权利的……”[⑧]；

“人民的不幸产生革命”[⑨]……

①②③④⑤ 《自然的体系》，上卷，第9章。

⑥⑦ 同上书，第14章。

⑧⑨ 同上书，第16章。

是的,“人民的不幸产生革命”。对封建统治者们,这已不是一种警告、一种威吓,而是一个预言!《自然的体系》出版后二十年不到,果然爆发了1789年的法国资产阶级革命。

应该承认,霍尔巴赫的社会政治思想是进步的,是具有革命实践意义的。他明白提出在法律面前人人平等;法律应该保护人民的生命、财产和自由;人民有权享受自己劳动的成果,任何人不得侵犯;政治必须致力于人民的福利。所有霍尔巴赫的这些光辉思想,在法国当时的社会政治形势下,正反映了以资产阶级为首的法国广大人民群众的内心的呼声,是对当时法国的统治阶层——贵族和僧侣们的一种强硬的抗议。同时也不应否认,霍尔巴赫的这些富有暗示性的思想,作为一种意识形态,也的确对未来法国大革命的实现,起了不可抹杀的推动作用。

不过,霍尔巴赫毕竟是一个资产阶级的学者,而不是一个实践的革命家。他不相信人民群众的力量,他不希望爆发革命。他认为革命是骚乱、是暴动、是可怕的。在他心目中,认为“一个社会,只要它的大多数成员都有吃、有穿、有住,一句话,只要他们不必过度劳动就能给自己提供自然使他们所必需的东西,那么这社会便是享受了它所能享受的幸福。只要他们得到这样的保证:任何力量也不能剥夺他们勤奋努力的成果,并且是为自己而劳动的,那么他们的想象也就会满足了。”[①]那么,为什么还要产生可怕的流血的革命呢?因此,他寄希望于一个开明的君主或一个好的政府,认为执政者和立法者只要摆脱理性上所受到的宗教偏见的蒙蔽,思

① 《自然的体系》,上卷,第16章。

想清明，就会政治修明、法律公正，使社会面貌为之一新，给人民造成幸福美好的生活环境。

在这里，我们看到，霍尔巴赫突出地暴露了他的唯心主义观点，他的思想中是存在着矛盾的。

一方面，霍尔巴赫表示人的思想可以支配环境。比如，他说执政者和立法者的思想清明可以导致一个良好的社会；同样，由于人民的愚昧无知和抱有错误见解，也直接或间接促成政府的腐败和堕落。他说，"国民们丝毫不认识权威的真正基础；他们不敢向负有供给他们以幸福之责的国王们要求幸福；他们相信，那些假充神灵的君主生来就有向其余的凡人们发号施令的权利，能随意处置人民的幸福，而对造成人们的不幸毫不负责。由于这些见解的必然结果，政治便堕落成为一种不幸的人为的权术……"①。

另一方面，霍尔巴赫又表示社会环境可以支配人的思想。比如，他说："教育、法律、舆论、榜样、习惯、恐惧，都是原因，它们必然要改变人们，影响他们的意志……这些原因，可以对由于机体和本质而能够染上人家愿意给他们灌输的种种习惯、思维和活动方式的所有人们造成印象。"②所谓教育、法律、范例、习惯是什么呢？在霍尔巴赫看来就是社会环境。

这样，霍尔巴赫就陷入逻辑上循环论证的泥坑中去了。他一方面说人的思想支配社会环境，一方面又说社会环境支配人的思想，似乎人的思想和社会环境两者都是推动社会向前发展的因素，

① 《自然的体系》，上卷，第16章。

② 同上书，第12章。

而这是不正确的。他没有认识到，推动社会向前发展真正起决定性作用的，既不是人的思想，也不是社会环境，而是社会的生产力。生产力决定生产关系，而生产关系必须适合生产力的发展情况。所以，当生产力向前发展以致生产关系不再与它相适应的时候，就必然要通过革命、通过阶级斗争，来建立一种新的生产关系，从而推动社会向前发展。霍尔巴赫过于强调了个人在历史上的作用，不认识人民群众是历史的真正创造者。而且霍尔巴赫也不了解法律的阶级性质。他所谓的社会环境即政治制度、法律等这类东西，实质上不过是立法者们的意志，代表统治阶级的利益。统治阶级出于它的剥削本质，是不会自动放弃自己的利益的。因此，说执政者和立法者的思想清明可以改变社会环境，纯粹是一种主观的愿望，是一种不切实际的幻想。在这一点上，霍尔巴赫的唯心主义观点是很明显的。①

在《自然的体系》中，霍尔巴赫还用了大量篇幅谈论道德问题；揭露了宗教道德的虚伪性，并且阐述了自己的意见。

人怎样才能获得幸福？这在霍尔巴赫看来是个必须予以认真思考的重大问题，同时也正是他在这部著作中所努力探讨的中心问题。因为根据他的人性论的观点，人生在世，除去自我保存以外，追求幸福乃是人生活的唯一目的。但是事实指出，绝大多数人不仅没有获得幸福，反而往往“以眼泪灌溉大地”、“战战兢兢地”过活。人落得这样不幸，到底是为了什么呢？在他看来不是别的，而

① 关于霍尔巴赫的“人的思想支配环境和环境支配人的思想”的矛盾，可参看普列汉诺夫的《霍尔巴赫》一文，收在《唯物论史论丛》中。人民出版社 1953 年版，第 49—53 页。

是由于“错误”。具体地说，是由于宗教和政治上的错误。

霍尔巴赫从18世纪法国的现实出发，指出，由于宗教侵入政治和道德领域，大大混淆了人们关于是非善恶的观念，使人的幸福遭到完全的破坏。封建暴政在道德方面对人的要求是有限的，只要你接受服从容忍的观念，以便统治阶级能放手压迫人民、剥削人民，也就够了，而宗教不然。宗教要做人心灵的主宰，向人心中灌输一些为健全理性所无法理喻的荒谬观念。宗教让人恨自己、贱视自己；宗教使人相信来世遥远的幸福而置尘世的利益于不顾；宗教打击人的正当的自然的情欲，而使人成为以“自己的枷锁为光荣”的奴隶……总之，宗教是“幸福的敌人”，“它们想破坏我们的幸福直到我们心的深处”。[①] 在霍尔巴赫看来，宗教所以使人在道德方面无法进步，正因为它没有把道德建立在一个确实可靠的基础上。

那么，道德应该建立在什么基础之上才是确实可靠的呢？霍尔巴赫认为，应该建立在“人性”的基础上。理由很简单：人既是有肉体、有感觉、有思想和情感的生物，而他的本性是保全自己和追求自己的幸福，那么，他所追求的绝不是什么来世的遥远的、不可靠的幸福，而是尘世的真实的福利。他为达到这个目的，必须营社会生活。经验和理性给他证明，只有在照顾到别人的幸福、把真实的好处给予人们的情况下，自己才会得到别人的援助和爱戴、自己才能得到真实的福利。可见人的德行和功劳是出于人的本性的需要，换句话说，在人的本性中已含有实践道德的种种必然性。

① 《自然的体系》，上卷，第15章。

可是,这样说,绝不意味着在人的本性之中隐含有某种善的性质。霍尔巴赫明确地宣称:“自然所造的人是既不善也不恶。”[①]人之成为善人恶人,全靠后天的教育和社会制度来决定。但是,自然赋给人以理性。而理性使我们通过经验认识到:一个侵犯别人的福利的恶人,尽管没有受到社会的制裁,逃过罪有应得的惩罚,但他并没有享受到宁静和平安;一个为别人谋求福利的善者,即使没受到社会的奖赏和称赞,但是他却能感到心安理得、怡然自乐。这就说明,要成为幸福的人,就必须有德行。所以霍尔巴赫断言,只有德行才能使人得到真正持久的幸福。德行是幸福的必要条件。可惜由于政治和宗教的错误,制定了不合理的法律和规章,造成了错误的社会风气和舆论;有罪者不仅不受到惩处反而得到荣誉,而德行却被人当作愚蠢或无谓的牺牲。结果就使人的理性受到蒙蔽,再也不请教经验,认识不到“部分人的福利只能从全体的福利中得来”,[②]而竟盲目地认为侵害他人对自己有利,或者把眼前一时的快乐当作了真正的幸福。可见社会的混乱和人民的不幸,都是由于人们不认识德行是幸福的泉源。追根究底,人的不幸是由于政治和宗教的错误。

在霍尔巴赫的伦理思想中,我们还看到另一个主要方面,就是他特别着重情欲的价值和作用。他认为情欲是从人的本性中必然产生的;它经常都以幸福为对象,是自然的、合法的。所以就它本身来说并没有善恶之分。理性告诉我们,如果人的情欲通过教育

---

① 《自然的体系》,上卷,第 9 章。

② 同上书,第 15 章。

的正确引导，使它趋向于一些真正对自己和别人都有益的事物上去；如果立法者能节制人的危险的情欲而把有益于公共福利的情欲激发起来，那么，情欲往往会成为一种巨大的、真实的动力，有助于社会的真实而长久的福利，有助于人类精神的发展和进步。但是，在霍尔巴赫看来，建立在宗教基础上的道德，却完全违反了人的本性的需要、完全背离理性；认为人的情欲是“一些有害、可恨而又可厌的东西”，应该“闷死它们、消灭它们”。这种认为只要扑灭人的情欲就能使人幸福的说教，大大麻痹了人们的理性，从而造成大量的不幸者。因此，霍尔巴赫认为，宗教的错误是人的不幸的主要原因。

霍尔巴赫的伦理思想，实质上是以爱尔维修的伦理学为依据的。[①] 他巧妙地使它同自己的反宗教的思想融合在一起，从而构成他的无神论体系中有机的一部分。霍尔巴赫澄清了道德领域中浓重的宗教气氛，把道德学建立在明朗的人性的基础上，这是他积极的、进步的一面。同时我们也看到，他认为人之所以要成为有德者是因为这样对己有利；一切事物和行为都从自我出发来权衡利害，这些观点都充分说明他的伦理思想中有着强烈的功利主义和个人主义色彩。这反映了当时资产阶级对封建制度的一种反抗精神，一种对于更合理、更自由的新社会的向往和憧憬。但是应该指出，霍尔巴赫仅从生物学角度来解释人性，以趋乐避苦为人性的基本内容，避而不谈社会历史的发展对人的本性的影响，这就难怪他

① 参看马克思、恩格斯：《神圣家族或对批判的批判所做的批判》。《马克思恩格斯全集》，第 2 卷，人民出版社 1957 年版，第 166 页。

把人性看成是一种永恒不变的、普遍的东西。显然,这是不正确的。他没有认识到,人不单是一个具有生物意义的人,而且还是一个生活在不断发展变化着的社会中的人。人的劳动实践、社会关系、具体的生活条件等等,必然会对人产生巨大的影响,使人的本性得到质的改变。在阶级社会中,剥削者损人利己、唯利是图,竞争、利己就成为他的最强烈的欲望,成为他的一种固有本性;被剥削者为了求得生存,他们显然也会有不同的欲望和需要,因而从本性中流露出来的表现,就会与剥削者迥然有别。可见,社会存在对人性起着决定性作用;人性不仅是随着社会历史的条件的不同而有所改变,而且在它本身上分明打着阶级的烙印,所谓普遍永恒的人性是根本没有的。霍尔巴赫由于对人性有着不正确的理解,错误地把道德建立在所谓不变的人性的基础上,势必也要得出道德原则是普遍的这样的结论,而这,显然并不符合历史发展的实际情况。尽管霍尔巴赫的人性论是错误的,但是他以这种注重本然人性的理论去打击虚构的宗教道德观,不容否认,在当时也是起了一定的进步作用。

结　　语

上面,我们对霍尔巴赫的《自然的体系》一书所包含的主要思想,作了一个简单的评述。通过这个介绍,我们看到,作为法国18世纪进步的思想家,霍尔巴赫在自然观和认识论方面,继承并发展了笛卡尔的物理学和洛克的经验主义的感觉论,唯物地阐述了有关物质、运动、认识等一系列哲学上的重大问题。在社会、政治、伦理方面，霍尔巴赫根据洛克和爱尔维修的学说，进一步阐明了他的社会契约论和以人性为基础的伦理观点。这两方面的思想汇合起来，成为一股强大的力量，充实了霍尔巴赫的无神论的内容，使他能够利用这一有力的武器，向当时的封建制度和教会展开猛烈的进攻，沉重地打击了当时盛行的僧侣主义。《自然的体系》一书所起的历史作用是应该肯定的，是不容抹杀的。

但是，从霍尔巴赫的哲学思想体系来看，尽管他是在与当时的唯心主义的神学思想斗争中发扬了唯物主义的，可是他的哲学思想中还是存在着一些严重的缺点。这些缺点，对于当时其他的哲学家也是不可避免的。概括地说，这些缺点来源于以下两个方面：首先，正如恩格斯所指出："在从笛卡尔到黑格尔和霍布斯到费尔巴哈这一长时期内，推动哲学家们前进的，绝不像他们所想象的那样，只是纯粹思维的力量。恰恰相反。实际上，推动他们前进的，主要是自然科学和工业的日益迅速的和日益猛烈的强大发展。"① 生活在18世纪的法国哲学家，无可避免地要受到当时自然科学发展的影响。当时在自然科学方面，用纯粹机械的原因去解释自然现象和用形而上学的分类方法去考察事物，是科学研究的两个主要倾向。这种倾向影响到哲学，就是使18世纪法国哲学家形成了"专把力学的尺度用于化学的和有机的自然界的过程"，和"不能把世界……理解为一种处在不断的历史发展中的物质"②的机械的、形而上学的思维方式。其结果，就是他们的唯物主义哲学都带有

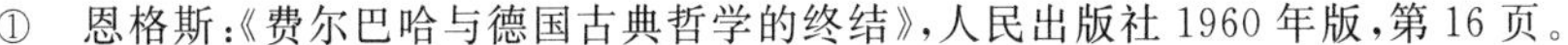

① 恩格斯：《费尔巴哈与德国古典哲学的终结》，人民出版社1960年版，第16页。
② 同上书，第18页。

浓重的机械的、形而上学的性质。霍尔巴赫的自然观和认识论就是很好的例子。

其次,18 世纪法国哲学家,包括霍尔巴赫在内,因为毕竟是资产阶级的思想家,他们心中所渴望的,是在人间实现一个真正符合人性的、永恒的、不变的理性的王国,使资本主义所有制和资产阶级道德永远固定下来。这种企图使他们在思想上受到很大限制,使他们不可能从发展观点、从阶级、从经济关系去思考人类的社会生活问题。其结果,就是他们在社会、政治、伦理等方面,仍然站在唯心主义立场上。霍尔巴赫在这方面也给我们提供了一个很好的例子。

18 世纪法国唯物主义哲学对后世产生了很大影响。傅立叶是直接从法国唯物主义者的学说出发,创立了他的空想社会主义的;19 世纪的边沁根据法国唯物论者特别是爱尔维修的道德学建立了自己的体系;而作为法国唯物主义哲学的一种反动,在德国则产生了以黑格尔为代表的各派德国古典唯心哲学。但是可以肯定的是,无论哪一派哲学,都没有真正地、科学地解决哲学上的各种问题。

历史证明:只有到马克思手里,18 世纪法国唯物论的种种缺点才得到彻底的克服。只有马克思主义,才真正在科学的基础上,使唯物主义得到一个全新的发展,使哲学成为一门真正的科学。

"马克思并没有停止在 18 世纪的唯物主义上,而是把哲学向前推进了。他用德国古典哲学中的成果,特别是用使费尔巴哈唯物主义哲学能以产生的黑格尔体系的成果丰富了哲学。这些成果中最重要的就是辩证法,即最完整深刻而无片面性弊病的关于发展的学说，这种学说认为反映永恒发展的物质的人类认识是相对的。自然科学方面的最新发现，如镭、电子、原素变化律等，不管资产阶级哲学家们那些‘重新’回到陈旧腐烂的唯心主义去的学说怎样说，却灿烂地证实了马克思的辩证唯物主义。

“马克思加深和发展了哲学唯物主义，使它成为完备的唯物主义哲学，把唯物主义对自然界的认识推广到对人类社会的认识。马克思的历史唯物主义是科学思想中的最大成果。人们过去对于历史和政治所持的极其混乱和武断的见解，为一种极其完整严密的科学理论所代替……

“马克思的哲学是完备的哲学唯物主义，它把伟大的认识工具给了人类，特别是给了工人阶级。”[①]

① 《马克思主义的三个来源和三个组成部分》。《列宁全集》，第 19 卷，人民出版社 1959 年版，第 2—5 页。

目　次

上　卷

论自然及其规律；论人；论灵魂及其能力；论灵魂不死的教义；论幸福

出版者的声明

这部著作的手稿，是在一位具有搜集这类作品癖好的学者的 v
藏书中发现的。关于这部书，在这个印本的卷首附有一条小注，告诉我们这样一些情况：

“这部著作，据和著者生前有着非常密切关系的人们以及著者的生死之交的好友马达先生(M. de Matha)讲，是出于已故法兰西学院常任秘书密拉波先生(M. Mirabaud)的手笔。我们应该感谢这些先生们把有关著者及其著作的如下一些细节告诉了我们。

“在使密拉波先生博得盛誉的那些公认和已知的著作之外，据说在他年轻时，当他离开教士雄辩会的时候(他在那里生活了几年)，还写了不少其他著作。这些大胆的著作，至少在著者生前是不想公之于世的；著者本人在被任命作奥尔良家公主们的教师以后，就决定把那些可能危害他安宁的大部分手稿消灭掉。可是，由于保藏他的著作的一些朋友没有忠于他的嘱托，这就使得他的谨慎变为无用的了。至少他的著作的大部分被保留下来，甚至其中有些作品，竟在我们的哲学家还在世的时候，并没有让他知道，就贸然给出版了，其中就有《世界、其起源及其古代》(*le Monde, son origine & son antiquité*)一书，分三部分，于1751年出版。我们还
在一册秘密印行的、校勘得很糟糕的小文集中，发现有几篇文章也 vi

是出于同一手笔，这册文集是以《新的思想自由》(*Nouvelles Libertés de penser*)为名在1743年出版的。不管怎样，密拉波先生后来是较为自由了，他又重新从事哲学研究，甚至把全副精力都投到这件工作中；据说，就是在这期间，他写了《自然的体系》(*Système de la Nature*)这部直到他逝世前还不断精心修改，并在他知心友人面前称为他的'遗嘱'的著作。看来，密拉波先生这部书里像是愿意使自己远远超出直到现在为止人类精神所敢于产生的最大胆最特异的思想之上。从充满这部书中的各方面探讨和知识来看，我们完全可以相信，他虽然采用了他朋友们的一些思想，甚至有许多注解还是在书成之后加上去的。

"下面一些没有出版的著作，人们认为也出于同一著者：1.《耶稣基督的一生》(*La vie de Jesus Christ*)；2.《对于福音书的公正的沉思》(*Réflexions impartiales sur l'Evangile*)；3.《自然的道德》(*La Morale de la Nature*)；4.《古代与近代僧侣简史》(*Histoire abrégée du Sacerdoce ancien et moderne*)；5.《古代人对犹太人的意见》*(*Opinions des Anciens sur les Juifs*)；最后这本书已经印出来，收在由阿姆斯特丹的出版商伯尔纳在1740年以《杂论》(*Dissertations mêlées*)为名出版的两小卷十二开本的文集中，但已面目全非了。

"不管密拉波先生当时意见是怎样，所有认识他的人都提供了最光辉的证据，证实他的诚实、他的坦率、他的正直，一句话，他的社会道德和他品行的纯洁。他在1760年6月24日死于巴黎，享年85岁。"

---

* 《对于福音书的公正的沉思》和《古代人对犹太人的意见》曾在1769年印行。

著者自序

人只因为对自然缺乏认识才成为不幸者。各种成见毒害着他 vii
的精神竟到了这样的地步，人们简直可以相信精神将永远注定地陷于谬误：从童年起，人的精神便被一条蒙蔽着它的束带——意见——紧紧缚住，不通过极大极大的困难就无法把这条束带从它上面解开。一种危险的酵母混杂在人的一切认识里，必然使这些认识变为浮荡、暧昧和错误。人的不幸之处在于：他想要冲出他的狭小的天地，他尝试着冲向有形世界的前面去，而无数次残酷无情的跌落却没有使他认识到自己努力的狂妄。他想在成为**物理学家**之前先成为**形而上学家**；他轻视现实，而去冥想一些虚幻的事物；他忽视经验，而用一些体系和臆想塞满自己的头脑；他不敢开拓他的理性，而这理性是人们早就提醒他去加以反对的；他还没有想一想在他生活着的这个现世上如何使自己幸福，却认为已经认识了在来世想象国土中的自己的命运。一句话，人藐视对自然的研究，而去追踪一些幻影，这些幻影就像旅行者在夜间遇到的那些欺人的磷火一样，使他恐怖、使他晕眩、使他离开了简单的真理之路，而不通过这条道路他便不能达到幸福。

所以，设法来摧毁那些只能使我们迷路的幻影是很要紧的。 viii
现在是时候了，让我们从**自然**里汲取解救办法来挽救激情给我们带来的祸害罢。这样长时期以来，人类一直作了各种成见的牺牲品，现在，由经验导引着的理性，应该终于向这些成见的根源进攻了。现在是时候了，让那不公允地被贬抑的理性，脱去使它成为谎言和狂乱的同谋者的那种畏怯的神态罢。真理只有一个，它对于人是必要的，它永远不会有损于人，它的不可战胜的力量迟早会被人感觉到。所以，应该把它揭示给所有的人，应该把它的可爱之处向他们展示出来，为的是使他厌恶他们对谬误所奉行的可耻的崇拜，这种谬误时常伪装为真理而骗得他们的崇敬的。真理的光芒只能伤害人类的敌人，人类的敌人之所以能保持住自己的力量，全仗着它在人类精神上散布的昏暗的黑夜。

真理绝不向那些邪恶的人们讲话；能够倾听真理的呼声的，只有那些正直的、习于思维的心灵。这些心灵，敏感得能够为宗教与政治的暴虐在人间所造成的无数大灾大难而叹息；敏慧得能够洞察到谬误加在迷途的人类之上而使之长期受难的那一大串祸害。使暴君和僧侣能在各国到处制造沉重桎梏的，正是谬误。自然本来规定人民要为自己的幸福自由地劳动，可是他们差不多在任何地方都沦为奴隶，也是由于谬误。那些到处使人在恐惧之中消沉，或使人用虚幻的事物毒害自己的宗教恐怖，也是谬误造成的。累世的仇恨、野蛮的迫害、继续不断的屠杀、借口为了上天的利害，那么多次把尘世当作舞台来演出的惨不忍睹的悲剧，也都源出于谬误。最后，人对于最分明的义务、最清楚的权利、最明显的真理之
ix 无知和疑惑，也都应归咎于被宗教神圣化了的谬误。人几乎在任何地方，都不过是一个被屈辱的俘虏，被剥夺了灵魂、理性、德行的庄严，残酷不仁的狱卒永不许他见到天日。

那么，让我们努力来驱散那阻碍人在生命之路上稳步前进的云雾，让我们启发他们对于理性的勇气和尊重罢。愿他学会认识他的本质和他的合法权利；愿他求教于经验而不求教于被权威引入歧途的想象；愿他放弃童年时代的成见；愿他把自己的道德建立在他的本性、他的需要，以及社会提供给他的真实利益之上；愿他敢于爱自己；愿他为自己的幸福同时也为别人的幸福而劳动；一句话，为了要在尘世生活得幸福，但愿他理智而有德行，不再分心于那些危险的或无用的幻梦罢。假如他一定需要一些幻想，那么，就希望他至少也容许别人去描绘他们不同于他自己所描绘的幻影；最后，希望他确信，作为这个世界上的居民，最要紧的是要公正、仁爱、和平，并且确信，世间最无关紧要的东西，就是他们对于理性所不能理解的那些事物的想法。

所以，这部书的目的，就是引人重新回到自然，把宝贵的理性归还给他，让他珍爱美德，把遮盖着确实能引人走向他所祈望的真福之唯一路途上的重重暗影驱散，这些，就是著者真诚努力的目标。他诚心诚意贡献给读者的，只是一种严肃而长久的沉思给他指示出来的这些观念，既有益于人们的修身养性，也有利于人类精神的进步。因此，他要请读者来讨论他的这些原则。他丝毫不曾企望为了他而把道德的神圣的扭结弄断，相反地要把这些扭结扣得更紧，并且把德行放在曾被欺骗、激情和恐惧建立起来而至今一直在供奉着一些危险的鬼物的那些祭台上面。 x

在行将进入岁月老早为他掘好的坟墓以前，著者，以最庄严的方式，保证在他的著作中所主张的只是他的同类的福利。他唯一的奢望，就是得到站在真理一边的少数人以及真诚地追求真理的正直心灵的赞许。他并不为那些对于理性的呼声无动于衷、只凭个人卑下的利益或不幸的成见去作判断的人们而著书;他的已冷的残骸,既不怕他们的叫嚣,也不怕他们的仇恨,虽说这些叫嚣和仇恨,对于尚在人世而敢于道破真理的人们是多么可怕。

上　卷

论自然及其规律；论人；论灵魂及其能力；论灵魂不死的教义；论幸福

第一章　论自然

当人们抛弃经验而去追求由想象产生的一些体系时，便会永 1
远陷于错误。人是自然的产物，存在于自然之中，服从自然的法
则，不能超越自然，就是在思维中也不能走出自然；人的精神想冲
到有形的世界范围之前乃是徒然的空想，它是永远被迫要回到这
个世界里来的。由自然形成并且被自然限定的东西，一点也不生 2
存于大的整体之前，它是这个大整体的一部分，并且受整体的影
响；人们设想的那些超乎自然或与自然有别的东西，往往是些虚幻
的事物，我们永远不可能对这些虚幻的事物形成真实观念，也不可
能对它们占有的地方和它们的行动方式形成真实观念。在包容一
切的这个圈子之前，什么也不存在，什么也不能有。

因此，希望人不要再在他居住的这个世界之前，去寻求那些能给他提供一种自然所拒绝给予的幸福的存在罢。希望他研究这个自然，弄明白它的种种法则，观察它的能力以及它活动的不变方式；希望他能应用他的发现去增进自己的幸福，希望他无言地顺从这些任何事物都无法逃避的法则；希望他对于在他还是蒙着一层无法透过的幕帏的那些原因，自认无知；希望他毫无怨言地忍受一种遍在的力量的决定，这是一种不会半途退回的，或是说，永远不能逾越本质给它规定的那些规律的力量。

人们常常区分**肉体**的人与**精神**的人，人们把这个分别误用得太厉害了。人是一个纯粹肉体的东西；精神的人，只不过是从某一个观点——即从一些为本身机体所决定的行为方式去看的同一个肉体的东西罢了。可是，这个机体难道不是自然的产物吗？这个机体所感受的各种运动或行为方式，难道不是物理性的吗？他的可见的活动，以及由于意志和思维而来的内心的不可见的激动，同样都是自然的结果，是他固有的机构所产生的一系列必然的动作，是他从周围的事物接受的一些冲动。人类的精神，为了变更或改进自己的生存方式，或为使自己更幸福而不断发明的一切，都不全是人的固有本质以及影响于人的那些事物的固有本质所产生的后
3 果。我们的一切教育、思考和知识，都不过以怎样获得我们本性所不断努力追求的幸福为对象。我们的所做所思，以及我们现在怎样和将来如何，都只不过是普遍的自然给我们不断造成的；我们的一切观念、意欲、活动，都是这个自然所赋予我们的本质和特性的必然产物，也是自然强迫我们通过并且加以改善的那些环境的必然结果。一句话，**艺术**，也只是借助于自然本身所创造的种种工具而行动的那个自然而已。

自然把赤裸裸的、无援无助的人遣送到这个他将安居的世界上来；不久，他开始穿上了用兽皮作的衣服；渐渐地，我们看见他生活得富足而且幸福了。对于一个高高在我们的地球之上、从天空的高处俯视人类的一切进步和变化的存在来看，人好像并没有什么不服从自然法则的地方，无论当他们赤裸裸地徘徊在森林里艰难地寻找食物的时候，或是当他们已生活在文明的社会中，就是说，当他们拥有最丰富的经验、终于沉浸在奢华之中，他们仍然日

新月异地发明千百种新的用品、创造千百种方法来满足自己需要的时候，都是一样。我们为改变自己的存在所走过的一切步伐，只能看作是原因和结果的一个长长的连锁，它只不过是自然给予我们的那些最初冲动的发展。同一个动物，因为它的机体的性质，会连续不断地由简单的需要走向较复杂的需要，而这些需要，同样也是它的本性的结果。譬如，我们所赞美的美丽的蝴蝶就是这样。最初，它是一个没有生命的卵，热力从这卵中孵出一条虫来，虫变成蛹，接着它就变成一只我们看到的有着绚丽色彩的带翅的昆虫，达到这种形态以后，它便传种繁殖；最后，在完成自然交给它的任务，或走完自然为它的族类划就的变化的圈子之后，它也就被剥去装饰，而必须消逝。

在一切植物中，我们也看到类似的变化和进展。由于自然把 4
一系列的组合、组织、原始力给予芦荟，这种植物便渐渐地生长而且变形，直到很多年以后才开花，而这些花便是它死亡的预告。

这种情形在人也是一样。人在他的一切发展以及他所经受的一切变化中，只是永远遵照他的机体以及自然构成这机体的物质的固有规律而活动。肉体的人，就是由于受到感官使我们认识的那些原因的刺激而活动的人；精神的人，则是由于受到成见阻碍我们去认识的那些物理原因的刺激而活动的人。野蛮人，就是毫无经验、不能致力于自己幸福的孩子。文明的人，就是经验和社会生活使他能为自己的幸福从自然中汲取教益的人。有教养的人，就是处在成熟期或完善状态中的人①。幸福的人就是会享受自然恩

① 西塞罗说："道德不是别的，就是成全自己，把本性提高一步。"参看《论法律》第1章。

惠的人;不幸的人就是没有能力利用自然恩惠的人。

所以,人在他的一切探究中,应当乞援于物理学和经验。在人的宗教、道德、立法、政治、科学、艺术、快乐和痛苦之中,人应该求教的,也正是物理学和经验。自然按照一些简单、统一的不变法则活动,这些法则,经验可以使我们认识它们;我们凭着感官和普遍的自然联系起来;我们凭着感官能够经验这个自然,并且发现它的秘密;只要我们一离开经验,我们马上就会掉在想象使我们迷失的空虚之中。

人的一切错误都是关于物理学方面的错误;只有在人们忽略
5 向自然请示、求教于自然的法则、乞援于经验时,人们才会犯错误。所以,因为缺乏经验,人们对于物质、它的特性、它的组合、力量、活动方式,或由它的本质所产生的能力等等,才形成了不完美的观念;从此,整个宇宙对于他们不过成了一个幻象的舞台。他们昧于自然,不认识它的法则,丝毫看不出自然对它所包含的一切所指出的必然道路。我说什么好呢!他们连自己也不认识;所有他们那些排除经验的体系、臆测、推理,不过是一条长长的错误和荒诞的交织物而已。

任何错误都是有害的;正因为犯了错误,人类才陷于不幸。由于不认识自然,他创造了种种的神,这些神成为他的希望和畏惧的唯一对象。人们丝毫没有感到,这个没有善意或恶意的自然,当它产生和毁灭事物的时候,当它使那些因自然而有感性的生物感受痛苦的时候,当它分给它们一些幸福和不幸的时候,当它不断地变换它们的时候,只是遵循自然的不变法则而已;他们丝毫没有看到,人应该在自然本身之内以及自然的力量之内,去寻找他的需

要，寻找他祛除痛苦的良药，寻找使自己幸福的方法；他们曾从某些想象的存在那里期待着这些事物，这些想象的存在则被他们设想是快乐和不幸的创造者。由此可见，人类曾这样长久地在它们下面战战兢兢的那些不可知的势力，以及作为人类的一切不幸的泉源的这些迷信的宗教祭仪，都是从对自然的无知中产生的。

由于不认识自己的本性、倾向、需要和权利，人在社会中才失去自由而沦为奴隶。他不认识自己内心的欲求，或是信以为为了他的首领们的任性而必须窒息这些欲求，牺牲自己的幸福。他不知道结社和政府的目的；他无保留地屈服于一些和他一样的人，他的成见使他把这些人视为高人一等，是地上的神明，这些人便利用 6
他的错误而去奴役他，败坏他，使他成为卑贱可怜。看来，人类所以陷于奴役和恶劣统治，就因为不认识自己的本性。

正由于人不认识自己、不认识和自己同类之间应有的关系，因此他才不认识他对别人应尽的义务；他丝毫没有感到，要得到自己的幸福，没有别人是不行的。他的眼光，除了对自己应该做些什么，除了为使自己的幸福稳固可靠而应避免的放任过分，以及为了自己的幸福应该抵制或投身于其中的热情之外，再也看不见什么其他的东西；一句话，他丝毫不认识他的真实利益。这样，便产生了他的生活无度、放任自流、可耻的情欲，以及一切其他有损于生命和持久幸福的坏毛病。所以，阻碍人对道德问题获得明确观念的，是对于人性的无知；而且，即使人对道德有认识，但统管着他的那个腐败了的政府总是阻碍他去付诸实践。

人所以长久处在无知状态，或至多也只在改善自己的命运方面迈出了一些非常不稳定的步伐，其原因仍不外是对自然和它的法则没有进行研究,没有发现它的资源和特性。人的懒惰心有它的打算:与其让那要求活动的经验和要求沉思的理性来引导,不如听命于范例、旧习和权威。由此就产生了人们对于被他们认为背离了他们所习惯的清规戒律的一切所表示出的憎恶;由此就产生了他们对于古代、对于他们父辈们最没有道理的教育所表示出的愚蠢而小心的尊敬;由此也就产生了,当有人向他们提出最有利的改革或最近情理的尝试时,就把他们吓住了的恐惧。这就是为什么我们会看到有一些民族在一种可耻的怠惰风习之中衰弱下去,在世世相传的那些谬见之下呻吟,而且在想到还有医救他们不幸的良药时,甚至这个想法也使他们为之战栗。正由于这种因循苟
7 且和忽视经验,因此医学、物理学、农业,总之,一切有用的科学才进步得这样缓慢,这样长时期地为权威所束缚;因为从事这些科学的人们,宁愿沿着先人为他们踏平的老路前进,而不愿自己去开辟新的途径;他们宁爱自己荒诞不经的想象和毫无根据的揣想,而不爱那唯一使人能够获得自然之奥秘的劳苦的经验。

总之,人们既然或者由于懒惰,或者由于恐惧而舍弃自己感官所作出的证明,那么,在他们一切活动和事业中,引导他们的,便只有想象、激情、习惯、成见,特别是利用他们的无知而对他们进行欺骗的那个权威了。一些建立在想象之上的学说夺取了经验、沉思、理性的地位;那些为恐惧所震撼、为神奇所陶醉、为懒惰所麻木、为缺乏经验而造成的轻信所引导的人的心灵,提出了很多可笑的意见,或是不加检查地采纳了人们愿意提供给他们的一切虚构的幻想。

所以,因为人长期不认识自然和它的轨道,小看经验、轻视理

性,醉心于神奇和超自然的事物,而终于弄得惶惶不安,人类实际上是停留在一个漫长的非常不易摆脱的幼稚时代。他创立了一些幼稚的假设,但从来不敢考察它们的基础和它们的根据;他习惯于把这些假设视为神圣,视为丝毫不容有片刻怀疑的公认的真理。他的无知使他轻信一切;他的好奇使他把奇迹囫囵吞下去而不加消化;时间加固了他的意见,使他的臆测被当作真实而代代相传;于是暴君的威力就把这些成为奴役社会所必需的思想在他心中固定下来。总之,人们的科学,无论哪一种都只不过是由谎言、暧昧的思想、矛盾所凑成的一个垃圾堆,其中也间或闪烁着一些真理的微光。这真理是由人们永远不能完全摆脱开的自然所提供的,因为需要永远导向自然。

那么,让我们高升到成见的云雾之上去罢。让我们跳出这厚 8
厚地包围着我们的气层,考察一下人们的意见和他们各式各样的体系。让我们不要相信那紊乱的想象;让我们以经验为向导;向自然请教;让我们在自然里汲取对于它所包容的事物的真实的观念;让我们求援于人家曾错误地让我们看作是可疑的那些感官;让我们请教人们曾可耻地加以诬蔑和鄙弃的理性;让我们细心地观照这个有形的世界,看一看它是否不足以使我们能够对智慧世界的未知领土进行判断;我们也许觉得人们没有理由把它们加以区分,也许会觉得把同样属于自然的领域划分为两个国土是毫无道理的。

宇宙,这个一切存在物的总汇,到处提供给我们的只是物质和运动。它的总体显示给我们的,不过是一条原因和结果的无尽而且没有中断的锁链。有一些原因让我们认识到了,那是因为它们直接叩击到我们感官;另外一些我们却不认识,那是因为它们常常只以一些和它们最初的原因隔得很远的结果来作用于我们。

变化多端、以无穷无尽的方式组合的物质,不断接受并且传导各式各样的运动。这些物质的不同特性、不同组合、这样变化多端的活动方式(这些方式是活动的必然结果),给我们构成了事物的**本质**;由这样多样化的本质产生出这些事物所处的不同秩序、等级或体系,它们的总和就形成我们所称的**自然**。

所以,自然,从它最广泛的意义来讲,就是由不同的物质、不同的组合,以及我们在宇宙中看到的不同的运动的集合而产生的一个大的整体。自然,狭义地讲,或是在每一个存在物内部加以观察的自然,乃是由本质,就是说,由于有别于其他存在物的一切特性、
9 组合、运动或活动方式所产生的整体。因此,人也是一个整体,是由某些物质组合而成的,不过这些物质具有特殊的性质,它们的适当排列就叫作**机体**;而作为人这个整体的本质,则是感觉、思维、行动,一句话,是按照和他比较来看是有别于其他存在物的那种方式的活动。根据这个比较,人可以单独列入与动物不同的一种秩序、体系、类别里去,因为在动物身上看不到有和人相同的特性。各种存在物之不同的体系,或者,如果人们愿意这样说的话,它们的**特殊本性**,是依赖于那个大整体的总体系,是依赖于它们只是作为部分的那个普遍的自然的体系的,凡是存在的事物必然与普遍的自然的体系联系着。

注意:在确定了我们应该怎样理解**自然**这个字的意义以后,我认为应当向读者作一次一劳永逸的声明,即,在这本书里,当我说

自然产生一个结果时，我绝没有把这个自然加以人格化的意思。
自然是一个抽象的东西；但是我所说的结果，意思是指在组成我们
所见的这个大集体的许多存在物中，其中某一个存在物的特性之
必然产物而言。因此，当我说“自然要人致力于自己的幸福”，这就
是为避免啰嗦和重复，而我的意思是说，为自己的幸福而劳动乃是
一个能感觉、能思维、能欲求、能活动的生物的本质。最后，我所谓
自然的，是指符合于事物本质，或符合于自然为它所包容的一切存
在物制定的法则的东西而言的；这些存在物，不管它们所占的秩序
怎样不同，也不管它们不得不经过的那些环境怎样不同。所以，健
康对在某种情况下的人是自然的；疾病对人在另外一些处境中是
一种自然状态；对缺乏某些于维持生命、于动物的生存等等是必要
的因素的躯体来说，死亡是一种自然状态。我所说的本质，是指使
一个事物成为这事物的那东西，是指事物的特性或性质的总和，根
据这些性质它才像它现在这样存在和活动。当人们说“石头向下 10
落是出于本质”时，这就好像人们说它的坠落是由于它的重量、它
的密度、它各部分的联系、构成它的一些原素等等产生的必然结果
一样。总之，一个事物的本质，就是它的个体的和特殊的本性。

第二章　论运动及其起源

运动就是一种努力，由于这种努力，一个物体改变或倾向于改变位置，就是说，继续不断地对应于空间的各个不同部分，或是说相对于其他物体地改变着距离。唯一能在我们器官和那些内在或外在于我们的事物之间建立关系的，是运动；只是由于运动，这些事物才给我们以印象，我们才能认识它们的存在，判断它们的性质，把它们彼此加以区分，把它们分别归于不同的种类。

以自然为其总体的事物、实体或千变万化的物体，它们原是某些组合或原因的结果，但是它们自身又变成了原因。一个原因就是使另外一个东西运动起来，或是在它里面使之产生某些变化的一个东西。结果，就是一个物体借着运动在另外一个物体里面产生的变化。

每一个存在物，因为它的本质或特殊的本性的缘故，是能够产生、接受和传达各式各样的运动的；因此，有些东西能够刺激我们的器官，而我们的器官也能够从它们接受一些印象，或是在面临这些东西时容受一些变化。凡不能作用于我们任何器官的，无论是直接的或由于它们自身的，无论是间接的或由于其他物体的媒介作用，对于我们都是绝不存在的，因为它们既不能触动我们，因之也不能供给我们什么观念，不能为我们所认识，也不能为我们所判断。认识一件东西，就是已经感觉了那个东西；感觉它，就是已经被 11
它所触动。看见，就是通过视器官而被触动；听见，就是通过听器官而被触动，其他可以类推。总之，一个物体无论以怎样方式作用于我们，我们对它的认识，就只是它在我们内部所产生的那些变化。

自然，如我们所说，是一切存在物、一切为我们所认识的运动以及许多为我们感官感受不到因而不能认识的其他运动的总体。由于自然所包容的一切存在物连续不断的作用与反作用，产生了一系列的原因和结果，或一系列受永恒不变法则支配的运动。这些法则对每个存在物都是适应的，对它的特殊本性是必需的或固有的，它们使存在物永远按照某些特定方式行动或运动。我们不认识这些运动中的每一种运动所遵守的不同原则，因为我们不知道最初构成这些存在物的本质是什么；物体的原素为我们的器官所不能捉摸，我们只能粗略地辨认它们，我们不知道它们内在的组合，也不知道这些内在组合的比例；种种不同的活动方式、运动或结果，正是从这些内在组合必然产生的。

我们的感官给我们指出，在围绕着我们的存在物中，一般地只有两种运动：一是整体的运动，凭着这种运动，一个整个的物体从一个地方移到另外一个地方；这类运动在我们是可以感觉到的。比方，我们看见一块石头落下来，一个球在滚，一只手臂摇摆或是改变位置。另一种是内在的和隐藏的运动，这种运动有赖于物体特有的能，或是说，有赖于构成这物体的物质之不可感觉到的分子的本质、组合、作用与反作用；这类运动并不显示给我们，我们只是从一些物体或混合体在若干时期以后见到的衰败或变化上来认识

12 它。发酵作用使面粉的分子感受的隐藏运动就属于这一类。面粉的分子原来是散乱而分离的,现在则连结起来,形成了我们称为**面包**的这样一块整体。再如,我们看到一棵植物或一个动物,凭着一些运动而生长、壮大、衰败、获得一些新的性质,可是我们的眼睛却不能一一看到产生这些结果的原因的逐步进展的运动,这也属于看不见的运动。还有,在我们人身之内发生的、为我们称作**智能**、**思维**、**情感**、**意志**的这些运动,我们只能凭着与它们同时或在它们之后发生的那些可以感到的作用即结果去判断,这些运动也还是内在的运动。例如,当我们看到一个人在逃跑,我们就判断他内心是被一种恐惧的情感在激动着,等等。

无论运动是可见的还是隐藏的,只要它们是由让我们感官感知的一种外来原因或由存在于物体之外的一种力而推动起来,这些运动我们都叫作**获得的**运动;比如,风吹动船帆这种运动,我们就称它是**获得的**运动。至于有一些运动,它们在一个物体里面激动着,我们只看到表现在外面的一些变化,而作为这变化的原因却深藏在物体的内部,这类运动,我们称之为**自发的**运动;因此我们说,这个物体是凭它自己的能力行动和运动。会走路、说话、思维的人的运动,都属于这一类;不过,如果我们仔细观察事物,我们将会承认,既然物体是继续不断地在相互作用着,而且它们所有的变化,都是出于一些或是可见的或是隐藏着的使它们运动起来的原因,那么,严格讲来,在自然界不同的物体中,就绝没有什么自发的运动。人的意愿是被在人身上产生一些变化的某些外在原因所触动,或是隐秘地所决定的;我们以为它是自己运动起来的,只因为我们既没有看见决定它的那个原因,也没有看见它活动的方式或是它使之运动起来的那个器官而已。

凡在一个物体中，由单一的原因或单一的力所引起的运动，我们称之为**单纯的**运动；如果运动是由若干不同的原因或力所产生的，不管这些力是相等的还是不相等的，是顺的还是逆的，是同时 13
发生的还是连续发生的，是已知的还是未知的，我们都称之为**复杂的**运动。

无论事物的运动有着怎样的性质，这些运动总是事物本质的必然结果，或是构成这些事物的特性的，以及使事物运动起来的那些原因的必然结果。每个存在物只能按照一种特殊方式行动和运动，就是说，按照某些法则行动和运动，而这些法则是由该存在物特有的本质、特有的组合、特有的性质，一句话，由它特有的能以及从它接受冲动的那些物体的能所决定的。构成运动的不变法则的要素就在这里；我之所以说**不变的**，是因为如果在事物的本质中没有发生完全颠倒的情况，这些法则是不会变更的。例如，一个有重量的物体，如果没有碰到一个阻止它下坠的障碍物，便必然地要落下来。再如， 个有感觉的生物必然要寻找快乐、逃避痛苦。又如，燃料必然会燃烧起来并且散布亮光，等等。

因此，每一个存在物都有它自己特有的运动法则，除非有一个更强大的原因来制止它的活动，它是永远按照这些法则行动的。例如，当火正在燃烧一些可燃的物质时，只要我们用水制止它蔓延开去，它便停止燃烧了。同样，一个有感觉的生物，只要它害怕追求快乐会给它招来不幸，它就停止去追求快乐了。

运动的传导，或是一个物体的作用及于另一个物体，也要遵照某些确定而必然的法则；每个存在物一定要和其他存在物有着相似、相合、同类的关系,或是和其他存在物有接触之点时,才能传导运动。火只在碰到具有和自身相类似的要素的物质时才能蔓延;当它碰到一些不能燃烧的物体时,就是说,这些物体与火毫无任何关系,它就熄灭了。

在宇宙中,一切都在运动。自然的本质就是活动;而且,如果我们注意考察自然的各个部分,我们就会看到,没有一个是停在绝
14 对静止状态的。那些看来好像是没有运动的部分,事实上只不过处在一种相对的或表面的静止当中;它们正在感受着一种非常细微、非常不显著的运动,我们简直无法看到它们的变化[①]。在我们看来仿佛是静止的一切事物,实际上是绝没有片刻停留在同一状态的;一切存在物只是继续不断地、或快或慢地在产生、壮大、衰退和消亡。蜉蝣便是在当天降生并且死去的;因此,在它的存在中,它会很急促地感受到一些巨大的变化。由最坚固的物体形成的一些组合,看来好像处在完全的静止中,实际上却是慢慢地在分解、在崩溃;一些最坚硬的石头由于和空气接触而渐渐风化;一大块铁,我们看见它生了锈,并且为时间所腐蚀了,其实,从它在地球内部形成之日起,直到我们看见它处在现在的解体状态,都一直在运动着。

大多数物理学家,对于他们称之为 Nisus 的那个东西——即好像处于静止中的物体互相施与的那种继续不断的作用力,似乎并没有充分地思考过。一块有五百斤重的石头,在我们看来,好像

① 这个使不少思辨学者们还不禁要怀疑的真理,一直到著名的托兰德(Toland)的一部著作中才得到证实。这本书是本世纪初以《致塞烈那书》(*Letters to Serena*)为名在英国出版的;凡是懂得英文而对这个真理还抱有怀疑的人,可以参看这本书。

是在地上静止不动；然而，实际上它是一刻不停地在以自己的重量用力压着这块抵抗着它或是也在推着它的土地。我们能说这块石头和这块土地丝毫没有运动吗？谁要不信，把手放在这块地和石头中间去就够了，他就会认识到这石头，别看它像是静止不动，它却足有把我们的手压碎的力量。在物体中，是不能只有作用而没有反作用的。一个遭受到某种冲力、引力或是压力，而对这些力加以抵抗的物体指示给我们，它就正是以这种抵抗来表现它的反作用的。由此可见，这时确有一种对抗着另一种力的隐伏的力（vis 15
inertiœ）存在着；这清楚地证明物体的这种惰力是能够起作用并且确实起着反作用。还有一点，我们觉得人们称之为**死的**力以及人们称之为**活的**或**活动着的**力，只不过是以不同方式表现出的同一种类的力罢了。[①]

我们能不能更进一步这样说：物体和质量，虽然它们的总体对我们像是静止的，可是在它们之中却有一种继续不断的作用和反作用、经常的努力、不间断的抵抗和冲动，一句话，有 Nisus；由于它，这些物体的各部分才彼此紧紧挤着、才互相抵抗、才不停地作用与反作用，这样就把它们结在一起，使这些部分形成一个整体、一个物体、一个就其总体来看像是静止着的这样的组合，而它们的

① “反作用对作用来说，是相等的和相反的”。参看拜林格的《论神、心灵与世界》第 218 节，第 241 页。关于这一点，注释者写道：“反作用就是对于运动着的物体的承受作用，或者说，受力物体的作用就是施力物体的反作用，因此，在物体中是没有无反作用的作用的。当物体受到运动时，它抵抗着运动，这种抵抗本身就是对运动着的物体起着反作用。对抗运动着的物体的冲力而自起的冲力，也就是按照抵抗的内在原理而进行抵抗的物体的那种力，叫作惯力，或被动力。物体也就是凭着惯力发生反作用的。因此，物体中的惯力和动力乃是同样的一种力，仅只活动方式不同而已。……于是，惯力就是对抗运动着的物体的冲力而自起的冲力”，等等。同上书。

每个部分都是从来没有停止过真正的活动的?物体只有在作用于它们的力的作用均衡时,才好像处于静止状态。

因此,有些物体,即使似乎是处在最完全的静止状态,却实实在在地,或是在它的表面,或是在它的内部,从围绕着它们的物体那方面,或是从穿透它们、使它们伸延、使它们膨胀、使它们凝缩的物体那方面,最后,甚至是从构成它们的东西那方面,接受继续不
16 断的冲动;因此,这些物体的各个部分,就真正地处于作用和反作用之中,或是处于一种继续不断的运动之中,而它们的结果,便是最后显示在物体上面的一些非常明显的变化。热力使金属伸延而且膨胀;因此,我们看见一条铁棒,仅仅由于气温的变化就处在一种不断的运动之中,而构成铁棒的分子,没有一个是享有片刻真正的静止的。事实上也是,在一些坚硬的物体内,既然它们所有的部分都是紧紧相接着的,那么,怎能设想空气、冷和热只作用于它们各部分(即使是外面的部分)中的单独的一个部分,而这运动不会逐渐地一直传到它们最里面的各部分去呢?如果没有运动,又怎能设想,我们的嗅觉能为从那些在我们看来其各部分都像是静止的最紧密的物体中发散出来的东西所刺激呢?再者,如果从星球一直到我们的眼膜并没有一种渐进的运动,那么,即使有望远镜的帮助,我们是否还能够看见离我们最遥远的一些星球?

简单地说,经过思考的观察使得我们深信:在自然里,一切都是处在不断的运动之中;自然的各个部分没有一个是真正静止着的;总之,自然就是一个活动着的整体,如果它不活动,或是在自然里没有运动,什么也不能产生,什么也不能保存,什么也不能活动,那么,自然也就不成其为自然了。所以,在自然的观念中必然包含

着运动的观念。不过,人家也许要问我们:那么这个自然又是从哪里获得它的运动的呢?我们回答:既然自然是一个巨大的整体,在它之外什么也不能存在,因此自然只能从它本身得到运动。我们要说,运动乃是存在的一种方式,它是从物质的本质中必然产生的;物质由于它自己特有的能而活动;它的运动产生于它所固有的力;而各式各样的运动以及由运动产生的各式各样的现象,是从原来就存在于以自然为其总体的不同的原始物质中的各种特性、性质和组合而来的。

大多数物理学家,都曾经认为,那些只有借助于某种原动力或是外在原因才运动的物体,是没有生命的,或是缺少自己运动机能 17
的东西;他们相信能够根据这点得出这样的结论:构成这类物体的物质,从它的本性上看,就是全然没有生气的。虽然他们看到,每当我们听任一个物体自行其是或者撤去阻挡它动作的障碍物的时候,它便以一种等加速度运动下落或向地心接近,但他们并没有从自己的错误结论中清醒过来;他们宁愿假设一个连他们自己都没有任何观念的虚构的外因,而不肯承认这些物体的运动来自它们自己的本性。

同样,这些哲学家,虽然看见头上有无数巨大星体在围绕一个共同中心急速运转,可是在不朽的牛顿证明它们的运动乃是天体互相**吸引**的结果以前,他们一直对这些运动设想一些纯属幻想的原因[①]。其实,牛顿以前的物理学家们,只要他们稍作简单的观

① 物理学家们,连同牛顿本人,曾把(gravitation)的原因看成是不可解释的;不过,我们似乎可以从物质的运动——它以种种不同的方式决定着——这方面推演出这

察,是足以感觉到,他们所认为的那些原因,要产生这样巨大的结果是多么不够的。既然他们深信,在他们能观察到的物体的相碰中,以及根据对于运动的一些已知的规律,运动总是与物体的密度
18 成比例而彼此传递的,那么,他们当然应该由此推断:**稀薄的或以太状的**物质的密度,既然无限小于行星的密度,那么,就只能传导给它们一个非常微弱的运动。

假如人们不带着成见去观察自然,可能老早就会相信,物质是由于它自己固有的力而活动,并不需要任何外在的推动去使它运动的。他们早就可以看出,只要使某些混合物处于彼此起作用的情况中,运动便马上产生了,这些混合物便以一种能产生最惊人的结果的力而活动着。把铁屑、硫黄和水搀在一起,这些物质便开始彼此发生作用,它们逐渐发热,而终于燃烧起来。如果我们用水把面粉润湿,把这个混合体封闭好,过了一些时候,我们用放大镜便会看到它产生一些有机物,这些有机物具有一种生命,我们相信是面粉和水所不能具有的[①]。就是这样,没有生命的物质转化为生

个原因来。引力只是运动的一种方式,一个向心的倾向;严格说来,任何运动都是一个相对的引力;对我说是下落的东西,对其他物体来说可以是上升;因此可以说,宇宙间任何运动都是引力的结果,因为在宇宙中,既没有上,也没有下,也没有确实的中心。物体的重力似乎有赖于它们的内部形状,同样也有赖于它们的外部形状,而正是这形状给物体以人们称之为**引力**的这个运动的方式。一个铅质的弹子,由于是球形的,落下时便是急速而且笔直的;把这个铅球锤成非常薄的铅片时,便能在空中维持相当长的时间;而火的作用则可使这铅上升到空中。看来,同一种铅可以以种种不同的方式加以改变,从而以完全相异的方式活动。

① 请参看奈登(Néedham)的《显微镜观察》,这些观察充分证实了这种感觉。对于一个肯独立思考的人,人的产生除了通常的方法之外,或许比用面粉和水去产生昆虫,更要美妙些罢?发酵作用与腐化作用显然产生一些有生命的动物。对于那些不肯细心观察自然的人,生殖作用才是像人们所说的那样,是**暧昧不明的**。**附注**。

命；生命本身不过是运动的一种集合罢了。

在火、空气和水彼此结合的一切组合中，我们特别能看到运动的发生或发展以及物质的能；这些原素，或不如说，这些混合物，是存在物中最易消散、瞬息即逝的东西，但也正是自然用来完成最使人吃惊的现象的一些主要动因。雷鸣、火山爆发、地震，都 19
要归因于它们。只要使火一跟火药接触，就可以人为地在大炮的火药内给我们提供一个具有惊人之力的动因。一句话，最可怖的效果是由那些人们以为是僵死的和不动的物质组合起来而造成的。

所有这些事实，都无可争辩地给我们证明了，运动在物质之内是自行产生、自行增长、自行加速，并不需要任何外因的帮助；由此我们便不能不得出这样的结论：这个运动就是各种原素以及它们不同组合所固有的本质和特性的不变法则的必然结果。由这些例子，我们不是还可以得出下面这样的结论吗？即在物质中，也可以有无数其他的组合，产生各种不同的运动，无需求助于比我们归之于它们的那些结果更难于认识的一些动因，就能解释它们。

假如人们对眼前发生的一切加以注意，他们就不会在自然之外去寻找使自然运动的那个与自然有别的力，那个他们以为没有它自然便不能运动的力了。假如我们把自然理解为一堆僵死的、没有特性的、纯粹被动的物质，那么，毫无疑问，我们将不得不在自然之外去寻找它运动的原则；但是假如我们把自然理解为实际上的自然，即一个整体，它的各个不同的部分都有不同的特性，都适应着这些特性而活动，彼此之间都有不断的作用和反作用，都有重

量,都引向一个共同的中心,而另外一些部分则离心外引,向外围运动,各个部分都互相吸引与排斥、结合与分离,通过它们继续不断的分合聚散,使我们所看见的一切物体形成与消散,那么,我们便不必乞灵于某些超自然的力量,就能说明我们所见的事物和现象之所以形成了①。

20 凡是承认有一个外在于物质的原因的人,都不能不假设,这个原因在物质内产生一切运动,赋给它以存在;这个假设依据的是另外一个假设,即:物质能够开始存在,这个假说直到如今却从来没有得到过有价值的证据证实。从虚无而生,或创造,只不过是一句空话而已,它不能给予我们一个宇宙形成的观念;它并不表示出值得我们花费精神加以探讨的任何意义②。

① 以往有些神学家也承认,自然是一个活动的整体。“自然是能动力或原动力;因此自然也被称为整个宇宙的力,或宇宙中全部的力。”参看拜林格的《论神、心灵与世界》,第 278 页。

② 差不多所有古代的哲学家,都同意把世界看成是永恒的。陆加奴思(Ocellus Lucanus)在谈到宇宙时,正式地说:“它一向存在,并将永远存在。”凡是抛弃成见的人,都会感到从无中不能生有这个原理的力量。这是什么也不能动摇的真理。创造,在近代人给予它的意义来讲,不过是神学的烦琐之谈。在塞布当提(Septante)的希腊译本中,把希伯来文 barah 这个字译成 εποιησευ。瓦达布勒(Vatable)和哥老秀斯(Grotius)确认,要把《创世记》的第一节的希伯来文译出来,应该是说:“当上帝造天和地时,物质还是没有定形的。”参看《世界,其起源及其古代》,第 2 章,第 59 页。由此可见,被我们译成创造的这个希伯来字,只有形成、作成、安排的意思。κτιζειυ 和 ποιειυ(创造和作)往往指的是同一个东西。根据圣·耶洛姆(S. Jérôme)的说法,creare,和 condere(建立、建造)是同一个东西。在圣经里,没有任何地方明确地说世界是从无中造出来的。塔尔图良(Tertullien)承认这个说法,而伯多神父(Pere Pétau)也说,这个真理之所以成立,推理的成分是多于权威的成分的。参看《Beausobre, histoire du Manichéisme》,第 1 卷,第 178、206、218 页。圣·茹斯丁(St. Justin)似乎也把物质看成是永恒的,因为他赞扬柏拉图曾说过,上帝在世界的创造中所做的,就只是给物质以冲动并且形成它。最后,伯尔耐特(Burnet)也正式地说过:“创造和消灭在今天看来是一

当我们把物质的创造和形成归之于一个**精神的**东西，就是说， 21
归之于这样一个东西：它和物质没有任何类似，也没有任何接触，像我们下面就要看到的，它既没有广延和部分，也不能运动，而运动只是一个物体相对于其他物体的变化，在运动中，运动着的物体以不同的部分陆续出现在空间的不同点上——这个说法就变得更为暧昧不明了。再说，现在大家都承认，物质是并不能完全消灭或是停止存在的；那么，不能停止存在的东西却曾经能够开始存在，我们怎样去理解这个说法呢？

因此，当人家要问，物质是从哪儿来的呢？那我们就要回答，它是一向存在的。如果人们问，在物质中，运动是从哪儿来的呢？我们就要回答，正是出于同样原因，它必须无始无终地运动，因为运动乃是物质的存在、它的本质、它的诸如广延、重力、不可入性、形状之类物质原始属性的必然结果。正是因为任何物质固有的这些本质的、基础的、缺少它们便无法形成物质观念的属性，所以那些构成宇宙的彼此不同的物质，才在整个永恒中彼此倾轧、向中心运动、相遇相碰、被吸引而又被排拒、聚合而又分散，一句话，按照每类物质以及它们的每一种组合所特有的本质和能力，以不同方式活动和运动。生存的前提，就是在存在的事物中必须含有某些属性；只要它具有某些属性，它的活动方式便必然从

些虚构的词；在希伯来人、希腊人和拉丁人那里并未有过一个词曾经具有这种力。”参看《Archaeolog. philosoph》卷1，第7章，第374页。1699年阿姆斯特丹版。一位无名氏也说过：“不相信物质是永恒的这个说法是很难的，因为人的思想不能理解过去曾有一个时期，将来也可能有一个时期，那时候，既没有空间，也没有广延，既没有地方，也没有深渊，总之，那里一切皆是虚无。”见《杂论》第2卷，第74页。

它存在的方式中产生。只要一个物体有了重量,便必然下落;只要它下落,它便必然地碰着在它下落中所遇到的物体;只要它是紧密而坚固的,它便必然地因为本身密度的缘故把运动传导给它碰到的物体;只要它与那些物体有类似性和亲和性,它便和它们结合起来;如果它没有丝毫类似性,那么它便必然要遭受排拒,等等。

22 由此可见,当我们不得不假定物质的存在时,就必须假定它含有某些性质,而运动以及被这些性质所决定的活动方式,是必然要从这某些性质中产生的。为形成宇宙,笛卡尔只要求物质和运动;一个多变化的物质对他就够了。因为各种各样的运动乃是物质的存在、它的本质,以及它的属性的一些结果;而它的不同的活动方式又是它的不同存在方式的必然结果。没有属性的物质乃是一个纯粹的虚无。所以,只要物质存在着,它必然要活动;只要它是多样的,它就必然多样地活动;只要它的存在没有开端,它就是亘古以来就存在的;它永远不会停止存在,而且,由于它自己特有的能的缘故,它也不会停止活动,运动是它自身存在的一种方式。

物质的存在是一个事实;运动的存在又是另一个事实。我们的眼睛指示给我们不同本质的物质,这些物质赋有使它们彼此有别的属性,形成各式各样的组合。事实上,以为物质是同一性质的物体,各部分有区别只是因为它们形状有所不同,这种想法是错误的。在我们认识的属于同一类别的个体中,完全相似的是绝对没有的。事实也应该如此:仅仅因为位置不同,就必然不仅在形状上,而且也在本质、在属性、在事物整个的系统上,引出一种或较明显或较不明显的多样性来[①]。

如果我们审查一下经验似乎常常加以证明的这个原理，那么，23
我们就要相信，那构成物体的原素或最初的物质，它们的性质绝不是同一的，因此，也就不能有同样的特性、同样的运动和活动方式。它们的活动或运动，已然是不同了，而且还在无限地多样化：因为组合、比例、重量、密度、大小以及组成它们的物质等种种缘故，它们还在增加或减少、加速或放慢。火这个原素，显然比土这个原素更要活泼、更要活动些；而土却比火、空气和水要坚固得多，沉重得多。按照这些原素进入到物体的组合中的量的多少，这些物体便多种多样地活动起来，而且它们的运动也应该由形成物体的那些原素按照某种比率所构成。在自然界，火这个原素似乎是活动的本源；我们可以这样说，它就是使物质发酵并且给它以生命的肥沃的酵母。土由于它的不可入性，或是由于它的各部分的强大凝结性，似乎是物体的坚硬性的本源。水是有利于物体的组合的一种媒介，在物体的组合中，它是作为组成部分加入到里面去的。最后，空气是一种流质，它提供给其他原素以必要的空间，让它们去运动，加之，它是最宜于和其他原素来组合的。我们的感官从来不向我们显示处于纯粹状态的这些原素，因为它们是继续不

① 凡细心观察自然的人都知道，绝没有两颗沙粒是完完全全相等的。属于同一类别的事物，它们的环境和变易有所不同，在它们之间就绝不会产生完完全全的相似。参看第 6 章。这个真理为深刻而精细的莱布尼茨所深切地体会到。请看他的一个门徒怎样来解说罢：“根据不可区别的原则，可以看到物质的事物的原素是一个一个、互不相同的；又由于它们各自独立存在着，所以是彼此分开的。既然它们不能相遇在一起，那么，从数学上说来，它们就彼此有了区别。”参看拜林格的《论神、心灵与世界》，第 276 页。

断地彼此起作用、经常地在作用与反作用、结合与分离、相吸和相
拒,这些,就足以给我们解释我们所见的一切存在物是怎样形成
的。它们的运动层出不穷;它们交替而为原因和结果;它们就这样
地形成一个生与灭、组合与解体的巨大的圆圈,这个圆圈既不曾有
开端,也永远不会有终结。一句话,自然不过是不断互生的原因和
24 结果结成的一条无限漫长的锁链。个别存在物的运动有赖于一
般的运动,而一般的运动本身得以持续进行则是由于个别存在物
的运动。个别存在物运动之加强或削弱、加速或延缓、简单化或复
杂化、生成或消灭,都是由于那些被运动起来的各种物体的不同
组合或环境,是它们在时刻改变着这些物体的运动的方向、倾向、
法则、存在和活动方式①。要想超出这些去寻找物质中的活动法
则和事物的本源,那就永远只是回避困难,把这困难绝对地避开
我们感官的考察,而我们的感官,只有在原因作用于它们,或是用
运动给它们以印象的时候,才能使我们认识和判断。因此,我们
满足于说,物质是一向存在的,它根据自己的本质而运动,一切自
然现象都源于自然所包容的多变化的物质的不同运动,而这些自
然现象,就像菲尼克斯(Phénix)②一样,继续不断地从它的残灰之

① 如果当真一切都倾向于形成单独而唯一的一块物质,如果在这块唯一的物质中,有一刻工夫一切都 in nisu,那么,一切便都要永恒地停留在这个状态,而属于完全永恒的,就只是一个物质和一种努力、一个 nisus,此外就再也没有什么了,这将是一个永恒的、普遍的死。物理学家们把 nisus 理解为一个物体对另一个物体毫不改变位置的对抗;不过在这个假定中,不可能有分解性原因,因为按照化学家们公认的原则讲,物体只有在分解的时候才能够活动。

② 埃及神话中的不死鸟。相传这种鸟活五百年后,集香木自焚为灰,由灰复生,再活五百年再焚化为灰,如是生灭循环不息。——译者

中再生出来。①

① “在这永恒的宇宙中，过去一向存在、将来还要存在的一切，据说是没有开始的，而只有地球是繁育和生长的场所，在它上面可以看到每一种生物的起源和结局”。参看桑索林(Censorin)的 *Die Natali*。

诗人马尼里乌斯在下面这些美丽的诗句中以同样方式解说道：

“一切都按着自然的法则而变更，
土地因岁月变更而面目全非，
人们随着年代而改变面貌。
但世界却保持不变，并保存着它的一切，
这一切不因天长而增，不因日久而减，
不因运动而疾驰，不因奔跑而力乏，
它将永远这样，因为它过去一向是这样。”

马尼里乌斯：《Astronom》卷一。

奥维德在《变形记》第15卷、第165行和以后的诗句，所表示的仍是毕达哥拉斯的思想：

“一切都在变化，没有东西会死灭；
它只是漂流不定，时而由此及彼，时而由彼及此……”

第三章　论物质；论物质的各种组合和物质的各种运动或论自然的进程

25 我们并不认识物体的原素，可是我们认识物体的一些特性或性质。我们由物质在感官上产生的结果或变化，就是说，由于它们的出现而使我们在身上产生的各种运动，来识别各种不同的物质。我们发现它们，是因为它们有广延，有易动性、可分性、坚固性、引力和惰性。从这些一般的、最初的特性中又派生出另外一些特性，比如，密度、形状、颜色、重量等等。因此，对于我们说，物质，一般地就是以任何一种方式刺激我们感官的东西；我们归之于各种不同物质的那些性质，是以物质在我们内心所造成的不同印象或变化为基础的。

直到现在为止，人们对于物质还没有给予一个令人满意的定义；被成见欺骗了的人们，对物质只有一些不完善的、泛泛的、肤浅的概念。他们把物质看作是唯一的、粗糙的、被动的、不能运动、不能互相结合，而由它自身是什么也产生不出来的一种东西。其实他们本应该把物质看成是这样一种存在物：它的一切个别个体，虽然具有广延、可分性、形状等等共同特性，却不应该被列在同一类别之下，也不应该赋予同一名称。

举一个例子便能明确我们方才所说的话，可以使人感觉到它
的正确性，也使人容易去应用它。比如，一切物质的共同特性是广 26
延、可分性、不可入性、可具形状性、可动性，或为某个物质的运动所引动的性质；火这种物质，除去具有这些对一切物质普遍共具的特性以外，还具有一种能够在我们感官上产生热感的运动、在我们眼睛里产生光感的运动而运动的特殊属性。铁，作为一般的物质，是可以伸延的、可分的、可具形状的、可整块移动的；如果火这种物质以某种比例或分量与它结合起来，那么铁便会取得两种新的性质，即在我们身上引起以前它所没有的热的感觉和光的感觉这两种特性，等等。所有这些断然不同的特性是和铁分不开的，而由它产生的一些现象，是必然——严格意义上的必然——要产生的。

只要我们稍微注意一下自然的轨道；稍微追踪一下各种事物由于本身的性质不得不经历的各种不同情况，我们就会认识，物质的变化、组合、形式，一句话，物质的一切改变，都应只归因于运动。正由于运动，一切存在着的东西才产生、变化、增长和消灭。改变事物的面貌、给它们增加或去掉一些性质、使每一个事物在占有一定位置和秩序以后，由于它本性的作用不得不离开原位而去占据另外的位置，去助成那些在本质、位别和种类上全然不同的其他事物的生成、保持和解体的，也都是运动。

在物理学家们称作**自然的三界**里面，由于运动而产生了物质分子的继续不断的转移、交换和流通；自然，在这一地方，需要它在另外一个时候曾安放在另外一个地方的物质分子，这些分子，原来由于特殊的组合具有了特定本质、属性和活动方式，现在或较容易
或较不容易地分解或分离开，而用一种新的方式组合起来，形成新 27

的事物。细心的观察者可以看见,所有围绕着他的一切事物,都是以或多或少较明显的方式在体现着这条规律的。他会看到自然中充满了彷徨无主的幼芽,有一些幼芽生长起来了,而另一些却在等待运动把它们安置在土壤中,送到子宫里,放在为使它们生长、使它们由于吸收了和自己最初的体质相类似的养料和物质而变得更能令人感觉到的必要的环境里去。在所有这一切情况中,我们所看到的,只是运动的结果,这运动,必然要被事物不断获得和不断失去的各种不同特性所引导、所改变、加速或延缓、加强或削弱,因而在一切物体中,每个霎时都万无一失地要产生些多多少少的变化。这些物体,在两个相续的瞬间是绝不能完完全全相同的;它们无时无刻不在被迫有所得或有所失——一句话,不得不在它们的本质、特性、力量、质量、生存方式、性质里面,遭受一些继续不断的改变。

动物,在适合于它们机体的原素的子宫之内得到发育以后,便开始长大起来,强壮起来,获得新的性质,新的能,新的机能,或是用类似它们体质的植物来营养自己,或是吞食那些体质特别适合于滋养它们的其他动物,就是说,来补充随时从它身体里不断消耗掉的实质部分。这些动物是利用空气、水、土和火来营养自己、保持自己、长大并且强壮起来的。没有围绕它们、压迫它们、渗透它们、给它们以活力的空气或流质,它们很快就会停止生存。和空气配合的水进到它们整个机构里去,使它活动得轻快舒畅。土是用来作为它们的基础的,给它们的组织以坚实性;土被空气和水所载运,它们把土带到物体中土能够进行组合的部分里去。最后,在无
28 限形式和外观之下隐藏着的火本身,也不断地为动物所接受,给动

物以热力和生命，使它能顺利地活动。含有这一切不同原质的食物，进到胃里面去，在神经系统中重新恢复了运动，并且随着它们特有的活动性以及构成它们的原素，使那由于曾经遭到耗损而开始沉滞、衰弱下去的机构又重复完好。马上，在动物之内一切都改变了；它有了更多的能，更多的活动性；它生气勃勃，喜气洋洋；它活动，它运动，它以不同的方式来思维，所有它的机能活动得更轻快了[①]。由此可见，所谓多种多样地组合的原素，或物质的基本部分，是借着运动，不断和动物的实体结合，并且被动物的实体所消化，明显地改变着它们的存在，影响着它们的活动，就是说，影响着在它们内部进行的、无论是可见的或是隐藏的一些运动。

用来营养、强健、保持动物的那些同样的原素，在某种情况下，
会变为动物的解体、衰弱和死亡的根源和工具；一旦这些原素不在
处于正好来维持动物的存在这个正确的比例中的时候，它们便从
事于它的毁灭。因此，在动物的身体中，水分过多便使它衰弱无
力，使它的筋骨松弛，阻碍其他原素的必要活动。火气太多则又引 29
它作过度的、对它的机体产生破坏作用的运动；空气含有和动物机
体不太相合的原质，会给它带来危险的传染和疾病。最后，以某种
方式有所改变的食物，不但不能营养它，反而摧残它，使它趋于死
亡。所有这些实体，一定要对动物是相宜的。才能维持动物的生

① 最好在这里预先指出，一切含有酒精的实物，即含有大量易燃和含有火性的物质，如葡萄酒、烧酒、露酒等，都是能给动物传导热力、最能加速动物的器官运动的东西。因此，酒虽然是一种物质的东西，却能给人以勇气，甚至给人以精神。春天和夏天所以使那么多昆虫和动物繁殖出来，使植物茂盛，使自然充满生机，就因为在这时候，火这种物质远比在冬天的时候要丰富的缘故。具有火性的物质，很显然地，是发酵、生殖和生命的原因；这就是古代人所说的丘比特(Jupiter)。参看本书下卷，第1章，结尾部分。

命;当这些原素不再处于正好维持动物的存在这个正确的均衡时,它们便要毁灭这个动物。

像我们所看到的,用来饲养动物的植物是以土来营养自己的,它们在土中发育,靠它的消耗来使自己生长和壮大,用根和气孔,把水、空气和含有火性的物质,不断地吸收到自己的组织里去。每当它们的生长或它们那种生命枯萎下去的时候,很明显地,水又使它们恢复了生机;水给它们带来能使它们欣欣向荣的同质的原质;空气对它们的生长是必要的,它把和自己相结合的水、土和火供给它们。最后,它们也多少吸收一些易燃的物质,而这些原质的不同比例便构成各种不同的**科**或**纲**,植物学家们,便是在这些科或纲之内,按照所以产生出无限多种多样的特性的原质的形式和组合,来对植物加以分类。例如,柏树和牛膝草生长起来,一个高入云霄,一个却匍匐地上。又如,一粒橡子逐渐长成一棵绿叶成荫的大树,而一粒麦子,以土中浆汁营养自己以后,又来供人的营养,它把自己赖以成长的那些原素或原质带到人体中去;这些原素或原质,是按照使这个植物最宜于和人的机体,或是说,最宜于和构成人的流体和固体相同化和组合的方式,而被改变、被结合的。

在矿物的形成中,和在它们的分解中,无论是自然的还是人工
30 的分解,我们都可以发现一些同样的原素或原质。我们看见,经过多样的加工、改变和组合的一些土质,能使它们增大,给它们大小不一的重量和密度。我们看见空气和水共同把矿物的各部分组合起来;含有火性的物质或可燃的原质,给它们以颜色,有时,由于运动而发生出来的灿烂的闪光,竟赤裸裸地暴露出火的本色。这些如此坚固的物体、这些石头、这些金属,仅仅由空气、水与火的帮助

就能崩坏而分解，这一点，从最寻常的分析，以及我们天天目睹的一大堆经验中，都可得到证明。

动物、植物和矿物，到了一定时期，就要把它们从自然借来的那些原素或原质，归还给自然，就是说，重新放在事物的总的堆积里面，重新放进万有的大仓库里去。那时候，土重新收回曾经作为物体之基础和坚固性的那一部分；空气则取得与它自己相同的部分以及最稀薄最轻的部分；水带走它所宜于分解的那些部分；火则挣断束缚，解脱出去同其他物体结合。这样解体、分解、分化、分散了的动物的基础部分，将要形成新的组合，用来养活、保持或是毁灭新的事物，其中就有植物，它们成熟以后，便来养活和保持新的动物；而这些新的动物，到时候，又来遭受和前一批动物同样的命运。

这就是自然永恒不变的进程；这就是一切存在物必须循行的永恒的圆圈。就是这样，运动使宇宙的各部分互相产生，保存一些时候，然后又相继把它们破坏掉，而存在物的总和却是永远一样的。自然，由于它的组合而诞生一些恒星，这些恒星，每一个都处于一个体系的中心；自然又产生了行星，这些行星由于它们特有的本质为恒星所吸引并围绕恒星运行，渐渐地，运动使得恒星和行星都日趋衰微；也许有一天，运动会使它所组织起来的这些奇妙的天体的各部分分离四散，对这种景象，我们人只不过在短促的生存过程中，略见一二罢了。

所以，使一切存在物变质并且遭到破坏，以及随时夺去它们的 31
一些性质而代之以另外一些性质的，都是物质所固有的持续运动。也正是运动，在这样改变着它们现有本质的同时，也改变着它们的秩序、方向、倾向以及规范它们存在和活动方式的法则。从在地球深处由同质分子以及相近分子的紧密配合而形成的石头，直到那朗照苍穹、作为含有火性分子的巨大蓄容器的太阳；从那鲁钝麻木的牡蛎直到活动而有思维的人，我们看到一个没有中断的进展，一条组合与运动的无尽无休的锁链，结果从这里便产生出一些事物，我们对于这些事物，只有从它们原始物质的变化上，从所以产生各种各样生存与活动方式的这些同样原素的组合与比例上，来把它们彼此加以区别。在生殖、营养和保存之中，我们见到的，就一直只是一些经过各种组合的物质，在这些物质里面，每一种物质都有它特有的、被一些固定的和特定的法则所规定的运动，而这些运动就使它们遭受一些必然的改变。我们在动物、植物与矿物的形成、生长和短暂的生命之中所发现的，也只是一些物质，这些物质自行组合、凝聚、积累、扩张，渐渐形成一些有感觉的、有生命的、有生长性的或是不具有这些机能的事物，而且这些物质，在一种特殊形式之下生存了若干时间以后，便不得不用自己的毁灭来促成另外一个事物的诞生。①

① “一个事物的毁灭，就是另一个事物的诞生”。严格说来，在自然里并没有什么生和死；许多古代的哲学家就都感觉到这个真理。恩培多克勒(Empédocle)说：“对于每个世间的人来讲，既没有诞生，也没有死亡，而只有一个组合和一个已经组合了的东西的分裂，这就是人们所谓的生与死。”这位哲学家又说：“凡是想象以往不存在的东西现在诞生了，或是某些东西能够完完全全死掉或消灭的人，不是幼稚，便是见识太浅。”参看普鲁塔克(Plutarch)的《驳科洛泰斯》。柏拉图承认，按照一个古老的传说，“活人是从死人出来的，同样，死人也是从活人而来的，而这就是自然的永恒不变的循环。”他在另外一个地方又说，“谁知道生就不是死，而死就不是生呢？”这仍旧是毕达哥拉斯的思想。奥维德(Ovide)说他曾这样说过：

“……所谓生，
就是开始与以前有所不同，所谓死，
就是不再是原来的状态。”

见《变形记》，第15卷，第255行。

第四章　论自然的一切存在物所共有的运动法则；论吸引力和排拒力；论惯力；论必然性

人们对已经认识到原因的那些结果是不感到惊讶的；只要他 32
们看见这些原因以一种一致而直接的方式活动，或是只要它们所
产生的运动是单纯的时候，他们便认为认识了这些原因。一块石
头由于自己固有的重量而下落，这只有对一个哲学家才成为沉思
的对象。因为在哲学家看来，最直接的原因的活动方式和最单纯
的运动，与最遥远的原因的活动方式和最复杂的运动，同样都是一
些奥秘，而前者并不比后者更容易被人渗透。平常的人，对于他所
熟悉的结果从来不想去深究，从来不想追溯它们最初的根源。一
块石头下坠，这本会使他惊异，值得他去研究，可是他在这里边什
么也看不出来，一定要有个牛顿出来，去看出重物下坠乃是值得他
凝神注意的现象；一定要有个深邃的物理学家的敏锐，来发现物体
坠落以及物体把自己固有的运动传给其他物体时所遵循的法则。
最后，连最有经验的人也时常有这样一种苦恼，即眼看着一些最简 33
单最寻常的现象从他的一切研究中滑过去，而始终无法加以解释。

对于我们所看到的结果，只有当它们是不寻常和不常见的时候，就是说，当我们的眼睛对它们没有看惯，或是当我们不明白自

己看到的那个正在活动的原因的能力的时候,我们才对这些结果尝试着去想一想,去沉思。欧洲人几乎很少没有见过火药的某些结果的,制造火药的工人更不觉得其中有什么奥妙,因为他成天都在弄着那些用来制成火药的物质;而美洲人过去却把火药的活动方式看成是神权的结果,是一种超自然的力。平常人对雷的真正原因不了解,以为它就是天神复仇的工具;物理学家却把它看成是一种电气物质的自然结果,尽管电气物质本身还是远远不能为人所完全认识的一个原因。

无论怎样,只要我们看见一个原因在活动,我们就把它的结果看成是自然的东西;只要我们看惯了它,或是对它熟悉了,我们便认为认识它了,而它的结果也就不再使我们感到惊异。不过,当我们看到一个罕见的结果,又没有发现它的原因,碰到这种时候,我们的精神便开始活动起来,这个结果越是重大,我们的精神便越感到不安,特别是当我们相信它与我们生命有关的时候;而且,这种惶惑不安,还将要随着深信认识那使我们受到强烈刺激的原因对我们有重要意义,而更加增长起来。对于我们以最大热忱去探求的原因和结果,或对于使我们最为关切的原因和结果,我们感官往往一无所知;由于这种缺陷,我们便乞灵于想象。可是我们的想象被恐惧所扰,变成了一个不可靠的引导者,它给我们制造出种种幻影和纯属虚构的原因,用来说明那些令我们惊愕的现象。像我们在下面就要看到的,人类的一切宗教错误,就都应归咎于人类精神的这种情况。人,由于不能找出这些扰人心灵、这些为他们亲眼所
34 见并经常成为其牺牲品的现象的自然原因,失望之余,便在脑海里创造出一些想象的原因来,对于他们,这些想象的原因也就变成了

愚昧的源泉。

然而，在自然之内只能有一些自然的原因和结果。在自然中所发生的一切运动，都遵循着不变的必然法则。我们能够判断或认识的那些自然动作的法则，就足以使我们把那些超出我们视野之外的法则发现出来，至少，我们可以用类比法对它们加以判断。如果我们注意地去研究自然，那么，自然表现出的那些活动方式将告诉我们，千万不要因为有些活动方式自然拒绝向我们表露而感到狼狈失措。距离结果最远的原因，无疑是通过一些中介的原因而活动的，由于这些中介的原因，我们就能够追溯到那些最初的原因。如果在这原因的锁链当中，发现某些阻碍我们探究的障碍物，那我们就应努力去克服它们；如果我们没有能够成功，那我们也绝没有权力从此就作出结论说，那个锁链是断了，或说那个活动着的原因是**超自然的**。这时，我们就只得承认，自然还有一些奥秘我们没有识破；我们也绝不要用幽灵、幻影或毫无意义的字，去代替那些不为我们所知的原因。要是这样做，那我们就是自认无知，中止自己的探讨，坚持自己的错误。

尽管对于自然的规律或事物的本质、特性、原素、它们的比例和组合，我们是这样无知，可是我们毕竟还认识物体运动所遵循的某些简单的和一般的法则，我们还看到这些法则中有一些是为一切事物所共有的，它们从来并不自相矛盾。当它们在某种场合下好像自相矛盾的时候，我们就往往能够发现，有些原因，因为它们和其他一些原因结合起来而把自己变为复杂了，因而阻碍它们照着我们自以为有权期待它们实现的那种方式来活动。我们知道，火碰到火药，必然要把火药点着。如果这个结果没有发生，即使感 35

官没有告诉我们，我们也能正确地得出结论，说这火药是受潮了，或是它和一些阻止它爆炸的某种实物搀合在一起了。我们知道，人在他一切活动中都是努力使自己幸福的。当我们看见他在摧残自己、伤害自己，我们就应该得到结论说，他是被违反他的自然倾向的某种原因所推动，他被某种成见所蒙骗，或者，由于缺乏经验，他看不出他的行动将要把他领到什么地方去。

假如事物的一切运动都是单纯的，那么认识起来就很容易，并且，如果它们的活动毫不紊乱，我们就可以保证那些原因所必然产生的结果是怎样的。我知道一块下坠的石头必然垂直落下；如果这块石头碰到一个改变它方向的物体，我知道它就不得不走一条斜线。但是，如果在它的下落中，它被接连作用于它的许多相反的力所扰的话，我就再也不知道什么是它所要走的路线了；这些力量强迫它画一抛物线、环形线、螺状线、椭圆线等等，都是可能的。

38

最复杂的运动，究竟只不过是已经组合在一起的简单运动的结果；所以，只要我们认识事物及其运动的一般法则，我们只需用分解和分析的办法就可以发现那些已经组合的运动，而且，实验也会把我们预期要发生的那些结果告诉我们。那时，我们就会看到，极简单的运动乃是构成一切物体的各种物质必然相遇的原因；这些在本质和性质上如此不同的物质，原来各有各的活动方式，或各有适合于它们自己的运动，并且，它们的全部运动就是组合在一起的那些个别运动的总和。

在我们看到的这些物质中，有一些物质是经常趋向于结合的，而另外一些则不能结合。那些能够结合起来的物质形成了或多或少紧密持久的组合，就是说，或多或少地能够保持着它们的状态，抵制分解。我们称之为固体的那些物体，就是以很大数量同质的、相似的、同类的部分组成的，这些部分能够结合在一起，而它们的力量又共同倾向于同一目的。那些原始物体或物体的原素，可以说，它们必须互相支持才能维持自己的存在，才能获得稳定性和坚固性；无论在所谓物理界还是在所谓精神界中，这真理是同样不变的。

物理学家在吸引和排斥、结合和抗拒、亲合力或联系这些名称之下所表示的活动方式，就是建立在物质和物体彼此之间的这种倾向之上的[①]。道德学家就用爱、恨、友谊、厌恶这类名称，去表示这种倾向及其所产生的结果。像一切自然物一样，我们人也感受到吸引和排拒的运动；在人心中产生的这些运动之所以和其他运动有别，就因为它们是更为隐蔽，因为我们往往不认识它们所以引起的原因，也不认识它们活动的方式。

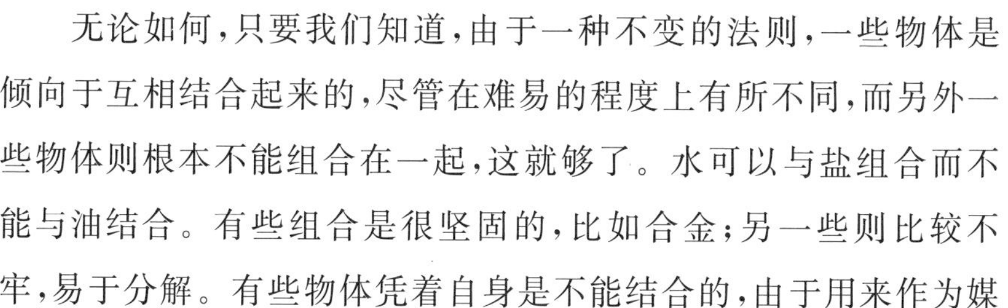

无论如何，只要我们知道，由于一种不变的法则，一些物体是倾向于互相结合起来的，尽管在难易的程度上有所不同，而另外一些物体则根本不能组合在一起，这就够了。水可以与盐组合而不能与油结合。有些组合是很坚固的，比如合金；另一些则比较不牢，易于分解。有些物体凭着自身是不能结合的，由于用来作为媒 37

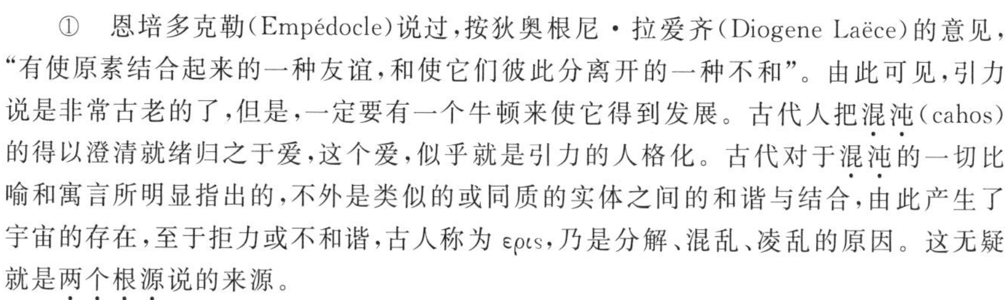

① 恩培多克勒(Empédocle)说过，按狄奥根尼·拉爱齐(Diogene Laëce)的意见，“有使原素结合起来的一种友谊，和使它们彼此分离开的一种不和”。由此可见，引力说是非常古老的了，但是，一定要有一个牛顿来使它得到发展。古代人把混沌(cahos)的得以澄清就绪归之于爱，这个爱，似乎就是引力的人格化。古代对于混沌的一切比喻和寓言所明显指出的，不外是类似的或同质的实体之间的和谐与结合，由此产生了宇宙的存在，至于拒力或不和谐，古人称为 ερις，乃是分解、混乱、凌乱的原因。这无疑就是两个根源说的来源。

介或是共同联系的新物体的帮助，而变成可以结合的；油和水，由于碱性盐的帮助结合起来并且做成了肥皂，便是这样。从所有这些以种种比例各式各样组合起来的东西，便产生了物体，产生了一切物理的或精神的整体。因为进到它们构造中去的那些原素或物质以及这些物质的各种不同形态的缘故，它们的性质和均等性便有着本质的不同，它们的活动方式也或多或少地比较复杂，或是难于认识。

这样，构成一切物体的那些原始的、感觉不到的分子，互相吸引，通过一些在本质上宜于聚合而形成一个整体的类似物质的结合，而变为可感觉到的，形成了混合物或凝结体。当这些物体遭受到破坏这种结合的某种实体的作用时，它们便解体了，或者，它们的结合便中断了。就这样，渐渐地，植物、金属、动物、人，一一形成了，每一类都在它们所占的系统或等级中生长着，由于那些同它们的存在结合起来、使它们的存在得到保持和巩固的类似或相似物质的不断吸引，它们才维持着各自的生存。同样，某些食物是适合于人的，而另外一些却能致他于死命；某一些食物使他喜欢，使他强健，而另外一些则使他厌恶，使他衰弱。总之，物质的法则永远不能和精神的法则割裂开，正因为如此，人，出于需要，才彼此吸引而形成所谓婚姻、家庭、社会、友谊、联系这样的一些结合，这些结合，德行使它们得以维持和加强，恶行使它们松懈或整个地瓦解。

无论事物的本性和组合是怎样，它们的运动总常常有一个方向或倾向，没有方向，我们便不能有运动的观念。这个方向是每个
38 事物的特性所规定的；只要它有了既定的性质，它就必然要活动，就是说，它遵循着被这些特性所规定的不变法则，这些特性构成了

事物的实质，也规定了事物的活动方式，活动方式永远是存在方式所产生的结果。可是，在一切事物中，我们看见的一般的、共同的方向或倾向是什么呢？它们的运动的显而易见而又为人所认识的目的又是什么呢？那就是保存它们现有的生存，坚持生存，壮大生存，吸取对生存有利的东西，抵抗那些同它的存在方式和自然倾向相反的一些冲击。

生存，就是经受任一特定本质所固有的各种运动。保存自己，就是给予和接受使生存得以维持的那些运动，就是吸取那些有补于自身存在的物质，排斥那些能使它衰弱或使它受到损害的物质。所以，我们所知道的一切事物都是以它自己的方式来保存自己的。石头，便以它各部分的坚强的结合来对抗破坏它的力量。有机的生物，则以更加复杂、但宜于维持其生存、使之免于受到损害的方法，来保存自己。既是物质的而同样又是精神的人，乃是有生命、有感觉、能思维、能行动的生物，在他生命的过程中，则无时无刻不在努力获取他所喜爱或适合于他生存的东西，而竭力避开可能有损于他自己的东西。①

因此，自保乃是存在物的一切能力、力量、机能似乎在不断趋向的目标。物理学家们把这种倾向或方向叫作自身引力（gravitation sur soi）；牛顿把它叫作惰力；道德学家们则把人身上的这种倾向叫作自爱，这个自爱不外是对于自我保存的倾向、幸福的欲求、对于舒适和快乐的爱、把看来似乎有利于他生存的一切东西捕

① 和我们一样，圣·奥古斯丁（St. Augustin）也承认在一切东西中，不管这些东西是有机的还是无机的，都有一种自我保存的倾向。参看他的《天城论》，第 11 卷，第 28 章。

39 捉住的那种敏捷性,以及对所有扰乱他或威胁他的东西所表示出的那种厌恶。人的一切机能竭力来满足的,人的一切欲望、意志、行动都继续不断以之作为对象和目的的,就正是这些人类共有的原始情感。因此,这个**自身引力**就是在人和一切存在物身上的一种必须倾向;只要没有什么东西打乱它们机体的秩序或原始倾向,那么它们就要用各种不同的方法,坚持它们已有的生存。

任何原因都要产生结果;任何结果都不能没有原因。任何冲击都要在受冲击的物体内产生某些可以或多或少感觉到的运动,某些或大或小的变化。但是,正如我们已经看到的那样,一切运动,一切活动方式,都是被它们的本性、本质、特性、组合所决定的;因此可以结论说,事物的一切运动,或活动方式,都应归因于某些原因,并且,这些原因只能依照它们的存在方式或它们的本质特性而活动或运动。因此,我说,应该由此推论出:一切现象都是必然的,自然中的每个存在物,都是处在某些环境中,并且依照某些既定的特性活动,绝不能以任何别的方式活动的。

必然性就是原因和结果之间万无一失的、恒常不变的联系。火必然燃烧那放在它活动范围之内的可燃物质。人必然欲求那有益于他的福利或是在他自己看来有益于他的福利的东西。自然,在它的一切现象中,必然按照它固有的本质而活动;而自然所包容的一切存在物,则又必然按照它们的特殊本质而活动。整体和它的部分以及部分和整体之所以有关系,都是由于运动;所以,在宇宙中一切事物都是互相关联的,而宇宙本身不过是一条不断互相派生的原因和结果的无穷锁链。只要我们稍加思索,我们就会不得不承认,我们所见的一切都是**必然的**,或不能不是现在这个样子

的；我们所看到的一切东西，以及我们视觉所不及的一切东西，都
按照一定的法则而活动。根据这些法则，重物体下坠，轻物体上 40
升，类似的实体相吸，一切生物努力于自己的保存，人爱惜自己，只要他认识这东西对他有利，他便爱他，对他不利，他便憎恶。最后，我们不得不承认，在一切存在物都不断彼此影响着的自然之内，在本身也不过是一个按照必然法则给予或接受运动的永恒循环的自然之内，不可能有独立的能、孤立的原因和摆脱一切关系的活动。

我们可以举两个例子来把刚才提出的原则弄得更加明白；这两个例子，一个取自物理方面，一个取自精神方面。在由一阵狂风所卷起的尘土的旋涡之中，在由掀起巨浪的逆风所激起的最可怕的暴风雨之中，无论在我们看起来是多么混乱，可是没有一粒沙一个水的分子是偶然放在那里的，它们都有占据现在所处的地位的充足原因，它们没有不是严格地按照它们应当那样活动的方式而活动的。一个几何学家，如果他正确地认识在这两种情况下活动着的不同力量以及被推动着的分子的特性，他就可以证明，根据这些已知的原因，每个分子都是恰如其分地以它应有的方式活动着，而不能以任何别的方式活动。

在有时扰乱政治社会而时常是造成一个帝国的倾覆的可怕的骚乱中，在包括破坏者和牺牲者在内的参与革命的人身上，没有一个行动、一句话、一个思想、一个意志、一个欲望不是必然的，没有不是像它应起作用地那样起作用，没有不是按照这些人在这场政治风暴中所占的地位准确无误地产生着它所应当产生的结果的。这些，在一个有足够的智力，能够理解和估量促成这场革命的人们

精神和肉体的一切活动和反应的人看来，是很明显的。

总之，如果在自然里一切都是联系着的，如果一切运动都是互
41 相派生的，那么，虽然它们的秘密交往常常不为我们所见，我们也应该相信，没有什么微小的或遥远的原因不会在我们身上有时产生最大、最直接的结果。说不定一阵暴风雨的一些最初因素就是在利比亚干燥的平原里聚集起来的，这个暴风雨，被风卷着，向我们奔驰而来，加重了我们的大气，影响到一个人的气质和情绪，而这个人的处境又能影响许多其他的人，并且依照着他的意志来决定许多民族的命运。

事实上，人处在自然中，作为自然的一部分，他在自然中按照对他是特有的一些法则活动，并且以明显的或不明显的方式，来接受事物根据自己本质的特有法则而作用于他的那些活动或冲击。就是这样，他被多方面地改变着；而他的行动，则往往是由他自己的能力，以及由影响他并改变着他的那些东西的能力所促成。这就是那样多样地，而且时常是那样矛盾地规定着他的思维、意见、意志、活动，一句话，规定着在他内心中发生的，或明显或隐藏的运动的东西。我们以后还有机会，把这个在今日如此聚讼纷纭的真理，弄个彻底明白。这里，我们只要一般地证明，在自然中一切都是必然的，自然中没有任何东西能够以别的方式活动，也就够了。

在事物的不同体系间建立联系和关系的，就是这一步一步逐渐被传导和被接受的运动。这些事物只要处在交互作用的范围之内，吸引作用便使它们接近；排拒作用便使它们分解、分离；前者使它们保存、强壮；后者使它们衰弱、毁坏。事物一经组合起来，便由

于**惰力**的缘故而力求保持自己的存在方式；不过，由于受到经常对自己起作用的其他一切事物的不断影响，它们并不能做到这一点。它们形式的改变、解体，对自然的保存来说是必要的，这保存是我
们能够在自然中看出的唯一目的。我们看见自然不停地向着这个 42
目的前进，它不断通过从属事物的毁灭和再生，而追求着这个目的。这一切从属的事物被迫遵从自然的法则，不得不以各自的方式，来协力维持那个对于大整体来讲乃是本质的主动生存。

因此，每个存在物就相当于大家族中的一员，在共同劳动中完成它必要的任务。一切物体都遵照那联系于它们固有本质的一些法则而活动，一刻也不能离开自然本身依之而活动的那些法则。一切力、一切本质、一切能所服从的那个中心力，便规范着一切事物的运动。由于自然固有本质的必然性，它使一切存在物以不同方式来协力完成它的总计划，而这计划只能是生命、活动、用部分的不断变化来维持整体。它达到这个目的，是凭着用一些事物去推动另一些事物这样的办法，让一切存在物都运动起来。这样做，就是建立而又破坏事物与事物之间的关系，就是给予而又剥夺它们一些形式、组合、性质，根据它们这些形式、组合、性质活动一些时候，不久又被自然所剥夺，使之以全然另外的一种方式而活动。就是这样，自然按照维持其总体的需要——这是自然主要地必然倾向着的——，使它们生长又使它们改变，使它们增多又使它们减少，使它们接近或使它们远离，既形成它们而又毁坏它们。

因此，这个不可抗拒的力，这个普遍的必然性，这个一般的能力，只不过是事物本性的结果。正由于这个本性，一切才照着永久不变的法则不懈地活动；这些法则，对于整个自然和对于自然所包

容的一切,都是不变的。自然是一个活动着的或是有生命的整体,它的一切部分都必然地、不自觉地协力来维持活动、存在和生命。自然是必然存在和活动的,它所包容的一切,也都必然地共同协力
43 来使自然这个活动着的东西达于永生①。下面我们将要看到,为了对自然的能力形成一个观念,人们的想象力是曾经如何地大显身手,他们把自然人格化了,把它与自然本身分开了。最后,我们将要考察一下,人们因为不认识自然,妄想中止自然的进程,取消它的永恒法则,阻碍事物的必然性而想象出来的那种种可笑和有害的奇谈怪论。

① 柏拉图说:"物质和必然性是一回事,而这个必然性乃是世界的母亲。"事实上,物质活动,那是因为它存在,并且它是为活动而存在;我们只能说到这里为止。假如有人问:物质怎么样存在或为什么存在?我们就要回答:它是必然存在着,或因为它自身包含着存在的充足理由。要假定物质是由一个与它本身不同,而且比它更不可知的东西所产生的或所创造的话,那么,就应该永远说,这个东西不管它是怎样,也是必然的,或者它本身也包含着它自己存在的充足理由。用这个东西去代替物质或自然,那么,至少在某些观点上,可以说就是用一个不可知的、完全不可认识的、其存在是不可能证明的动因,去代替一个已知的、可能认识的动因。

第五章　论秩序与混乱；论智慧；论偶然

看见宇宙中发生的一些必然的、周期的、有规则的运动，就使我们人在心里产生**秩序**的观念。秩序这个字，照它原始意义来讲，只不过表示容易看出或辨认某一整体的各部分的总体及其关系的一种方式罢了；在这整体中，我们发现它的存在方式和活动方式同我们自己的存在方式和活动方式有着某种相应性或符合性。人，扩展了这个观念，把他自己特有的观察事物的方式推广到宇宙中去，认为在自然中当真存在着如他在**秩序**这个名称下所指的那些 44
关系和相应性，因而，他就把在他看来似乎与此不合的一切关系叫作**混乱**。

根据这种对于秩序和混乱的观念，很容易推断出：在一切都是必然的这个自然之中，秩序和混乱实际上是不会存在的。自然遵循着不变的法则，并且迫使一切事物在生存期间时时刻刻遵守从其自身生存中派生出来的那些规律。因此，我们称为**秩序**或**混乱**这种东西的模型，不过只存在于我们心中罢了；正如一切抽象的和形而上学的观念一样，绝不能设想它是存在于我们之外的。一句话，秩序只不过是使我们与我们周围的一些事物，或是与我们只作为其部分的那个整体协调起来的一种机能。

可是,如果我们要把秩序的观念应用于自然界,那么,这个秩序就只能是那一系列我们认为是在协力向着一个共同目的的活动或运动。因此,在一个运动的物体中,秩序就是那种适于使此物成为此物,并使它保持现在生存的种种活动或运动的系列、连锁。秩序,相对于整个自然来讲,就是保持它的主动生存和维持它的永恒总体所必需的因果连锁。可是,正如我们刚在前一章证明的那样,一切特殊的存在物在它们所占的等级中,都是被迫朝着这个目的协力前进的;由此我们就不得不推断出,我们所说的**自然的秩序**,不过是观察事物的必然性的一种方式,这必然性是为我们所认识的一切东西所服从的。我们所谓**混乱**,只是用来指明这样一些必然活动或运动的一个相对的用语,即由于这些活动或运动,个别存在物在它们极为短暂的生存方式中,必然地被破坏和被扰乱,而不得不改变自己的活动方式;但是,所有这些活动、这些运动,没有一个能够,即使是一刹那,抵触或扰乱一切存在物从之取得自己的存
45 在、性质和特殊运动的那个总的自然秩序。混乱,对于一个存在物来说,永远只是意味着向一种新的秩序、一种新的生存方式的过渡。这个新的生存方式,必然会引出一系列有别于这个存在物以前所能具有的新的活动或运动。

我们所谓**自然中的秩序**,就是指一种绝对**必然的**存在方式,或自然各个部分绝对**必然的**一种安排。在完全不同于我们所见的那个原因、结果、力量或宇宙的集合之中,在物质的完全另外的一种体系之中,如果可能的话,也必然要建立某种安排。假若把实质上最不相同最不调和的一些东西发动起来,集合起来,那么,由于一系列的必然的现象,在它们中间也会形成一种全然是另一种样子

的秩序;这就是我们对于一种特性所具有的真正的概念,我们可以把它定义为一种性能,由于这种性能,一个事物才成为它在自身中的那个样子,以及它在作为其部分的全体中的那个样子。

因此,我再说一遍,秩序,不过就是从活动的系列方面来观察的那种必然性,或是这个必然性在宇宙中产生的那个由各种原因和结果相连而成的锁链。在我们的行星体系内,就是说,在我们对它还有着某些概念的唯一的行星体系内,所谓秩序,如果不是那些按照必然法则而活动的现象的系列——我们看到组成这个体系的物体就是按照这些法则活动的——,那么事实上又是什么呢?由于这些法则的作用,太阳才占据了中心,行星为它所吸引,同时,围绕着它,以均匀的速度持续不断地旋转。这些行星的卫星,又为处于它们活动范围中心的行星所吸引,围绕着它周而复始地运行。这些行星之一,就是我们所居住的地球,它自转,由于年度旋转而必然造成它的面向太阳的部位有所不同,于是它就遭受到一些有规律的变化,我们称之为*季节*。由于太阳对我们地球的不同部分作用的必然结果,地球上一切产物便发生种种变化;植物、动物、人,在冬天是处在一种昏倦状态;到了春天,万物复苏,好像从一个长长的睡眠中苏醒过来。一句话,地球接受阳光的方式影响它的 46
一切产物;斜射的阳光的活动是不同于直射的阳光的;由于地球自转而引起的阳光之周期性的有无,便产生了白天和黑夜。从这一切,我们所看到的,永远只是一些以事物本质为根据的必然结果,只要事物的本质始终如一,这些结果是绝不可能自相矛盾的。所有这些结果都要归因于引力、吸力、离心力等等。

另一方面,被我们当作超自然的结果而大加叹赏的这个秩序,

有时也会自己纷扰起来,或变成混乱状态;但是,这个混乱自身也常是自然法则的一种结果。在自然中,它的某些部分为了整体的维持而在自己日常轨道中受到骚扰,这也是必需的。这就是为什么一些彗星所以突如其来地出现在我们眼前,使我们大吃一惊;它们那离心的飞奔扰乱我们行星体系的安静;它们引起了一般对任何事情都大惊小怪的普通人的恐怖;物理学家自己也猜想,这些彗星从前也扰乱过地球的表面,造成了地球上一些翻天覆地的变革。除了这些不寻常的混乱之外,我们还遭遇到一些普通的混乱;有时,季节仿佛是颠倒了;有时,原素变得不谐调了;海水越出了它的界限;坚固的陆地摇撼起来;高山冒火;传染病毁灭着人畜;干旱荒凉了田园;于是,惊慌失措的人们便大声呼唤着秩序,向他们假想是秩序创造者的神明举起战栗的双手。然而,这些令人愁苦的混乱乃是一些自然原因所产生的必然结果,这些自然原因,是按照一些被自己的固有本质以及自然的普遍本质所规定的固定法则而活动的。在自然中,一切都要变化、运动、解体;我们所谓的自然界的**秩序**有时必须打乱,而改变成为一种新的存在方式,这种新的存在方式对我们来说也就是一种混乱。

自然界的秩序和混乱其实是并不存在的;我们是在适合于我
47 们生存的一切事物中看到**秩序**,而在不利于我们生存的一切事物中看到**混乱**。不过,在自然里面,既然它的任何一部分都不能离开由它固有本质引出的某些确定而必然的规律,那么,自然里的一切便都是在秩序之中。在一个整体里面,如果必须混乱才得以维持自己的存在,整体的总进程不因而受到干扰,而一切结果也都是从那些必然无误地那样活动着的自然原因中产生出来,那么,在这样一个整体里，就绝没有混乱。

可见，在自然中是既不能有怪物，也不可能有神奇、奥秘和奇迹。我们所谓的怪物，就是为我们眼睛所不熟悉的一些组合，其实，也同样是必然的结果。我们所谓的神奇、奥秘、超自然的结果，乃是自然的一些现象，不过由于我们无知，丝毫不认识它们的根源和活动方式罢了，而且由于不认识它们的真实原因，我们遂荒谬地把这些现象归之于一些虚构的原因。这些原因，同秩序的观念一样，是只存在于我们内心之中的，可是我们却把它们放在自然之外，其实在自然之外是什么东西都不能存在的。

至于人们所说的奇迹，即违反于自然的不变法则的那些结果，我们觉得这样的事情是不可能的，并且，除非整个自然的倾向被中止或被打乱，没有什么东西能够延误事物的必然的进程，哪怕是片刻的工夫。只有对于那些没有充分研究过自然的人，或丝毫没有感觉到，除非整体消灭或至少改变了本质或存在方式，自然的法则即使在极细微的部分里也是永远不能自相矛盾的——只有对于这些人，在自然里才存在着神奇和奇迹。[①]

因此，秩序和混乱，不过是我们用来表示某些特殊事物所处状 48
态的语词。一个存在物，当它的一切运动都是协力来维持它现在的生存，并且有利于它的自保倾向时，那么，它就是在秩序之中；如

① 按照某些形而上学家的意见，“一个奇迹就是这样的一个结果，即它绝不能出于自然中某些足够的能力”（参看拜林格的《论神、心灵与世界》）。人们由此得到结论：应当在自然之外或在自然的范围以外去寻找它的原因；然而，理性却指示给我们，在没有充分认识自然的一切原因或自然所包含的力之前，我们绝不应该祈灵于超自然的原因，或自然之外的原因。

果使它运动起来的那些原因,扰乱或破坏了它为维持现状所必需的和谐与均衡,那么,它便是在混乱之中了。不过,在一个存在物之内的混乱,如前所述,只是向一个新秩序的过渡。这个过渡越是迅速,对于感受这个过渡的存在物来说,混乱就越大。导致人的死亡的东西,对人就是最大的混乱,可是,对于人,死亡不过是使人走向一个新的生存方式的过渡,所以,死亡仍是在自然的秩序之中的。

当组成人体的各个部分,按照能够保存整体的那种方式而活动的时候,我们便说,人的身体就是在秩序之中,因为整体的保存就是它现在生存的目的。当人体内的固体和液体都共同趋向这个目的,并且彼此支援以达到这个目的的时候,我们便说它是健康的;当人体的某些部分停止共同协力于它的保存、停止尽到它们特有的功能时,人体的倾向便马上受到扰乱,我们便说,这个身体是处在混乱之中了。这就是在疾病状态中所发生的情况:在病中,人机体内所发生的各种运动与共同协力来产生健康的那些运动是同样属于必然,同样为一定的、自然的、不变的法则所规定的,而病,在他身上,则只不过产生一个新的结果,产生运动和事物的一个新的秩序而已。一个人死了,在我们看来,这对于他是个最大的混乱;他的身体再也不是以前那样了,他的各部分再也不共同协力于
49 同一的目的了,他的血再也不流动了,他不再有感觉,不再有任何观念,不再有思维和愿欲了;死亡,就是人生存的终止时期。他的机体,由于丧失了它以既定方式而活动的本源,而变成了一堆没有生命的东西;它的倾向改变了,而且,所有在他遗体中发生的,都协力朝向于另一个新的目的。在秩序与和谐产生了生命、感觉、思维、欲望、健康等等的运动之后,又产生了一系列属于另一种类的

运动，这类运动与前一类运动同样遵守着必然的法则。死人身体的一切部分协力产生所谓解体、发酵、腐化等等运动，而这些新的存在方式和活动方式对于落到这种景况的人，正如感觉、思维、血液循环运动等等之于活人，同样都是自然的。他的本质既已改变，他的活动方式也就不能是原样；在通力合作以产生我们称之为**生命**的有规则而必然的运动以后，继之以通力合作以产生尸身之解体、各个部分的分散，以及一些新的组合的形成，从而造成一些新的事物。这些，如前所述，都是在永远生生不已的自然的不变秩序之内的。[①]

因此，再次指出以下一点并不是多余的，即相对于巨大的总体来说，存在物的一切运动，一切活动方式，都是只能在秩序之中，而且是永远与自然相适应的；这些存在物在它们不得不经过的一切情况里，永远以一种必然从属于普遍总体的方式而活动。不仅如此，每个特殊的存在物也都是永远在秩序中活动的；它的一切活 50
动，它的运动的整个体系，永远是它经久或暂时的生存方式的一种必然结果。在一个政治社会里，秩序就是构成这个社会的人们的观念、意志、活动之必然结果的产物。他们的活动是以协力于总体的保存或总体的瓦解为目的的。以造成我们所谓**有道德的人**为目

① 一个匿名的作者说："人们惯于思想生命就是死亡的反面，在绝对的毁灭这个观念之下被表现的死亡，曾使人热心地去寻找如何使灵魂免于毁灭的种种理由，好像灵魂本质上是与生命不同的一种事物……；但是，简单的知觉告诉我们，属于这类事物的两个对立物就是**有生命**和**无生命**。死是很少与生相对立的，甚至死乃是生的根源。一个停止了生命的单一的动物的躯体能形成千百个其他活的动物；这是和生命处于自然的威力之内这件事实同样是很显然的。"参看《杂论》，1740 年阿姆斯特丹出版，第 252、253 页。

的而被培养或教育的人,必然以可以造福于人群的方式而活动;至于我们所谓的恶人,则必然以给他人造成不幸的方式而活动。他们的本性和教养既然不同,其活动就不能不彼此有别;因此,他们的行动体系或**相对秩序**(ordre relatif),也就有着本质上的不同。

所以,在个别存在物里,秩序与混乱不过是一些观察方式——即观察它们对我们所产生的一些自然而必然的结果的方式。我们怕恶人,我们说他给社会带来混乱,因为他扰乱社会的倾向,并且有碍于社会的福利。我们躲开一块往下落的石头,因为它会在我们身上搅乱我们为自保所必需的运动的秩序。不过,秩序和混乱,如前所述,它们永远都是存在物之经久或过渡状态的同样必然的结果。火烧我们是在秩序之中,因为烧正是火的本质;恶人为害也是在秩序之中,因为为害正是恶人的本质。但是,在另一方面,一个有理智的生物躲开有害于它的东西并且竭力躲避能够扰乱它的生存方式的东西,这也是在秩序之中。一个生物,由于它的器官使它有了感觉,那么,按照它的本质,便不得不逃避凡是可以伤害它的器官和危及它的生存的一切东西。

我们所称为**理智的**生物,就是指照我们的样子构成的这样一些存在物,在他们身上,我们看见有些机能专门用来保存自己,使
51 自己维持在和自己相适应的秩序之中,采取一些必要的方法来达到自我保存的目的,而他们对自己特有的一些运动是有意识的。由此可见,我们所谓**理智**这个机能,是指按照一个目的而活动的那个能力,这个目的,就是我们在认为具有理智的那个存在物里面所认识的。有些存在物,在它们身上我们找不到和我们同样的构造,也找不到同样的器官,同样的机能,一句话,我们不知道它们的本

质、能力和目的,因而也不知道适合于它们的秩序是什么,我们便把这样一些存在物看成是没有理智的。整体绝不能有目的,因为在它之外,没有任何东西可以作为它努力趋向的目标;但是,它所包含的各部分则有一个目的。如果说我们是从自身取得**秩序**的观念,那么,我们也仍然是从自身取得**理智**的观念的。我们不承认一切不以我们的方式活动的东西有理智;我们设想有些存在物的活动跟我们的一样,便承认它们有理智,称它们是**理智的动因**(agents intelligents)。我们说其他的都是一些盲目的原因,是一些凭**偶然**而活动的理智的动因;偶然是一个毫无意义的字眼,是我们常常用来与理智这个字相对立的,我们并没有给予它以确定的观念。

事实上,我们是把一切看不出与原因有联系的结果归之于偶然。所以,我们使用**偶然**这个字,不过是来掩盖我们对于产生所见的那些结果的自然原因的无知罢了。我们对于这个自然原因产生结果的方法,没有丝毫概念,而在它活动的方式中,也丝毫看不到有类似于我们行动所遵循着的那种秩序或体系。只要我们看见或以为看见了秩序,我们就把这秩序归之于一个**理智**——而这,同样是一种取自我们本身、取自我们特有的活动方式和感受方式的性质。

一个**有理智的**东西,就是一个能思维、能愿欲、能为达到一个目的而活动的生物。然而,要思维、要意欲、要以我们这样的方式去活动,就必须具有类似我们这样的器官和目的。所以,说自然被一个智慧所统治,这就是认为自然是被一个具有器官的生物所统治,因为如果没有器官,它便不能有知觉、观念、直观、思维、意志、 52
计划和行动。

人常常把自己看作宇宙的中心;凡是他在宇宙中看见的一切,都拿来和自己比较。只要他以为瞥见了一种活动和他自己的活动方式有某些相合之处,或是有某些现象使他感兴趣,他便把它们归之于一个和他相似、像他那样活动的原因,这个原因有同他一样的机能、一样的兴趣、一样的计划、一样的倾向,一句话,他把自己作为它的模型。这就是为什么,人在他的种类之外,虽然只看见一些与他自己的活动方式不同的东西,却以为在自然中看到了一个与他自己的观念相类似的秩序,一些与自己的目的相合的目的,因而想象这个自然是被一个像他那样的有理智的原因所统治。他把自己以为看见了的那个秩序和他自己具有的那些目的,认为是自然所具有的。诚然,要想产生他在宇宙里亲眼看见发生的那些巨大而复杂的结果,人自觉是没有这种能力的,他不得不承认,在他和产生这样巨大结果的不可见的原因之间,有着差异;可是,他以为,只要把自己具有的一切机能加以夸大,认为是这个原因所具有的,那么困难便解决了。就这样,他自己逐渐形成了一个有智慧的原因的观念,他把这个智慧的原因高高放在自然之上,让它统帅所有一切运动,因为他认为,统率一切运动,这是自然本身所办不到的;他一直顽固地把自然看成是一堆僵死的、毫无生气的、不成形的物质,这堆物质不能产生任何伟大的结果,不能产生那些构成他所谓宇宙秩序的有规律的现象。[①]

① 有人说,阿那克萨哥拉(Anaxagore)是第一个人假想宇宙是被一个智慧或一个悟性所创造、所统治的。亚里士多德责备他,说当他找不到好的理由的时候,就使用这个智慧作为一个机器神,来产生一切事物。(参看培尔的《辞典》中阿那克萨哥拉条目,注释5。)无疑,谁都可以对那些使用智慧这个字去解决困难的人作出同样的责备。

由此可见，人之所以增添了一些毫无必然性的存在物，所以假设宇宙是处在一个现在和未来都永远以人为模型的智慧原因的势 53
力之下，正是因为对自然的力量或物质的特性缺乏认识。当他过于夸张了这个原因的能力，他就只能把它弄得不可理解。当他不得不对人们在世上看到的矛盾和混乱的结果作出说明，因而想要在这个智慧之中假定一些不相容的性质的时候，他就会消灭了这个原因，或使它根本成为不可能。事实上，我们在这个世界上是看到一些混乱的，虽然人家对我们说，这个世界的良好秩序不能不使我们承认它是一个至高无上的智慧的创造，可是，这些混乱却把人们给它假定的计划、权力、明智、善良，以及人们因此对它大加赞扬的那个神妙秩序给戳穿了。

毫无疑问，有人会对我们说，自然既然包含着并且产生着具有理智的生物，那么，它就应当或者自己是智慧的，或者为一个智慧的原因所统治。我们将回答说，理智只是某些有机物所特有的一种机能，就是说，这些生物由一种特定的方式组成，从而产生一些一定的活动方式，我们是按照这些生物所产生的不同结果而用一些特别的名称来表示这些活动方式的。酒并没有我们所谓**精神**或**勇气**这些性质，然而我们见到它有时却把这些性质给予我们认为完全缺乏这些性质的人。我们不能按照自然所包含的某些存在物那样把自然称为**智慧的**；但是，自然却能把一些适于以一种特殊方式构成有机体的物质集合起来，产生我们所谓**理智**的这种机能，以及那些作为这个性质之必然结果的活动方式，来产生一些智慧的生物。我再说一遍，为了要有智慧、计划和目的，就必须要有观念；要有观念，就必须要有器官和感官，然而，这些都是自然所没有的，

也不是我们假想是统帅着一切运动的那个原因所具备的。最后，
54 经验给我们证明，那些被我们看作是没有生气的、僵死的物质，只要它们以某种方式组合起来，便会得到活动、智慧和生命。

从上面所讲的一切，应该得到结论说，秩序不外就是一致的和必然的因果联系，或者，是从存在物的性质中产生出来的一系列活动，这是就这些存在物处于一种既定的情况之下来说的；而**混乱**，就是这种情况的改变。在宇宙中，一切都必然在秩序之中，一切都按照存在物的特性活动和运动；在一切都遵守着自己的生存法则的这个自然中，既不能有混乱，也不能有真实的恶。在自然中没有**偶然**，没有任何意外的事物，也绝没有并无充足原因的结果。一切原因都遵守着固定的、一定的法则活动，这些法则是它们的本质属性和构成它们那永久的或暂时的状态的组合和变化所决定的。智慧是某些特殊事物特有的一种存在方式和活动方式，如果我们要说自然有智慧，那么这个智慧自身只不过是凭着一些必要的方法来使自然的活动的生存得以保持的那种机能罢了。我们否认自然有像我们所享有的这样一种智慧，否认我们假想是自然的动力，或我们自以为在自然中找到了秩序本源的那个智慧的原因，这并不是把任何东西都归之于偶然，归之于盲目的力，而是把我们所见的一切归之于一些真实的、已知的，或易于认识的原因。我们承认，存在着的一切都是永恒的物质所固有的种种特性产生的结果，物质通过它的混合、组合和形态的改变，来产生我们所见到的秩序、混乱和变异。当我们想象出一些盲目的原因时，盲目的其实正是我们自己；当我们把自然的结果归之于**偶然**时，正是我们自己对于自然的能力和法则茫然无知。当我们把这些结果归功于一个智

慧，那就说明我们还没有得到足够的学识，因为这个智慧的概念只是取自我们自身，与我们归功于这个智慧的那些结果根本不相符合，我们是编造出一些文字去代替实物的。我们从来不敢说明自己，分析自己，而总是用一些观念去遮掩搪塞，以为这样我们就了解自己了。

第六章　论人；论物质的人与精神的人的区分；论人的起源

55 现在，让我们把方才考察过的那些一般法则，应用到对我们最有关系的自然物上面去吧。看一看人与他周围的其他事物，到底不同在什么地方；考察一下人是否和其他事物有着一般的相合之处，使他不能不按照一切东西所遵从的普遍法则而活动，尽管他和其他事物在某些方面仍有差异。最后再看一看，人在思考他自己的存在时所形成的那些关于他自身的观念，到底是虚构的，还是有根据的。

人在以自然作为总汇的众多存在物中，占有一个位置。他的本质，就是说，使他有利于其他事物的那个存在方式，使他能具有不同的活动或运动方式；这些运动，有些是单纯的、明显的，有些是复杂的、隐藏的。人的生命，不过是长长的一系列必然的、互相联系的运动。作为这些运动的根源的，或者是包含在他自身之内的一些原因，例如他的血液、他的神经、他的筋络、他的肉、他的骨，一句话，组成他的全体或身体的那些坚固的和流动的物质；或者，是作用于他、以各种方式改变着他的那些外在原因，例如他周围的空气，使他得到营养的食物，以及不断刺激他的感官因而在他内部产生不断变化的一切东西。

和所有的存在物一样，人努力于保持自己既得的生存，反抗对它的破坏，经受惰力影响，具有自己的重心，被同他相类的东西所吸引，被同他相反的东西所排斥，他追求一些东西，他逃避或躲开 56
另外一些东西。这些，就是人们曾用各种不同名称表示过的、为人所能具有的不同的活动方式和感受方式；对于这些，我们不久就要有机会加以详细的考察。

人这部机器的活动方式——外观的也好，内在的也好，无论它们看起来或实际上是多么神妙、多么隐蔽、多么复杂，如果仔细加以研究，我们就会看出，人的一切动作、运动、变化、各种不同的状态、变革，都是经常被一些法则所支配的。自然为万物制定了这些法则，它使它们发展，丰富它们的机能，使它们长大，保存它们一个时期，最后使它们改变形态，以消灭或解体告终。

谈到人的起源，人起初不过是一颗看不见的微粒，它的各部分是不成形的，它的能动性和生命我们都觉察不出，一句话，在这微粒中，我们看不见那叫作**感觉**、**智慧**、**思维**、**力量**、**理性**等等东西的任何迹象。这颗微粒在对它是适宜的子宫之内，由于不断吸取了与它自己相类的、同它一起组合、同化的物质，而发展、伸张、生长起来。等它出了这个专为在一定时期内保存、发展、加强它这部机器的幼弱胚芽的场所以后，就变成了人。它的身体于是取得了显著的扩张，它的运动也很明显，它的一切部分都有感觉能力，它变成了一块活生生的和动作着的物体，就是说，能感觉、能思维、有完成人类存在所固有的那些作用了。这块物体所以能够这样，只是因为它借着在自己内部完成的不断的吸引作用和组合作用，逐渐地，从我们认为是僵死的、没有感觉的、没有生命的这类物质得到

了扩充、营养和滋补。这些物质最后终于形成一个活动着的、有生命的整体,能感觉、能判断、能推理、能愿欲、能考虑、能选择、能多
57 多少少有效地致力于自身的保存,就是说,能维持它自己生存的内部和谐。

人一生中所体验的一切运动或变化,无论来自外在事物,还是来自他自身之内的东西,都是或者有利于他的存在,或者有害于他的存在,或者能维持他在秩序之中,或者使他陷于混乱。它们对于这个生存方式之本质的倾向,时而相适应,时而又相抵触,一句话,时而是惬意的,或时而是可恼的。他由于自己的本性不得不赞许这一些又非难那一些;有些使他幸福,有些使他不幸;有些成为他欲求的对象,有些又使他恐惧不安。

在人从生到死所表现的一切现象中,我们看到的,只不过是一系列必然的、符合于一切自然物所共同遵守的法则的原因与结果罢了。人的一切活动方式、感觉、观念、情欲、意志、行动,都是他的各种特性以及推动他的那些东西的各种特性所产生的必然结果。他所做的一切以及在他内部所发生的一切,都是惰力、他自身的重力作用、吸引与排斥的性质、自我存在的倾向——一句话,是和我们见到的一切存在物所共同具有的那种能力的结果;这个能力,只是在人里面以一种特殊的、出于人的特殊本质的方式表现出来,而且正是由于这种特殊的表现方式,人才有别于另一种体系或另一种不同秩序的存在物。

人在考察自己时犯了种种错误,正如我们不久有机会要予以指明的那样,根源就在于他以为他是自己运动的,是凭着自己的能力而活动的;在他的行动中,以及在作为他行动的动力的意志中,

他以为自己是独立的,不受自然的一般法则的支配,也不受这个自
然往往在他不知不觉,也不管他愿意不愿意就使之对他起作用的
那些事物的影响。如果他对自己进行过仔细考察的话,那么他早
就会承认他的一切运动绝不是什么自发的。他会发现他的降生决 58
定于那些完全超乎他能力以外的一些原因;他之进到他占有一席
地位的这个体系中来,并不是出于自己的心愿;从他降生直到死
去,在这段时期中,他是继续不断地被一些原因所改变着,这些原
因,不管他愿意与否总要影响他的机体,更改着他的存在,并且支
配着他的行为。只要稍微思索一下,不是就可以证明,那构成他身
体的固体与液体,和他以为不受外在原因影响的他那隐秘的机体
构造,都永恒地受着这些原因的影响,而如果没有这个影响,它们
就会完全不可能活动的吗?他难道没有看见,他的气质丝毫也不
取决于他自己,他的感情乃是这个气质的必然结果。他的意欲,他
的行动,都是被这些感情所决定的,被一些并非出自他自己的意见
所决定的?他那或多或少充沛的或灼热的血液,以及他那或多或
少紧张或松弛的神经与筋络、他那耐久或易坏的体质,不是都无时
无刻不在决定着他的观念、决定着他的或可见或隐蔽的运动吗?
他身体的情况,不是必然地依赖于多样变化的空气,依赖于营养他
的那些食物,以及在他身体内进行的、保持他机体的秩序或把混乱
带到他机体之内的好些秘密组合吗?一句话,一切都早已应该使
人信服,人在生存的每一瞬间都是在必然性掌握之中的一个被动
的工具。

在一切都是互相联系的、一切原因都是一个个连接起来的这样的世界里,不可能有独立的和孤立的能或力。这是永远在活动

着的自然，给人指出他那生命历程线条上的每个点；是自然制作并组合着应该组成人的那些原素；是自然给人以存在、倾向、他的特殊活动方式；是自然使他发展，使他生长，保存他一个时期，在这时期里，他被迫要完成他的任务；是自然在人经过的道路上布置下一些事物和事件，时而以对他是惬意的方式、时而又以对他是有害的方式，改变着他。自然给人以感觉，使他能选择对象并采取一些最
59 宜于保存自己的方法；当人已走尽他的生之旅程的时候，仍是自然，引他走向死亡，使他屈服于没有任何事物可以逃避的那个一般而不变的法则。运动就是这样使人降生，维持他一些时候，而最后把他毁灭，或者说，强迫他重新回到自然中去。这个自然很快地又将使他在无限的新的形式之下分散地再现出来，而他的每一个部分，都必然地要经历一些不同的阶段，就像整体的先前的那个生存所经历过的那个阶段一样。

人类也和其他一切存在物一样，可能有两种运动：一种是质量的运动，由于这种运动，整个身体或它的某些部分显然可见地从一个地方移到另一个地方；另一种是内在的、隐藏的运动，在这种运动中，有一些是我们能感觉到的，至于其余的一些，则为我们所不知，我们只能根据它们产生在外面的一些结果去推测。在一部非常复杂，由大量物质组合而成，随着各种性质、比例、活动方式而变化的机器中，那些运动也必然是非常复杂的；这些运动有的缓慢，有的迅速，时常使人觉察不出，即使这些运动是在这个人的内部经过的。

因此，如果人在想要说明自己的生命和活动方式时碰到这样多的困难，如果人妄想用一些奇怪的假说去解释他的机体的各种

隐秘的活动，认为这个机体的活动方式与其他自然物很不相同，那么，我们也不必感到惊异。人虽然清楚地看见自己的身体和各个肢体在活动，可是往往不能看见是什么使它们动作起来，于是，他就以为在自身里面包含着一个有别于他的机体的动力根源，是它暗地里把冲动给予这个机器的发条，以自己的能力而运动，并且按照一些全然不同于规范其他一切存在物的运动法则而活动。他意识到某些使他有所感觉的内在的运动；但是，怎样理解这些不可见 60
的运动竟能时常产生这样惊人的结果呢？怎样了解一个瞬息即逝的观念、一个觉察不出的思维活动，居然能够给他整个的生存常常带来纷扰和混乱呢？一句话，他相信在自己里面看见一个有别于他自身而赋有一种秘密力量的实体；他认为这个实体具有一些性质，与对我们器官起作用的那些可见原因的性质，或与这些器官本身的性质，都全然不同。他丝毫没有注意，即使一块石头下坠或使他手臂运动的最初原因，也许与造成思维和意志的那个内在运动的原因是同样难于领悟和说明的。所以，因为没有探究自然，没有在真实观点下去观察自然，没有注意这个所谓推动者的运动和他的身体或他的物质器官的运动是一致的和同时的，他才会断言这推动者不仅是另外一种事物，而且具有一种不同于一切自然事物的本性，具有一种最单纯的本质，同他所见的一切没有丝毫共同之点。①

① 一个匿名作者说："应该先给生命下一个定义，然后再去推论灵魂；不过，这是我估计办不到的事，因为在自然之中，有一些单一的和非常单纯的事物，想象既不能把它们分开，又不能把它们还原为一些比它们本身更要单纯的事物；这样的东西就像生命、白、光，我们只能根据它们的结果去给它们下定义。"（参看《杂论》第 252 页）生命是有机物所固有的运动的总和，而运动则只能是物质的一种性质。

从此,便相继地来了灵性、非物质性、不朽等这样的一些概念,以及人们越来越细致地发明出来的一切空泛之词,用来指明人以为在自身之内包含着的那个未知实体所具有的一些属性,并且断定这个实体就是他的各种可见的活动的隐秘动因。为要使人们对
61 这个动力所作的一些轻率的臆测达到完美的程度,人们便假想,这个动力与其他一切事物不同,与作为其外壳的躯体也不同,它是不会经受解体作用的;它那完善的单纯性使它不会解体或改变形态;一句话,由于它的本质,它是不可能遭受变革的东西。而这个变革,我们看到身体以及充满自然界的一切复杂的存在物,都是不能免的。

这样,人便成为两重的了;他把自己看成是一个整体,但这整体是由两种不同的性质之不可思议的集合而构成的,而且这两种性质之间毫无相似之处。他在自身上区分出两种实体:一种显然是受粗糙的存在的影响的,由粗糙而没有生气的物质构成,这种实体叫作肉体;另一种则被人假想是单纯的,具有一种最纯洁的本质,被看作是凭自身而活动的,并且给了与它奇迹般结合在一起的肉体以运动,这种实体叫作灵魂或精神。前一种实体的作用被称作是物体的、肉体的、物质的,而后一种实体的作用则被称为是精神的和智性的;人就第一种作用来观察的时候,叫作物质的人,就后一种作用去观察的时候,便叫作精神的人。

今天大多数哲学家所采用的这些区别,只是建立在一些毫无根据的假想上面的。人们一向以为,只要发明一些绝不能赋予任何真实意义的字眼,便可以补救对于事物的无知。人们因为瞥见了物质的某些表面的性质,便自以为认识了物质,认识了物质的一

切特性、一切机能、各种功效和各种不同的组合;我们给物质联系上一个比它自己更要不可理解的实体,那么实际上,就只是把原来对物质所形成的那些薄弱的观念弄得暧昧起来。有些思辨的哲学家便是这样,他们创造了一些字眼,平添了一些存在,而所造成的,只是使自己陷入比他们想要避开的困难还要大得多的困难中去,并且对认识的进步布下了种种障碍。只要事实对他们不够用的时 62
候,他们便乞灵于臆测,这臆测对于他们很快就变成真实,而他们那不再受经验指引的想象,便一往而不返地陷入想象自己所孕育出来的那个观念和智慧世界的迷宫中去了。要把想象引出这迷宫而重新领到只有经验才能提供线索的正确的途径上,几乎是不可能的。经验将要指示我们,在人身上,也和在一切对我们起作用的东西里面一样,存在的只不过是富有种种不同特性的物质,这物质被多式多样地组合着,被多式多样地改变着,而且根据自己的特性而活动。一句话,人是一个由各种不同的物质组成的有机的整体;与自然的其他一切产物一样,他遵守一般的和已知的法则,同样他也遵守他自己的特殊的、未知的法则或活动方式。

因此,如果有人问:人是什么?我们就可以说:人是一种物质的东西,他的组织或构造使他能够感觉、思维,能够以对他自己、对他的机体、对聚集在他身上的物质之特殊组合才是适宜的方式去接受种种变化。如果有人问我们:人类的起源是什么?我们就可以说:像其他一切存在物一样,人乃是自然的一种产物,有些方面,他与其他产物相似而服从同一的法则,有些方面,他又与别的产物不同而遵守特殊的法则,这些特殊的法则是被他的机构的多样性所决定的。如果有人问:人是从哪儿来的?我们便要回答:经验还

不能使我们解决这个问题,而且这个问题也不能真正与我们利害相关;我们只要知道人存在着,知道人是以能产生我们在他身上看见的那些结果这样一种方式而构成的,也就够了。

可是,也许有人要说,人是一直存在的吗?人的种类是否在太初的时候就产生了,抑或是自然在某一时期突然的产物?是否从前每一个时代都有和我们相像的人,而且将来也永远会有?从前
63 每一个时代是否都有男人和女人?是否曾经有最初的一个人,而其余的人都是他的后裔?是否先有动物后有蛋,还是先有蛋后有动物?没有开始的物种是否同样也没有终结?这些物种是不可毁灭的抑或像个体一样将要消亡?人是否一直像现在这个样子呢,还是,在达到我们现在看见的这个情况以前,他不得不经过无限的不断的发展阶段?还有,人是否可以自夸已经达到了一个固定的状态,或是人的种属还要改变?如果人是自然的产物,那么,有人就会问:是否我们以为,这个自然能够产生新的生物,也能消灭旧的物种?如果这个假定成立,那么人们就想要知道,为什么自然不在我们眼前产生一些新的生物或新的物种?

看来,在这些不涉及事物的根本的问题上,人们是可以随便采取立场的。由于缺乏经验,就只好凭借假设来满足那种时常要越出我们认识范围的好奇心了。如果肯定了这点,那么自然的冥想者便会说,像现在这个样子的人,说他是时间的产物也好,说他是从太初就有的也好,都不见得有什么矛盾;假设这一种属是通过各种过渡阶段或不断的发展才达到我们现在看见的这种情况,也同样不见得有什么矛盾。物质是永恒的和必然的,而它的组合和形态却是一时的和偶然的;人不是被组合起来的,随时改变着形态的

物质，难道会是别的什么吗？

不过，有些思想似乎有利于以下的假设或使这个假设有了更
多的盖然性，即：人是在一个时间内完成的产物，它是我们所居住
的地球所特有的，因之，人的产生只能在地球本身形成以后开始，
而且是那些支配地球的特殊法则的结果。生存，对于宇宙，或对于
我们见到的本质上各不相同的物质的总体来说，乃是本质的东西；
而组合与形态对于物质则丝毫不是。这一点如果得到肯定，那么，
构成我们地球的物质尽管永远存在，可是这地球绝不会一直都有 64
它现在的形态和特性。这个地球也许是什么时候从某个别的天体
上分出来的一堆物质，它也许是天文学家在太阳表面上所看到的
那些黑子或外皮的产物，那些东西或可能从那里散布到我们的行
星体系里来。也许这个地球是一个熄灭了的和变换了位置的彗
星，它以前在太空中占有另外一个位置，它当时可以产生出不同于
我们现在在它上面看到的一些生物，因为在那时，它的位置和本性
是理当使它的一切产物与我们今天看到的大大有别。

不管人们采取怎样的假定，植物、动物、人，都可以看作地球在现在所处的地位和环境中为地球所特有的一些产物；如果这个地球由于某种剧烈变革而变换了位置，那么，这些产物也要发生变化。在我们这个地球上，一切产物都是由于不同的气候而有所变化，这一点，似乎使这个假定变得强而有力。人、动物、植物和矿物，并非到处都一样，有时即使在一个距离不远的地方，它们也发生了很显著的变化。大象是热带的土产；驯鹿是北方寒带的特产；印度斯坦乃是钻石的故乡，在我们这些地方是绝找不到的；菠萝生长在空气清新的美洲，除非人工供给它一种类似它所需要的那样

的阳光,它是不会到我国来的。最后,人的肤色、身材、体形、力气、技巧、勇气、精神的各种机能,都在不同的气候中有所不同;但是,什么构成了气候呢?这就是相对太阳来说同一地球的各部分之不同位置,这位置便足以在地球的产物当中留下显著的变化。

因此,人们就可以很有根据地来推想,假如我们的地球由于某
65 种意外而变动了位置,那么,它的一切产物也就不得不有所变动,因为原因不再是一样的了,或者不再以同样的方式来活动了,结果必然也就要发生变化。一切产物,为要能够保存自己或维持自己的生存,就有与它们从之产生出来的那个整体互相协调的必要,不这样,就不能存在下去。我们称之为**宇宙的秩序**的,就是这个互相协调的功能,就是这个相对的协调作用;我们所谓**混乱**,就是缺乏了它。被我们当作**怪物**来看待的那些产物,就是那些不能与它们周围的事物或它们处于其中的那个整体的一般法则或特殊法则协调的东西。这些东西在形成的时候,是能够符合这些法则的,可是到臻于完善状态的时候,这些法则便与它们相反了,这就是使得它们不能继续存在的原因。这就是为什么,不同种属的动物之间某种形象的相似产生许多骡子,但这些骡子却不能繁殖下去。人只能在空气中生活,而鱼只能活在水里;把人放在水里和把鱼放在空中,因为缺乏了与周围的流体相协调的能力,这些动物不久就会死亡。设想把一个人从我们的行星上移到**土星**上去,他的肺很快就会因为过于稀薄的空气而破裂,他的四肢也很快因为寒冷而冻僵,他就会因为找不着与他现在的生存类似的因素而死亡;把另一个人送到**水星**上去,过度的热则很快就会把他毁灭。

这样,一切好像都使我们有理由猜测,人类乃是我们地球在它

现在所处位置中所特有的一种产物，这个位置一有改变，人类也就要发生变化，或是不得不归于消灭，因为只有能与整体协调或和它联系着的，才能存在。在人里面，就是这种与整体相协调的能力，不仅给人以秩序的观念，而且使人说一切很好，其实，一切都是只能如此而已；这个整体乃是不得不如此，它本来是无所谓好坏的。66
要想使一个人抱怨宇宙混乱不堪，只要把他的位置变动一下就行了。

这些思考，似乎与那些愿意揣度别的行星也像我们的行星一样，是由类似我们的人居住着的人们的想法相反。既然拉普兰人以如此显著的方式不同于霍屯督人，那么，在我们行星上的居民和土星或金星上的居民之间，我们有什么差异不能设想出来呢？

不管怎样，如果人们强迫我们通过想象去追溯万物的起源和人类的摇篮，我们就可以说，人大概就是我们地球摆脱混沌状态过程中的一种必然结果，或者说，是地球在现在地位中所能具有的各种性质、特性、能力的结果之一。人生下来有男有女；他的生存是与地球的生存协调的；只要这个协调关系存在，人类便将按照以前使它产生出来的那个冲动或最初法则，保存下去并且繁殖下去。协调关系一旦终止，或者，如果变动了位置的地球停止接受现在对它起作用并使它获得能力的那些原因的同样的冲动或影响，那么，人类就要发生变化而让位给一些新的生物，这些新的生物是适于同取代现存状态的那个新情况相协调的。

如果假定我们地球的位置有过变化的话，那么，原始人不同于现在的人，恐怕要比四足兽之不同于昆虫还要大些。所以，人，与存在于地球上以及存在于其他一切星球上的东西，一样都可以看作是处于一种继续不断的变易之中的。因此，人类生存的最后极限也像它的最初极限一样，对于我们来说，都是未知的和无关紧要的。所以，相信物种是不断变化着的并没有什么矛盾；要知道物种将要变成什么正如要知道它们以前是什么，这在我们同样都是不可能的。

有人质问自然为什么不产生一些新的生物，我们就要反过来
67 问他们，究竟根据什么假定这件事？是谁让他们相信自然是这样贫乏无能的？他们知道每一时刻都在进行着的组合当中，自然当真没有在观察者不知不觉中从事于新生物的产生吗？谁向他们说过，这个自然现在并不在它那浩大无边的实验室里聚集一些适宜的原素，用来孵育出全新的、与现有的物种全然不同的一些族类呢？想象人、马、鱼、鸟以后就不会再有了，这又有什么荒谬、有什么矛盾的地方呢？难道这些动物是自然不可缺少的东西，而没有它们，自然就不能继续它永恒的进程了吗？我们周围的一切不是都在变化吗？我们自己不是也在变化吗？整个宇宙在它以前永恒的历程中，并不曾严格地像它现在这个样子，而在它未来的永恒的历程中，就是想要有一刻和它现在的样子一样，也是不可能的，这不是很明显的吗？何必一定要去猜测那些连续不断的毁灭和再生、组合和分解、变形、变化、转移，在后来将要发生的一切呢？在广阔的太空里，有些恒星在熄灭和崩溃着，有些恒星在毁坏和消散着；而另外一些恒星却在放着光芒，一些新的行星在形成、运转，或是绕着新的轨迹。而人，这地球的无限小的一个部分，他本身在无限广大之中，只不过是连看也看不见的一个点子，却偏要相信宇宙是为他而创造的，自以为应当是自然的知心人，自诩是永恒的存

在，自称宇宙之王！

呵，人呵！难道你永远不会领悟到你不过是一个朝生暮死的动物吗？宇宙里一切都在变化；自然里并没有永恒不变的形态，而你却一定要认为，你的种属绝不可能消灭；一切都遵循一般法则在改变，唯独你应当例外！可是，在你现在的生存里，你不是经历着 68
使你不断衰败下去的变化的么？你狂妄自大，自命为自然之王；你度天量地；你的虚荣心使你自以为一切都为你而设，就因为你有智慧；可是要使你灭亡，要使你变得一文不值，要剥夺你那自命不凡的智慧，只需一个轻微的意外，一个改变地位的原子，就尽够了。

如果有人拒绝上述种种猜测，如果有人主张自然是凭着一定数目的不变的一般法则而活动；如果有人相信人、四足兽、鱼、昆虫、植物等都是从太初以来就有，并且永恒地像现在这个样子存在着；如果有人主张从太初以来星辰就照耀着天宇；如果有人说不该再追问为什么人是现在这个样子，也不该追问自然为什么像我们所看见的那样，或世界为什么存在；那么，对这些我们是不会反对的。也许不管人们采用哪种办法，对使人感到棘手的一些困难，都可以解决得同样的圆满；可是，如果仔细观察一下这些困难，就可以看出，它们对于我们根据经验所提出的真理是丝毫不起作用的。人不是生下来就能知道一切，人也不是生下来就认识他的起源；人生下来既不能渗透事物的本质，也不能追溯到最初的原理。但是，人生来有理性、有诚意，能老老实实承认不知道他所不能知道的东西，绝不用一些令人无法理会的字眼和荒诞的假想，去代替他自己所把握不定的事物。所以，有些人为要解决困难，说什么人类是从神所创造的第一个男人和第一个女人那里传下来的，我们要对这

些人说:对于自然我们倒还有一点认识,可是对于神和创造却没有任何观念,如果我们使用这些字眼,这只不过是用另一种方式来说明我们不清楚自然的能力,不知道自然怎样能够产生了我们所见到的人群。[①]

69 因此,我们得出这样的结论:人根本没有理由自以为是自然中一个拥有特权的生物;他和一切其他自然产物一样,服从于同一的变易。他所自认的特惠不过是建立在一种错误之上的东西而已。如果他凭着思维高升到他所居住的地球之上,用与其他一切存在物相似的眼光来观察他的种族,他将会看到,正如每棵树根据自己的类别产生一些果实一样,每个人也凭着自己的特殊能力活动,而产生一些同样必然的结果、行动、作品。他也将会感到,那首先出现在他心中的对自己有利的幻觉,是由于他既是宇宙的观察者,同时又是宇宙的一部分而来的。他将会承认,他所以赋予自己的存在以优越观念,除了他自己的利益和对自己偏爱之外,是没有任何其他根据的。

① “当悲剧诗人不能以另一种方式说明论据的出处时,就去乞灵于某位神明。”西塞罗,《论卜》卷二。他又说:“最大的愚蠢是不去寻找事物的原因,而把神当作事物的作者。”同上。

第七章　论灵魂与灵性的体系

在毫无根据地假定人身上有两种断然不同的实体以后，如前所述，人们断言那在人内部不可见地活动着的实体与在外部活动着的实体，有着本质的不同。前一种实体，如我们已经说过的，是用**精神**或**灵魂**这个名称去表示的。但是，如果要问**精神**是什么呢，近代人就要回答我们说，所有他们形而上学的探讨的结果仅仅告诉他们：使人活动的这个东西，乃是一个具有一种未知本性的实体，它是这样单纯、不可分、没有广延、不可见、不可能被感官所把 70
握，以至于它的部分，即便用抽象或思维也是不能给分开的。但是，对于像这样的一个实体，它本身只是对于我们认识的一切东西的一种否定，我们怎样可以思议呢？对于一个没有广延、却能作用于我们的感官，即作用于具有广延的物质器官这样的实体，我们如何可以设想呢？一个没有广延的东西怎么能够运动并且使物质运动起来？一个没有部分的实体怎么能够连续地相应于空间的不同的部分？

事实上，如大家所承认的，运动乃是一个物体相对于一个场所或空间上一些不同点的关系的连续变化，或是与其他物体的关系的连续变化。假如人们称作**精神**的那个东西，能够接受或传达运动；假如它活动；假如它能使身体的器官活动起来；那么，要产生这

些结果，这个东西就必须对于空间的不同点，或对于它使之运动起来的那个身体的不同器官，连续地改变它的关系、它的倾向、它的对应、它的各部分的位置。但是，要改变它与空间以及它发动起来的那些器官的关系，这个精神就必须有广延、有坚固性，因之也就有各别的部分；只要一个实体有了这些性质，它就是我们称之为物质的东西，而不能看作如近代人所理解的那种单纯的东西了。[①]

71 因此，我们看到，那些曾假定在人里面有一种异于自己身体的非物质实体的人们，他们自己的意见也并不一致，他们只不过想象出一个连他们自己也没有任何真实观念的消极的性质罢了。事实上，只有物质能作用于我们的感官，没有感官，就没有什么东西能被我们认识。他们丝毫没有看到，一个没有广延的东西是既不能自己运动，也不能把运动传导给物体的，因为这样的东西，既然没有部分，它就不可能改变和其他物体之间的距离的相对关系，也不可能在物质的人体之内引起运动。我们叫作灵魂的这个东西，同我们一起运动；而运动乃是物质的一种性质。这个灵魂使我们手臂运动；而我们由于灵魂而运动起来的手臂，则造成一个遵守运动

① 凡主张灵魂是一种单纯的东西的人，少不了要对我们说，一些唯物论者和物理学家，他们自己也是承认那些作为构成一切物体的原素、原子、单纯而不可分的东西的；不过，物理学家们所说的这些单纯的东西或原子，和近代形而上学者们所说的灵魂并不是同样的东西。当我们说原子是单纯的东西，我们的意思是指，它们是纯粹的、同质的、没有混合的、但它们究竟还有广延，因之也就具有可能被思维所分开的部分，虽然没有任何自然的力量能够分开它们。这种单纯的东西是能够运动的，至于神学家们所发明的那些单纯的东西如何能自己运动，或使其他物体运动起来，却是使人不可思议的了。

的一般法则的冲击，这样，如果力量不变，而质量加倍，那么，这个冲击也将会大一倍。再有，这个灵魂，在它从肉体那方面感受到的种种不能克服的困难中，也表现出自己是物质的。譬如，当没有什么相反的力量抵抗的时候，灵魂能使我的手臂运动，可是，如果有人在我手臂上坠上一个极大的重量，灵魂就再也不能使我的手臂运动了。由此可见，物质质量足以消灭一个精神的原因所给予的冲动。这个精神的原因既然和物质没有任何类似性，那么，推动整个世界较之推动一个原子、推动一个原子较之推动整个世界，对它来说，都不应该有更大的困难。由此我们可以得到结论说，像这样的一个东西乃是一个幻影，是一个纯理的存在。虽然如此，可是有人却把这样的一个单纯的东西或与此相似的精神，当作整个自然的动力！①

只要我看见或我感受着运动，我便不得不承认，我看见在运动 72
着的这个实体或者我从之接受运动的这个实体，有着广延性、坚固性、密度、不可入性；所以，只要人们把活动归之于随便一个什么原因，我就不得不把这个原因看作物质的。我可以不知道它的特殊本性和活动方式，可是对于一切物质所共有的一般特性，我是不可能弄错的。假如我想象它有一种本性，但是对于这种本性我并不能形成任何观念，加之，这种本性还会使它完全失去运动和活动的能力，那么，我的这种无知就只能是加倍的无知的了。所以，一个

① 有人曾经根据人的灵魂想象出**宇宙精神**，根据有限的智慧而想象出无限的智慧；接着，人们就使用前者来解释人的灵魂和肉体的联系。人们丝毫没有看出，这正是一个恶性循环，也没有看出，**精神**或**智慧**，无论人们假想它们是有限的还是无限的，都不能使物质运动。

自己运动和活动的精神实体是自相矛盾的东西；因此我就结论说它是完全不可能的。

主张灵性的这派人说，**灵魂从它广延的每一点上看都是完整的**，以为这样就可以解决困扰着他们的那些难题。但是，很容易使人看出，这不过是用一种荒谬的回答去解决困难罢了。因为无论怎样说，这个点，不管人们把它设想得多么不可感知和多么微小，但它总得是一点什么东西。[①] 如果说这样的回答中还有一些确实的东西，那就是，我的**精神**或我的**灵魂**还多多少少是具有广延的：
73 我的身体向前移动，我的灵魂并不是仍然留在后面；它既然与身体连在一起地移动，可见它具有一种和我的身体完全相同的并且为物质所特有的性质。所以，即使灵魂是非物质的，从这里又能得出什么结论来呢？它完全服从于肉体的运动，没有肉体，它就会是僵死的、毫无生气的。这个灵魂只不过是一架被整体的链条所必然牵引着的双重机器，好像一只被线拴住的小鸟，一任孩子随意牵着它走动。

人对于自己运动的隐秘本源之所以观念糊涂，是因为没有请

① 可见，按照这个回答，一个无限的无广延或重复无穷次的无广延，就能构成广延，这是荒谬的。此外，根据这个原则，人们能够很容易地证明人的灵魂与上帝是同样无限的，因为上帝是一个没有广延的存在，它与灵魂一样，是从宇宙的任何一部分或它的广延的任何一部分去看，都是无限次重复的整体。由此，我们便不得不作出结论说，上帝和人的灵魂是同样无限的，除非设想具有不同广延的无广延，或一个无广延的上帝，较之人的灵魂更具有广延性。然而，人们竭力要使有思维的生灵承认的，正是这种愚不可及的蠢话！神学家们想使人的灵魂成为不朽，便把它说成是一个灵性的、不可能理解的东西。呵！可惜他们还不曾把物质分析到最后可能的极限，否则，至少物质也会因之成为有智慧的东西；而且，既然它是一个**原子**，是一个不可分解的要素，那么，它也会是不朽的了。

教经验和倾听理性。如果我们摆脱成见，愿意审察一下我们的灵魂，审察一下在我们内部活动的那个动力的话，我们将深信不疑，灵魂是构成我们肉体的一部分。只有凭着抽象才能把它和肉体分开，它只是就某些作用或机能去观察的肉体自身，它的本性和特殊构造使它适于接受这些作用或机能。我们将要看到，这个灵魂和肉体一样，是不得不经受同样的变化的，它和肉体一同诞生、一同发展；像肉体一样，它也要经过一种稚幼的、孱弱的、无经验的状态。它和肉体以同样的进度生长、壮大，在这时候，它才变得能够完成某些功能，具有理性，表现出或多或少的精神、判断力、活动力。它也和肉体一样，受到外在原因影响，忍受种种变易；它分享肉体的快乐和痛苦；当身体健康时，它也健康；当身体被疾病所压倒时，它也病倒。和肉体一样，大气的不同压力、季节的变换、进到胃里去的食物，都不断改变着它；最后，我们不得不承认，在某些时候，它还表现出麻木、衰老和死亡的明显征象。

尽管灵魂的状态和肉体的状态有类似之处，或不如说，有这种继续不断的相同之处，人们还是想在本质上去区分它们，而把这个 74
灵魂弄成一个不可思议的东西；为要对它形成某种观念，就不得不乞灵于一些物质的事物，乞灵于物质事物的活动方式。事实上，**精神**这个字只是给我们表示一种气息、呼吸、腹内之气的观念，而并不表示其他的观念。因此，当人家对我们说**灵魂是一种精神**，那就表示它的活动方式相像于气息的活动方式，气息本身本是不可见的，但能产生显著的结果，或者它动作着而不为人所见。但是，气息是一个物质的原因，是被改变了的空气；这绝不是像近代人在**精**

神这个名称下所表示的,是一个单纯的实体。[①]

精神这个字在人们当中虽是很古老了,但人们赋予它的意义却是新的,我们今天所承认的灵性这个观念,就是想象的一种新近产物。实在的,毕达哥拉斯也好,柏拉图也好,无论他们头脑发热和他们对于神奇事物的兴味到了怎样程度,好像也从来没有由精神而体会出一个非物质的或没有广延的实体,就像近代人用来造成人的灵魂和宇宙潜在动力的那样一个实体。古代人用精神这个字是指一种非常精微的、比粗笨地作用于我们感官的物质要纯粹一些的物质。因此,有些人把灵魂看作是一种气体的东西,另一些人把它作为一种含有火性的物质;而更有一些人则把它和光来比拟。德谟克里特便使灵魂存在于运动之中,因而他给灵魂作成一种模式。亚里斯多克色(Aristoxene)自己是音乐家,他把灵魂作为一种和谐。亚里士多德则把灵魂看作是一种原动力,是有生物体赖以运动的一种原动力。

75 很明显,基督教最初的一些神学博士们[②]也同样对灵魂只有一些物质的观念。塔尔图良(Tertullien)、阿尔诺伯(Arnobe)、亚

① 希伯来文 Rovah 这个字,意义是 Spiritus, spiraculum vitae,气息,呼吸。希腊文 ΠNEΥMΛ 表示同样的东西,是从 ΠNEΥΩ,spiro 来的。拉克当斯(Lactance)认为,拉丁文 anima 这个字是从希腊文 Λυερος 来的,意思是腹内之气。有些哲学家,无疑是怕把人的本性看得太清楚了,就把它造成了三种东西,而主张人是由身体、灵魂、悟性构成的,Σωμα, ψυχη, Nόος。

② 照奥里根的意思,ΑΣΩΜΑΤΟΣ,incorporeus,这个人们给予上帝的形容词,是表示比粗糙的物体的实体要更为精细的一种实体。塔尔图良积极地说:“如果上帝是神,谁会否认上帝是有形的呢?”这同一个塔尔图良又说:“我们在自己的著作中都证明灵魂是有形的——人们都这样认为——,是具有实体的、固体的原有属性的,凭着灵魂,人们才能有感觉和感受。”见《论肉体的复活》。

历山大的克雷门(Clément d'Alexandrie)、奥里根(Origene)、茹斯丁(Justin)、依来内(Irenée)等人,都是把它当作有形的实体来谈论的。很久以后,一直到了他们后继者的手里,才把人的灵魂和神,或世界的灵魂,说成是纯粹的精神,就是说,一些不能形成真实观念的非物质的实体。渐渐地,这个对于灵性的不可理解的学说,由于它无疑是更符合于那个剿灭理性原则的神学的见地的,因而就区别了其他的一切学说[①]。人们信仰这个神圣的超自然的教义,因为它对于人是不可思议的;而一切敢于相信灵魂或神能够是物质的人,却被视为冒昧和愚蠢。当人们一旦抛弃经验和背离理性,他们所做的,就只是使自己狂热的想象日益细致精微;他们乐于越来越深地陷在错误之中。随着他们的悟性越是被云雾所遮盖,他们越庆幸自己所认为的那些发现和启发。就是这样,因为极 76
力按照错误的原则推论下去,灵魂,或人的原动力,一如自然的潜藏的动力一样,变成了纯粹的幻影、纯粹的精神和纯理的存在了。[②]

① 像我们今日所承认的灵性的体系,它的一切虚假的证明,应归之于笛卡尔。虽然在他以前,人们曾经把灵魂当作灵性的东西看待过,可是建立起能思维的东西必与物质有别这条原则的,他却是第一人。由此,他结论说,我们的灵魂,或者,在我们身上而能够思维的那东西,就是一个精神,即是说,一个单纯的不可分的实体。再自然没有的结论是这样:既然物质的和具有物质观念的人享有思维的能力,那么,物质就能思维,或是能够感受我们名之为思维的这种特别的变化。(参阅培尔的《历史批判辞典》的彭波那契和西蒙尼德条。)

② 如果在这个灵性的体系之中很少有理性和科学,我们却不能不承认,在神学家们里面,这个体系乃是一个很深刻很有利益的政策的产物。应该想象出一个方法来抽出濒于解体的人的一部分,以便使这部分去承受奖赏和惩罚。由此可见,这个教义,对于教士们去恫吓、统御与剥削无知者,甚至对于去混乱那些头脑最清晰的人的观念——这些人,对于人们向他们所说的关于灵魂和神的话同样是什么也不能懂得的——都是很有益的。然而,教士们却坚信,这个非物质的灵魂将要在地狱或炼狱中被火烧,或忍受物质的火刑,而人们竟相信他们关于这些东西的胡说。

这种灵性论,实际上只是提供给我们一个空泛的观念,或不如说,根本没有提供任何观念。我们感官一点也不能认识的这样的实体,对精神来说究竟表示什么呢?一个不是物质的东西,和物质既没有接触点,也没有相似之处,却能作用于物质,并且能通过表示事物出现的那些物质器官而接受物质的冲动,这样的一个东西,人们真是能够想象吗?灵魂与肉体的合一是可以思议的吗?这个物质的肉体怎么能够连结、包含、约束、决定一切感官所无法把捉而转瞬即逝的东西呢?说这正是神秘之所在,就是比人的灵魂和它的活动方式还要不可思议的某种存在物的全能的结果,这样说难道是诚心解决困难吗?搬出奇迹来解决这些难题并且引进一位神明,这岂不是暴露了他的无知,或存心要欺骗我们吗?

让我们不要因为这些狡猾的、其构思之巧妙也如其少有令人满意之处的假设而感到惊讶罢!神学的偏见使得近代最深刻的思辨家们,每当他们力求调和灵魂的灵性与作用于这个无形实体的物质存在的物理活动、说明灵魂的灵性对这些物质存在的反作用
77 以及灵魂与肉体的结合的时候,便不得不乞灵于这些假设。当它放弃感官的明证,一任狂热和权威去引导时,人类精神是不能不迷失的。①

如果愿意对我们的灵魂形成一些清晰的观念,那么,就让我们

① 如果有人愿意知道神学如何束缚了一些基督教哲学家们的天才,只要读一读莱布尼茨(Leibnitz)、笛卡尔、马勒布朗士(Malebranche)、古德沃尔兹(Cudworth)等人的形而上学的无稽之谈的作品,并且冷静地考察那些在先定和谐(l'harmonie préétablie)、机缘(causes occasionnelles)、物理的先天运动(prémotion physique)等体系的名称下有名的机巧的幻想,就够了。

使灵魂受经验的支配，抛弃我们的成见，抛开神学的臆测，撕破以蒙蔽我们眼睛和混乱我们理智为目的的神圣面幕罢。愿物理学家、解剖学家、医生联合起他们的经验和观察，告诉我们对于人家竭力弄成不可认识的那个实体，应该如何看待；希望他们的发现把那些能够影响人们行动的真实动力告诉道德学家；把应当付诸实用以鼓舞人们为社会共同福利而劳动的动机告诉主法者；把那在统治之下的国家变为真正而巩固的幸福的方法告诉君主们。物质的灵魂和物质的需要，要求物质的幸福和真实的对象，而并不需要那从许多世纪以来，人们就用来充塞我们精神的种种幻影。让我们在人的**物质**方面来努力罢，让我们使它对人成为可爱些罢，那么，不久我们便会看到，他的**道德**变得优美起来，丰富起来，他的灵魂变得平和而宁静，他的意志会由于人们向他提示的自然和明显的理由而决定地倾向于德行。立法者在物质方面所费的心力，将会造就一些健康、强壮、体格健美的公民。他们自觉幸福，乐于听从人家给予他们灵魂的那些有益的冲动。当身体感受痛苦而国家 78
也不幸的时候，这些灵魂总是邪恶的。健康的精神寓于健康的身体（Mens sana in corpore sano）。这就是能够造成良好公民的东西。

我们越思考，就越会相信，灵魂，不但远不该从肉体上区分出去，而且，只要肉体还具有生命，灵魂便是就肉体的某些作用或它所能有的某些存在方式和活动方式去观察的肉体自身。所以，灵魂这个东西，就是从人凭着由自己特有本性产生的一种方式去感觉、思维、活动的这种能力方面去观察的人。这种方式是由他的性质、他的特别构造以及他的机体从作用于它的存在那方面感受的

经久或暂时的影响产生的。[1]

凡是把灵魂从肉体中区分出来的人们,他们已经办到的事,似乎只是把脑子和人自己区别开来。因为,脑子是一个共同中心,所有散布在人体的一切部分中的神经都要通到这里,并且在这里汇合起来。一切归之于灵魂的作用,正是通过这个内在器官而进行。
79 是传导于神经的印象、变化和运动影响着脑子,因此,它产生反作用,使身体的各个器官运动起来,或是它作用于自己,使它能够在自己内部产生大量不同的运动,即我们在**智能**这个名称之下所指的那些运动。

由此可见,有些思想家想要构成一个精神实体的,只是这个脑子罢了。很明显,使这个非常不自然的学说得以产生并且流传的,乃是无知。由于对人没有进行过研究,人们才假想在人里面有一个在性质上和肉体不同的动力。对这个肉体加以考察,就会发现,要解释它所显示的一切现象,求助于那些永远只能使我们离开正路的假设是毫无用处的。使得这个问题暧昧不明的,就是由于人不能自己观察自己;因为,人要对自己进行观察,那他就必须同时既在自己之内,又在自己之外。人好比是一张有感觉的竖琴,明明

---

① 当有人质问那些固执地承认两种本质上不同的实体的神学家,为什么他们平添了一些没有必然性的事物时,他们便说,这是因为思维不能是物质的一种属性。人家又问他们,是否上帝不能给物质以思维的能力?他们回答说不能,因为上帝不能创造不可能的事物。但是,这样一来,根据这些断言,神学家也就自己承认是十足的无神论者了。因为,根据他们的原则,精神或思维之不可能产生物质,与物质之不可能产生精神或思维,是一样的。从这里,人们得出和他们相反的结论,即世界绝不是被一个精神所创造的,而精神也不是被世界所创造的,世界是永恒的;如果此前还存在着一个永恒的精神,照他们的意思,那么就有两个永恒的事物,这就是荒谬的了。所以,如果只有唯一的永恒的实体,那就是世界,因为没有人能怀疑世界是存在着的。

是自己发出音响来，却又自问是谁使它发出来的；它看不出它赋有感性，是自己能拨动自己，也能被凡是接触它的东西所拨动，而且发出响亮的声音。

我们越有经验，我们便越有机会使自己相信，精神这个字眼，就是对于发明它的那些人，也是没有任何意义的；不管在物理方面，还是在道德方面，它也毫无用处。近代形而上学者们由这个字所表示的含义，其实不过是一种想象出来的神秘的力。用来解释那些神秘的性质和活动，而在根本上，它是连什么也不能解释的。一些野蛮民族承认精神，是为了解释那些他们不知道归之于谁，或是在他们看来非常神奇的结果。我们若把自然现象和人体现象都归之于精神，那么，我们所做的事岂不是和野蛮人的推理一般无二？人们把精神填满了自然界，因为他们几乎永远不知道真实的原因。由于不认识自然的力量，人们就以为自然是被一个巨灵(grand esprit)给弄得生动起来的；由于不认识人的机体的能力，人们就同样假想它是被一个精神所开动起来。由此可见，人们用精神这个
字所要指示的，不过是不知道用自然的方式去解释的那些现象的 80
未知的原因罢了。美洲人就是根据这些原则曾经以为火药的可怕结果是他们精神或神灵所产生的。根据同样的原则，人们今天还相信天使，相信魔鬼；我们的祖先在过去相信神、鬼、精灵；那么，照这样推下来，我们就该把引力、电气、磁力等等归因于精神了。①

① 很明显，由野蛮人想象出来而为无知者所采取的精神的概念，从它本性上看，就是使我们的知识落后的，因为它阻止我们去探求我们所看到的那些结果的真实原因，因为它使人的精神安于怠惰。这个怠惰和无知，对神学家们可能非常有用，但对社会却大为不利。无论在什么时候，教士们一直在虐待那些首先给予自然现象以自然解释的人；阿那克萨克拉、亚里士多德、伽利略、笛卡尔等等，就是例证。真正的物理学只能使神学趋于灭亡。

第八章　论理智的能力；一切都由感觉的能力所派生

为要使我们确信所谓**理智的**那些能力不过是从我们肉体的组织中产生的一些存在方式或活动方式，我们只要去分析它们就行了，而且我们还会看出，凡是归之于我们灵魂的一切活动，都不外是一些变化，而这些变化是一个无广延或非物质的实体所绝不能具有的。

在活着的人里面，我们看见的第一种机能——其他一切机能都是从它产生出来的——，就是**感觉**。不管这种机能乍一看去是
81 多么不可解释，如果我们对它仔细加以考察，便会发现，一如引力、磁力、电力等等之产生于某些其他事物的本质或本性一样，感觉乃是有机物之本质与特性所产生的一种结果，并且我们还看到，上面这些现象和感觉的一些现象是同样不可解释的。不过，如果我们想要对它形成一个明确的观念，就会发现，**感觉**乃是这样一种被触动的特殊形式：它是有生命的物体的某些器官所特有，因作用于这些器官的物质客体的出现而引起，这些器官的运动或震动便传达于脑。我们借助于散布在全身的神经才能感觉，所以说，我们的身体不过是一根大的神经，或者，它像一棵大树，它的细枝感受到由树干传达而来的树根的活动。在人体里面，神经汇集于脑而又在

脑中消失；这个器官乃是感觉的真正中心；感觉，就像我们看见悬在网心的那个蜘蛛一样，把蛛丝或细丝布遍躯体的最末梢，很迅速地接获一切明显变动的报告。经验给我们证明，如果身体与脑的交通被阻断，人身体的各部分便停止感觉；当这个器官本身被扰乱或刺激得太厉害的时候，它就感觉得不太灵活，或完全不再有感觉了。[①]

无论如何，脑子和它的各个部分具有感觉总是一个事实。如 82
果有人问这种特性是从哪儿来的？我们就要说，它是一种安排的结果，一种特别属于动物的组合的结果，因此，一种粗糙而无感觉的物质，要变为有感觉的而不再是粗糙的物质，就是经过**动物化**，就是说，经过与动物结合并且化为一体。奶、面包、葡萄酒之变为一个有感觉的生物的人的血肉，就是这样。这些粗糙的物质，在它同一个有感觉的整体结合的时候，就变成了有感觉的。有些哲学

① 《巴黎皇家科学院备忘录》对我们在这里所谈的提供了一些证据。它谈及一个曾经被取掉头盖骨的人，在取去的地方，他的脑子是被一层皮盖着的，人用手去按他的脑子，他便陷入一种昏迷之中，丧失一切感觉。这个实验是裴洛尼(Peyronie)先生做的。波莱里(Borelli)，在他的论文《论动物的运动》中把脑叫作 Regia animoe(灵魂的宫殿)。完全可以相信，不仅在人与禽兽之间，而且也在有智慧的人与蠢笨的人之间、在一个有思想的人和一个无知者之间、在一个神智正常的人与一个疯子之间所有的差异，就完全在于脑。巴尔托林(Bartolin)说，人的脑两倍于牛的脑；这是在他以前亚里士多德早已作过的观察。威里斯(Willis)在解剖一个傻子的尸体时，发现他的脑比一般人的要小些；他说，在这个傻子的身体的各部分与一个聪明人身体的各部分之间，他所注意到的最大的差异，就是肋骨间的神经脉管(他说这是心与脑之间的中介物，为人所特有)特别细小，而且附着的神经比一般人少得多。照威里斯说，如果拿身材比较来说，猴子是一切动物中脑子最大的；所以，除去人，它是最聪明的。此外，人们还注意到，习于使用理智功能的人，比其他的人具有更大的脑子；正如我们注意到，划船的人比其他的人有更粗的手臂一样。

家以为,感性乃是物质的一种普遍性质,在这种情形下,去寻找它从哪里得到我们根据结果认识到的那种特性,就是无用的了。如果我们承认下面这个假设:正如在自然中我们区分两种运动,一种被称为活力,另一种被称为死力一样,我们也区分两种感觉:一种是能动的或活的,另一种是没有生气的或僵死的;这样,要使一个东西动物化,那么只要消除那些阻止这个东西成为能动而有感性的障碍就是了。总之,感性,要么是一种像运动那样的自行传导,由于组合而获得的性质,要么是一种为一切物质所固有的性质,无论在哪一种情况下,一种没有广延性的东西,例如人们所假想的人
83 的灵魂,是不可能成为感性的主体的。①

人和动物都是由一些器官构成的,这些器官,不管外部的也好,内部的也好,其结构、安排、组织和精致程度,使得他们身体的各个部分非常灵活,使他们的机体能很迅速地开动起来。一个肉体,无非是一大堆筋络和神经,联合在一个共同中心之内,时时准备着活动,彼此互相连结。在这样一个由流体和固体构成的整体里面,它的各部分可以说是处于平衡状态,其最微小的分子紧紧相连,做着活泼而迅速的运动,相互地、紧密地传导着给予整体以刺

① “自然界的一切部分都能成为有生命的;问题只在于形态而不在于本性……如果有人问,使一个物体有生命需要什么呢?我回答,不需要什么特别的东西,自然的力量加上机体就够了。生命就是自然的完美,自然界的一切东西没有一个不是倾向于生命,或是循着同一的途径到达生命……生命的活动是多方面的。在一个昆虫、一条狗、一个人里面,生命并不表示有什么不同;但是,器官的结构越是复杂,这个活动便越是完善(相对于我们来说),而且,这个结构是在那包含着比物质任何部分都要切近于生命本源的种子之中就已经标明着。诚然,感觉、情感、对于对象的知觉、观念、它们的形成、它们的比较、同意或意志,都是取决于动物各部分或多或少比较优越的有机功能。”参看《关于一些不同的重要问题的杂论》第254页,1740年阿姆斯特丹出版。

激、摆动、振动；在这样一个组合体中，如果那些最微小的运动也能迅速传播开去，如果在最远部分所引起的震撼也能很快在脑内发生感觉，如果脑子的精细组织能使自己很容易受到影响，我说，这是毫不足奇的。空气、火和水这些如此活动的动因继续不断在它们所渗入的筋络和神经之间流通着，自然会产生一种令人难以置 84
信的敏捷性，正是得力于这种敏捷性，那在身体的各极端所发生的事情才能使脑子得到报告。

尽管人的机体使人能具有极大的活动性，尽管有一些内在和外在的原因在继续不断地影响他，可是他对于那些给予他器官上的种种刺激，并不是永远都明显地感觉到的；他之感觉到它们，只是当这些刺激在他脑子里产生一种变化或某种震动的时候。所以，空气纵然把我们完全包围着，也只有当它以足够的力量吹拂我们器官和皮肤而使我们脑子得知它的存在时，我们才会感觉到它。所以，在一个沉静的、不被什么梦魇所扰的睡眠中，人便不再有感觉。总之，在人身体里虽有不断的运动在进行着，但只要这一切运动进行得顺当，人就好像什么也没有感觉到。他自己觉察不出健康，但是觉得出痛苦或疾病，因为在前一种情况中，他的脑子并没有剧烈地被震动，而在后一种情况中，他的神经感觉到一些冲击、震动、强烈而纷乱的运动，这些运动通知他，某些原因在很厉害地而且用一种不大合于它们一向习惯了的方式作用于它们，这就是构成我们称之为**痛苦**的那个存在方式的一些因素。

另一方面，有时会发生这样的事：外物在我们身上产生一些很可观的变化，而我们在当时却一点觉察不出。往往在战斗的白热中，兵士觉察不出自己身负重伤，因为当时那些猛烈的、反复而迅

速的运动,使他脑子受到袭击,使它不能辨别在他身上的一部分内所造成的特殊变化。最后,当很多原因同时并且非常厉害地作用于这个人的时候,他被压倒了,陷于昏迷、丧失意识、完全失去了感觉。

85 一般地说,只有在脑子能够分辨那产生在器官上的印象时,才能有感觉;脑子所感受到的清楚的震动或明显的改变,构成了**意识**。[①] 由此可见,感觉就是一种存在方式,或是一种显著的变化,即当我们器官从外因那方面,或从以一种经久或暂时的方式影响器官的种种内因那方面接受印象时,在我们脑中所产生的那种变化。事实上,即使没有任何外在事物触动人的器官,他也感觉到自己,意识到在他内部进行着的种种变化,那时候他的脑子在改动,或者重现先前的变动。我们不必对此感到惊异:在人体这样复杂的一部机器中,它的各个部分毕竟都是与脑子相连接的,那些突然来到这一整体之内的冲击、障碍和变化,脑子必然应该得到通知。因为整体的各个部分,在本性上都是有感性的,是不断地处于一种作用与反作用之中,而且全都汇集于脑子。

当一个人在感受着痛风病的时候,他是意识到的,就是说,他感觉到在自己身上有一些很显著的内部变化,虽然并没有任何外在的原因直接影响他。不过,如果我们要追本究源,就会发现,产生这些变化的仍然是一些外在的原因,比如,从我们父母那里接受下来的机体和气质,某些食物,以及千百种无法鉴别的轻微原因,

① 按克拉克(Dr. Clarcke)博士的意见,“意识就是反省的活动,借助于这个活动,我知道我在思维,并且知道我的思维和活动是属于我而不是属于他人。”参阅他反对多德维尔(Dodwel)的通信。

这些因素逐渐积累起来，酿成了痛风这种病，结果使人有了非常剧烈的感觉。痛风病的苦痛在他脑中产生了一种观念或一种改变，就是虽然在他已经不再有着痛风病的时候，他也能使这个观念在 86
脑子里重现出来，因为他的脑子通过一系列的运动，能够重新回到和他在真正感受这种痛苦时所处的相类似的状态中去，如果他从来没有感受过这种痛苦，他对痛风就不会有任何观念。

所谓感官，就是我们身体上的一些可见的器官，由于这些器官的中介我们脑子才被影响。对于脑子接受的这些影响，我们给以不同的名称。感觉、知觉、观念，这些名称只是表示当作用于我们外部器官上的物体在它们上面造成一些印象时而在我们内部器官中所产生的那些变化。就本身去观察的这些变化，叫作感觉；只要内部器官觉到这些变化或这些变化为内部器官所知，它们便叫作知觉；当内部器官把这些变化联系到产生这些变化的对象时，它们就叫作观念。

所以，任何感觉只不过是给予我们器官的一个振动；知觉就是传到脑子的这个振动；观念则是对于使感觉和知觉得以产生的那个对象的影像。由此可见，如果我们感官不被触动，我们就不能有感觉、知觉和观念；对于那些可能对这个如此明显的真理还抱怀疑的人，我们以后还有机会向他们证明这一点。

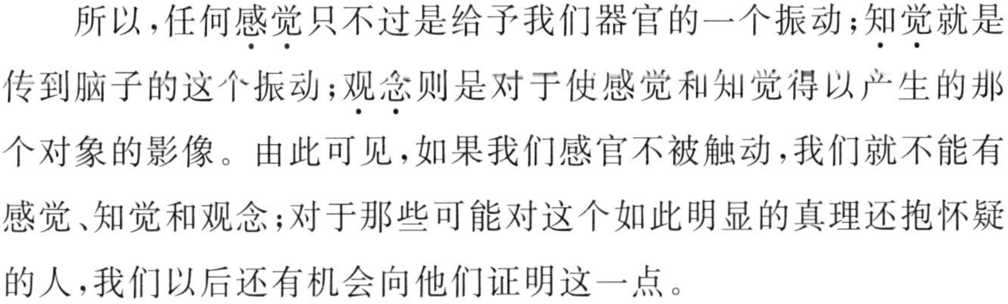

人的机体组织使人具有巨大的能动性，正是这种能动性使人有别于我们称之为没有感性和没有生命的其他东西。我们人类个体的特殊机体组织使自己可能具有的种种不同程度的能动性，造成了在他们之间的无限的差异和难以令人相信的分歧，无论在他们肉体的机能方面，还是在我们称之为精神的或理智的能力方面。

精神、感觉、想象、兴趣等等,就是由于这个或大或小的能动性产生出来的。现在,还是让我们继续谈谈关于我们感官的作用,看一看外在事物怎样作用于我们感官、怎样影响着我们的感官,然后,我们再来考察内部器官的反作用。

眼睛是非常灵活非常精巧的器官,凭着这种器官,我们才有了
87 对于光或颜色的感觉,这个感觉使脑子得到一种明显的知觉,之后,有光的或有颜色的物体才在我们心中产生一个观念。只要我睁开眼睛,我的眼网膜便以一种特殊的方式而被触动;在构成我的眼睛的筋络和神经的液体中,引起一些震动,它们传到脑子,并且在那里勾画出作用于眼睛的物体的形象;由此,我们就有了对于这个物体的颜色、大小、形状、距离等等的观念,**视觉**的机械作用就是这样的。

由于形成皮肤组织的筋络和神经使皮肤具有能动性和弹性,人体的这个外皮在与另外一个物体接触时,因而能很迅速地被它所感;这个感觉便把物体的存在、它的广延、凸凹或平滑、重量等等报告给脑子,而这些性质便使它得到一些明显的知觉,并在脑子里产生各种观念,**触觉**就是这样形成的。

鼻孔内鼻膜构造的精致,使它能感受到有气味物体发散出的即使小到看不见摸不着的微粒的刺激,就是这些微粒把感觉、知觉和观念带给了脑子;**嗅觉**就是这样形成的。

口这个器官,布满了能动的、敏感的神经束,这些神经束含有能够溶解盐分实体的液汁,食物从它那里经过,口便立刻有所知觉,并且把它所接受的印象传达给脑子,**味觉**就是由这种机械作用产生的。

最后，耳朵的构造使它能够从受到各种改变的空气中接受不同印象，它把一些震动或感觉传达给脑子，这些震动或感觉便使人产生了对于声音的知觉和对于发音体的观念；**听觉**就是这样形成的。

所有这些，就是我们能够接受感觉、知觉和观念的唯一途径。
我们脑子的这些接连不断的改变，就是由刺激我们感官的那些事
物所产生的结果，这些结果自身又变成了原因，在灵魂里产生一些 88
新的变动，我们称之为**思维**、**反省**、**记忆**、**想象**、**判断**、**意志**、**活动**，而
所有这一切都是以感觉为基础的。

要对**思维**形成一个明确的概念，就必须一步一步地审察在面临某一事物时我内心经过的是些什么。暂时让我们设想这事物是一只桃子吧。这果子首先在我眼睛上形成两种不同的印象，就是说，产生两种传达于脑的变动，这时，脑子便感受到两种新的存在方式或知觉，我用**颜色**和**圆**这两个名称去表示它们；因此，我便有了一个圆而有色的物体的概念。当我把手伸向这个果子时，我就是在对它使用触觉器官了；立刻我的手感受到三种新的印象，我用**柔软**、**清凉**、**重量**去表示它们；从这里也就产生了三种新的观念。如果我把这只果子挨近我的嗅觉器官，嗅觉器官便又感受一种新的改变，传给脑子以一个新的知觉和一个我们称之为**气味**的新的观念。最后，如果我把这只果子放在嘴里，味觉器官便以一种新的方式而被感动，而接着便是一个知觉使我在心中产生了**滋味**的观念。把所有传达给我的脑子的、在我的器官上所造成的各种印象和改变联系起来，就是说，把我所接受的这一切感觉、知觉、观念结合起来，我便有了一个称为**桃子**的整体的观念，我可以对它进行思

维,或者说,我对**桃子**有了一个概念。[①]

89 上面所说的,足以给我们指明感觉、知觉和观念的产生,以及它们在脑子中的联合或联系;可见,这些不同的变化,不过是我们外部器官传达给我们内部器官的一些连续冲动的结果,而内部器官享有我们所谓的**思维的能力**,就是说,可以审察自己的内部,或感觉它所接受的各种变化或观念,对它们加以组合与分割、扩展与限制、比较、更新等等。由此可见,思维只不过是我们脑子从外在事物方面接受的,或是脑子提供给自己的那些变化的知觉而已。

实际上,我们内部器官不但能知觉从外面接受的一些变化,而且也有能力改变自己,考察自己身上经过的变化和运动,或是自己固有的活动,从而得到新的知觉和新的观念。所谓**反省**,就是这种返回到自身的能力的运用。

由此可见,思维和反省,就是在我们自己内部感觉或知觉那作用于我们感官的事物所给予的印象、感觉、观念,以及我们脑了或内部器官在自身上产生的各种变化。

记忆是内部器官具有的一种机能,它能在自身把曾经接受的
90 一些变化再现出来,能使自己回到相似于以前外界事物在它身上

---

① 以上所说,证明思维有一个开始、一个历程、一个终结;或者说,像物质的一切其他模式一样,有生成、延续、解体;也像它们一样,思维是被引起、被决定、被增长、被分割、被组成、被简单化的等等。可是,如果灵魂,或能思维的那个本源,是不可分的话,那么,这个灵魂又怎能连续地思维、分割、抽象、组合、扩展它的观念,保持它们又把它们丢掉,有记忆而又有遗忘呢?灵魂怎么能够停止思维呢?如果在物质之内形态似乎是不可分的,这也只是通过抽象、用几何学家的方式去观察时才是这样;而在自然中,在既没有完全规则的原子,也没有完全规则的形态的自然中,这种形态的可分性是不存在的。由此,应该得到结论说,物质的形态和**思维**同样是不可分的。

产生感觉、知觉、观念时所处的那个情况中去，也能够不需要从这些事物获得新的作用，或甚至这些事物已经不存在时，把自己重新摆在过去接受那些事物时所处的秩序之中。我们内部器官觉察到，这些变化与它以前面临那些自己从之得到变化的对象时所感受的变化是相同的。如果这些变化和原来的一样，那么记忆便是忠实的；如果它们与感官以前所感受到的变化不同，那么记忆就是不忠实的了。

想象在我们身上不过是脑子具有的一种机能，即脑子可以按照由于外在事物影响感官而接受的知觉，自行改变或自己形成新的知觉。我们的脑子这时只是把它曾经接受的和它回想起来的一些观念加以组合，用来构成一个它所不曾见过的变化的总体或堆积，虽然它对于这个仅存在它自身之内的观念的总体，只认识构成总体的一些个别观念，或是一些部分。人首马身的怪物，半马半鹰的怪物，天神和魔鬼等等东西的观念，就是这样形成的。我们的脑子，凭着记忆把它所曾经接受过的感觉、知觉、观念以及那些确实触动过它的感官的东西再现出来，而不是凭着想象，把这些变化加以组合，去形成一些从来没有触动过它的感官的事物或一些整体的东西，虽然它只认识构成这些事物或整体的一些原素或观念。就是这样，人们把大量从自己身上取来的观念如正义、贤明、善良、智慧等等，凭着想象，加以组合，而终于形成了他们称之为神明的这样一个理想的整体。

把脑子自己所接受的，或是从自身唤起的一些变化或观念加以比较，从中发现它们的关系和结果，脑子的这种机能，我们叫作判断。

意志是我们脑子的一种变化,它凭着这个变化而准备行动,就是说,准备把身体的各个器官发动起来,为取得那些以类似自己存
91 在的方式去改变自己的东西,或是躲避于己有害的东西。**意欲**,就是准备行动。使我们在脑子里产生这种意向的那些外在事物或内在观念,叫作**动机**,因为这是决定人的行动,就是说,使身体的器官发动起来的弹簧或动力。所以,**自愿的行动**就是被脑子的变化所决定的身体的运动。看见一只果子,这个看就以如下的一种方式改变了我的脑子,即叫脑子开动我的手去采摘我所看见的这只果子,并且把它送到口里去。

凡是内部器官或脑子所接受的一切变化,凡是触动感官的事物所给予它的,或是在它本身之内所再现的一切感觉、知觉和观念,都是要么可爱、要么可厌的,是对我们惯常的或暂时的生存方式要么有利、要么有害的,并使我们内部器官随时准备活动;内部器官或脑子这样做,是凭着自己固有的能力,这种能力在人类各个体中并不一样,是依各人气质而有别。强弱不等的**欲望**就是从这里产生出来的。欲望不外是被对象所决定的意志的活动;这些对象是按照与我们存在方式是否相似或相容,以及我们气质力量的大小而驱使意志运动起来的。由此可见,欲望就是内部器官的一些存在方式或变化,内部器官是受到对象的吸引或排斥的,因此,它也是以自己的方式服从于吸引力和排斥力的物理法则的。

我们内部器官所享有的能知觉、能被外物或者自己所改变的这种机能,有时就用**悟性**这个名称去表示。对于这个器官所能具有的各种不同机能的集合体,我们称之为**理智**。内部器官在运用它各种机能时所遵循的一种特定方式,叫作**理性**。使我们人活动

起来的那个内在器官之经常的或暂时的状况或变化，则叫作**精神**、**贤明**、**善良**、**谨慎**、**德行**等等。

总之，正如我们不久将有机会加以证明的那样，所有一切理智 92 的机能，就是说，所有我们归之于灵魂的一切活动方式，都可以归结为由于运动在脑中所产生的一些改变、一些性质、一些存在方式和一些变化，脑子在我们身上显然就是感觉的中心，是我们一切活动的本源。这些变化，或者归因于那些刺激我们感官的事物，它们的冲动传达到脑子；或者归因于这些事物在我们脑中所产生的观念，以及我们脑子有能力使之重新再生的那些观念；脑子也可以自己运动起来，对自己发生反作用，并且推动各个器官，因为这些器官都是汇集在脑子里的，或者不如说，它们就是脑子自身的一种延伸。这样，内部器官的隐秘的运动，便由于一些可见的标志，成为可以在外面被人感觉的了。被我们称为**恐惧**的这种变动所感动的脑子，在四肢里引起战栗，在面部散布苍白的颜色。而被痛苦之感所触动的脑子，即使没有任何东西刺激它，也会使泪水从我们眼里流出；它猛然回想起来的一个观念，也足以使它感到一些很剧烈的变化，以致使整个机体受到显著的影响。

从这一切里面，我们看到的不过是同一个实体，在自己各个不同部分里多样化地活动着而已。如果有人抱怨，说这个机械作用还不足以解释运动或灵魂的种种机能的根源，那我们就要说，灵魂的情况和自然的一切物体的情况是一样的：在这些物体里，最简单的运动、最寻常的现象、最普通的活动方式，都是些不可解释的神秘，我们是永远不会认识它们的最初根源的。说实在的，我们怎么能夸口说认识使一块石头坠落的那个重力的真正本源呢？在某些

实体中产生吸引作用而在另一些实体中又产生排斥作用的那个机械作用,难道我们认识吗?运动如何从一个物体传到另一个物体,
93 我们能够说明吗?再有,把灵魂说成是一个灵性的东西,难道就解决了我们在灵魂的活动方式这个问题上遇到的那些困难吗?本来,对这灵性的东西我们是没有任何观念的,因此它可能搅乱我们对灵魂可能形成的一切概念。所以,我们只要知道灵魂自己运动,并且为作用于它的那些物质原因所改变,这就够了。从这里我们就有权作出这样的结论:灵魂的一切活动和机能都证明它是物质性的。

第九章　论理智能力的差异性；这些能力也像它们道德的性质一样有赖于物质的原因；社会的、道德的以及政治的自然原则

自然不能不使它的一切**作品**彼此有别；本质上不同的基本物质，必然由于它们的组合与特性、它们的存在方式与活动方式而形成各种不同的事物。在自然中，绝没有、也不可能有两个事物和两种组合是数学地严格地一样的，既然地点、环境、关系、比例、变动不同，那么，由此产生的东西，彼此就绝不能有完全的类似，即便在这些东西中我们以为发现了最大的一致，但它们的活动方式是必然有某些不同的。[①]

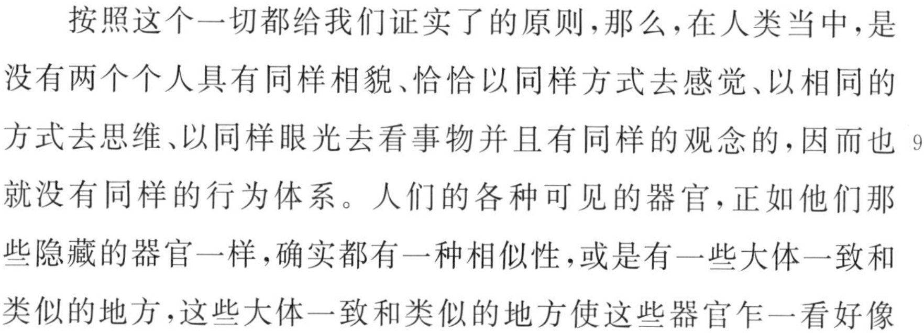

按照这个一切都给我们证实了的原则，那么，在人类当中，是没有两个个人具有同样相貌、恰恰以同样方式去感觉、以相同的方式去思维、以同样眼光去看事物并且有同样的观念的，因而也 94
就没有同样的行为体系。人们的各种可见的器官，正如他们那些隐藏的器官一样，确实都有一种相似性，或是有一些大体一致和类似的地方，这些大体一致和类似的地方使这些器官乍一看好像

① 参看第六章末。

都以同样方式被某些原因所感动;可是在细节上,它们的不同之点却是无穷的。人的灵魂好比是乐器。乐器的弦,由于本身或由于组成它们的那些材料已经是多种多样的了,而且还要被调成不同的音调,因此,同样的拨动,每条弦就发出自己特有的声音,就是说,这些声音有赖于弦的组织、张力、粗细以及它周围的空气使它所处的那个暂时状态等等。精神世界所呈示给我们的那样多变的景象也是如此;我们在人的精神、能力、欲望、精力、兴趣、想象、观念和意见之间所发现的那样惊人的差异,就是从这里产生的。这种差异性和他们气质的差异性是一样地巨大,和他们的相貌一样地千差万别。从这个差异性,产生了形成精神世界的生活之继续不断的作用和反作用;从这个不调和,产生了和谐,人种赖以维持和保存。

存在于人类个人之间的差异性造成了人与人之间的不平等,而这个不平等维系着社会。假如一切人,在肉体的力气上和精神的才能上都一样,那么他们彼此之间就没有任何相互的需要了。正是他们才能的不同以及这些才能在他们之间造成的不平等,才使人彼此有相互的需要,否则,他们便会孤立地生活,彼此无关。由此可见,这个时常被人错误地加以非难的不平等,以及我们每人独善其身、独享其乐之不可能,才使我们幸运地感到有彼此
95 联结、依靠同类、接受援助、统一看法、吸引同类以避开可能扰乱我们机体内秩序的事物之必要。由于人与人的差异性以及他们的不平等,弱者不得不把自己置于强者的保护之下;正是这个差异性迫使强者求助于弱者的学识、才干、技能,如果认为这些东西对他自己有用的时候。这个自然的不平等,使各国把为它服务的公

民们加以区分，而且根据自己的需要，表扬和奖励那些用智慧、善举、贡献和德行给人民提供真实的或想象的利益、快乐以及在任何方面给人以舒服美好之感的人们；天才得以支配他人并迫使全体人民承认其权力的，正是由于这种不平等。所以，能力的差异和不平等，无论是肉体方面的，还是精神或理智方面的，都使人为其他人所需要，使人乐于与人交往，并且显然给他证明了道德的必要性。

根据能力的不同，人类中的个人便按照他们所取得的成果，按照我们在他们身上看到的、从他们灵魂的个体特性或从他们脑子的特殊改变所产生的不同资禀，而分成不同的阶级。精神、感性、想象力、才能等等，就是这样使人们有了无穷的差异。这样，所以有些人叫作**善人**，有些人叫作**恶人**；**有德之人**和**无德之人**、**智者**和**愚者**、**有理性者**和**无理性者**等等，就是这样来的。

如果考察一下所有归之于灵魂的不同的能力，我们就会看到，它们和肉体的机能一样，都应归因于一些物质的原因，而追溯到这些原因是很容易的。我们将会发现，灵魂的力和肉体的力是一样的，或者说，灵魂的力常常取决于肉体的机构、它的特殊性质，以及它所感受的经常的或暂时的改变，一句话，有赖于气质。

气质，在每个人身上，就是构成他肉体的流质和固体经常所处的那个状态。气质随着每个个人机体内占有优势的原素或物质之 96
不同，随着机体内这些本身就各不相同的物质所感受的不同组合与变化，而互有差异。所以，有些人身上血液丰富，另外一些人则富有胆汁，某些人又富有黏液质等等。

我们是从自然、从我们双亲、从我们生命伊始就一直不断影响着我们的那些原因等等方面,获致我们的气质的。当我们还在母胎之内,我们每人便吸取了终生都要对我们的理智能力、精力、情感、行为等发生影响的种种物质。我们所吃的食物、所呼吸的空气的性质、所居住的气候、所受的教育、人家给予我们的观念和意见,都改变着这个气质。并且,这些情况既然绝不能对两个人在各方面都严格相同,那么,在他们之间差异那样巨大,或是人类有多少个人便有多少不同的气质,也就不足为奇了。

所以,即使人与人之间大体相似,可是从筋络和神经的组织与安排方面来看,或是从使筋络活动并且发生运动的那些物质的性质和数量方面来看,他们都是有着极大的不同的。一个在体型和筋络的组织上和另外一个人已然不同的人,如果他吃富有营养的食物、喝酒而且运动,而另外一个人则只饮白水,只吃些很少滋养的食物,在死气沉沉和无所事事中憔悴下去,那么,他跟另外那个人就更要迥然不同了。

所有这些原因是必然要影响精神、情感、意志,一句话,要影响我们所谓理智的各种能力的。这就是为什么我们看见一个血气充沛的人通常总是聪敏的、奋发的、富于情感、敢作敢为,而一个黏液质的人则思想缓慢、难于感动、想象贫乏、怯懦而不可能有强烈的愿望。

97 如果抛开成见而求教于经验,我们便看到,医学会给道德提供一把打开人类心灵的钥匙;它在治好肉体病痛的同时,往往也治好精神。如果把我们的灵魂造成为一个**灵性的**实体,那我们就会自满于给它开一些精神的药方,而这药方是绝不能影响人的体质的,甚或对它只是有害无益。灵魂的灵性说使道德学成为一种臆测的科学，丝毫不能使我们认识那些应当用来影响人们的真实动力。如果我们由于经验的帮助而认识了造成一个人的气质的基础因素，或是构成一个民族的绝大多数个人的气质的基础因素是什么，那么，我们就会知道什么东西对他们合适，什么才是对他们需要的法律和有用的体制机构。一句话，道德和政治可以从**唯物主义**中取得灵性说所永远不能提供甚至使人无法想象的种种好处。有些人，固执地以神学的先入之见去观察人，或是把人的活动归之于一个连他们自己也不能有任何观念的本源，对于这些人，人永远是个神秘。如果我们愿意认识人，那么，就让我们努力去发现那参与人体组合以及构成人的气质的那些物质吧。这些发现会有助于我们去猜测人的情感及其倾向的本性和性质，并预知他在某些既定情况中的行为。这些发现将给我们指示出一些药方，能够有效地用它们去改正某一不良机体中的缺点，或是去改正一种对社会和对具有这缺点的本人同样有害的气质上的缺点。

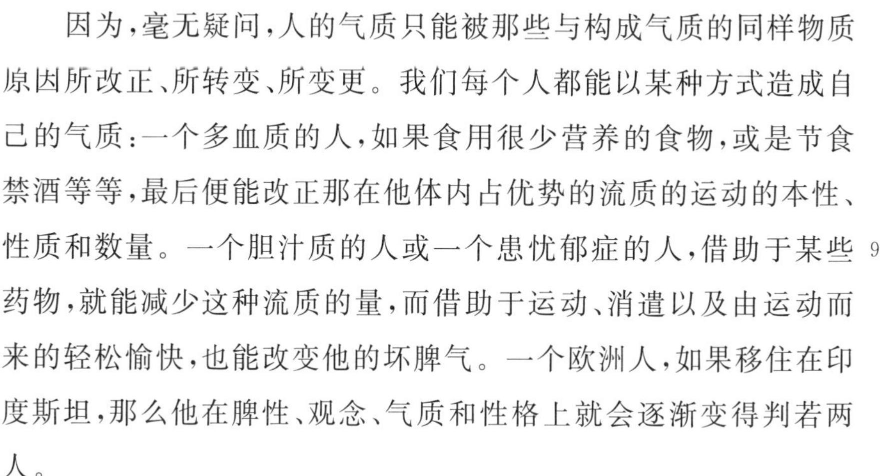

因为，毫无疑问，人的气质只能被那些与构成气质的同样物质原因所改正、所转变、所变更。我们每个人都能以某种方式造成自己的气质：一个多血质的人，如果食用很少营养的食物，或是节食禁酒等等，最后便能改正那在他体内占优势的流质的运动的本性、性质和数量。一个胆汁质的人或一个患忧郁症的人，借助于某些 98
药物，就能减少这种流质的量，而借助于运动、消遣以及由运动而来的轻松愉快，也能改变他的坏脾气。一个欧洲人，如果移住在印度斯坦，那么他在脾性、观念、气质和性格上就会逐渐变得判若两人。

虽然在认识何物构成人的气质方面我们的经验不多，可是如果肯把这些经验加以应用,数量也还是足够了。一般地说,化学家们称之为燃素或可燃物质的那种带有火性的物质,在人身上,似乎就是那最能给人以生命和活力、最能给人的筋络以弹性、能动性、灵活性、给人的神经以张力、给人的流质以速力的那个东西。由于这些物质原因,我们便通常看见产生一些我们名之为敏感、机智、想象、天才、活跃等等这样的资质或功能,这些东西使人的情感、意志、道德行为,变得强劲有力。在这个意义上,人们使用灵魂的热力、活泼的想象、天才的火花等等用语,的确是相当正确的。①

就是这种火,以不同的分量散布在我们人的身体中,给他们以运动、活动力和动物机体的热,可以说,就是火使得他们具有或多或少的生命力。这个如此活动、如此精细的火是容易消散的,因此它需要借助包含着火性的食物以恢复自己,这些食物能使我们的机器重新开动起来,使我们的脑子继续活动,给脑子以必要的能动性去完成我们名之为理智的那些职能。正是包含在葡萄酒和烈性
99 饮料中的这种火,给最麻木不仁的人以活力(没有这火,他便不可能具有这种活力)并且甚至推动懦夫去从事战斗。在某些疾病之中,正是我们身上过多的这种火,使我们沉在昏迷中,而在另外的情况下,火太少了,则又使我们陷于虚弱。总之,在老年中减少而在死亡时完全消散的,就正是这种火。②

① 我十分倾向于相信:医生们名之为神经流质的那东西,或是十分迅速地把在我们身上经过的一切都通知给脑子的这样活动的物质,不是别的,而是一种电气的物质,而且,它的分量或比例的不同,乃是造成人及其能力的差异性的主要原因之一。

② 如果我们诚恳的话,我们就会发现,热这个东西乃是生命的本源。因为借助于热,一切东西才从不活动到运动、从静止到发酵,从无生状态到有生状态;在热力使卵孵化这个事实中,我们可以找到证明;一句话,没有热,就绝不会有生殖。

如果根据我们的原则来考察人的各种理智能力或道德品质，我们就会相信，它们应归因于一些物质的原因；这些物质的原因是以或多或少的经久与明显的方式影响着人的各别机体的。但是，这个机体，如果不是从父母那里——我们由他们接受一些必然类似于他们的机体的要素，又是从哪儿来的呢？那多少具有火性的物质，或决定我们精神品质的使人有生命的热力，又是从哪儿来的呢？这是从把我们孕育在体内的母亲那里来的；母亲把使她自己有生命、随着血液在血管里流通的那种火的一部分传达给我们。这也是从食物那里来的，食物使我们得到营养；这又是从气候那里来的，在这气候中我们生活；这也是从大气那里来的，大气包围着我们；所有这一切原因都影响到我们体内的流质和固体，决定我们的**自然禀性**。当考察我们机能所抑赖的这些禀性时，我们就会发现它们常是有形的、物质的。

这些禀性的第一种就是物质的**感性**，我们将会看到，我们一切其他的理智的或精神的品质，都是从这感性产生的。感觉，正如我们已经说过的，就是被触动，并且意识到在我们身上正在进行的一些变化。具有感性，则不外是适于非常迅速非常锐敏地感受那作用于我们的事物的印象。一颗敏感的灵魂，因此不过是一个人生 100
来具有很容易接受传达给自己运动的脑子。我们称这样的人是**敏感的**，即看见一个不幸者，或是听到描述一场灾难，或是想到一幕悲惨的景象，就受到强烈感动，以致落下泪来的人；泪，就是一个信号，告诉我们有一个巨大的纷扰在人的机体里面产生了。一个人，音乐在他身上引起极大的快感或产生很明显的效果，我们就说他有**敏感的耳朵**。一个人，如果雄辩、艺术的美、一切使他感到新奇

的事物，都能在他身上引起很强烈的运动，我们就说他有敏感的灵魂。[①]

机智就是这个物质的感性的一种结果。因为，我们所谓机智，就是能够非常敏捷地把握事物总体和各种不同关系的一种容易性，是为我们人类中某些人所具有的。我们称作天才的，就是指能够在广泛的、有用的、难于认识的事物之中掌握总体以及这些事物的关系的那种容易性。机智好比是一种锐利的视觉，它能敏捷地识破事物；而天才则是能以一瞥而把握广大地平线上每一个点的视觉。正确的机智能够如实地窥见事物及其关系，错误的机智则只能抓住一些错误的关系，而这是由于机体内的某些缺点所致。正确的机智是与手脚灵巧很相似的一种功能。

想象乃是能够很快地组合观念或影像的那种容易性，所以它是一种能力，能够很容易地把我们脑子的一些变化再生出来，把它
101 们连在一起，或是把它们连在它们所适合的一些事物上。这样，想象便使我们感到快乐。我们容许它有一些虚构，它美化自然和真理，可是，当它给我们描绘出一些令人不愉快的幽灵，或是把本来不该联在一起的观念硬结合在一起的时候，我们就要非难它了。例如，诗歌，原是为使自然更加动人而创作的，当它用一切可能的美来装饰它所呈献给我们的事物时，便使我们感到快乐；它把这些事物造成理想的存在，但由于这些理想的东西能使我们受到愉快

① 可见同情心有赖于物质的感性，它绝不是尽人皆同的。如果把同情心作为对我们同类所感受的道德和感情的观念之泉源，那就错了。不仅不是一切人都是易感的，而且竟有很多人他们的感性还丝毫没有发展起来哩。例如，一些王子、显贵、富豪等等就是。

的感动，引起我们快乐，因此我们就原谅它给我们创造幻想了。丑恶的迷信幻影却使我们厌恶，因为它们是病态想象的产物，在我们心中只能唤起一些令人忧愁凄惨的观念。

想象，在陷于迷误时便产生狂信、宗教恐怖、轻率的热忱、癫狂和大罪。正常的想象产生对于有益事业的热心、对于美德的热烈追求、对于祖国的爱、对于友谊的忠诚；一句话，它给我们的一切感情以活力和生气。凡是没有想象力的人，通常都是这样一些人：在他们心中，神圣的烈火被黏液所熄灭了，而这火在我们乃是动力的本源，是感情的热力的本源，是使我们一切理智的能力活泼的东西。大的美德和大的罪恶，同样都需要热忱。热忱使我们的头脑或灵魂处在类似迷醉那样一种状态之中；无论热忱或迷醉都在我们身上引起急速的运动，当从这里产生出善的时候，这运动便为我们所赞许，但从这里产生出混乱时，它们便被人叫作**疯狂**、**昏乱**、**罪恶**或**狂暴**。

不正确的机智，不能健全地判断事物；只有在机体随时能够精确地完成它的职能时，想象才是正常的。人生每一时刻都在创造经验；他所感受的每个感觉都是一个事实，在他脑中留下一个观念，而他的记忆便以或多或少的准确性或忠实性把事实回想起来，这些事实彼此联系，这些观念相互结合，于是它们前后相继的链锁 102
就组成了**经验**和**科学**。知识，是由一事物能在我们身上或别人身上产生的观念、感觉和结果，精确地反复创造出来的种种经验所保证的。任何科学都只能建立在真理之上，而真理本身则又只能建立在我们感官之不变的和忠实的关系之上。所以，**真理**就是我们健全的感官借助于经验所指示给我们的、存在于我们所认识的对

象和我们归之于它们的性质之间的不变的符合性或相合性。一句话，真理就是我们观念的正确而恰当的结合。可是，没有经验，如何能保证这个结合的正确性，而如果我们不能把这些经验再作一次，那又如何能证明这些观念？最后，如果我们感官是坏的，那我们对于经验或它们记存于脑中的事实，又如何能够相信？所以正是由于众多的、各式各样的、重复的经验，人们才能改正前面经验的缺点。

每当我们的器官，或是本性已然不很健全，或是由于感受经久的或暂时的改变而变坏了的、使我们不能很好地判断事物的时候，我们便不能不陷于错误。**错误**，在于观念之错误的结合，是我们把事物并不具有的一些性质归之于事物。当我们把并不存在的东西假想为存在的事物时，或当我们把幸福的观念和足以为害于我们的事物相结合时，不管它的为害是直接的，还是通过为我们所不能预知的遥远的后果造成的，我们都是处在错误之中。

但是，如何预料那些我们还不曾感受过的结果呢？这，仍然要求助于经验。凭着经验的帮助，我们知道同类的或相似的原因产生同类的和相似的结果；而记忆，在使我们回想起那曾经感受过的结果时，也能使我们推断出所能预期的结果来，这结果或是出于同样的原因，或是出于那与曾经作用于我们的原因有着关系的原因。由此可见，**审慎**、**远见**，乃是由经验而得来的一些能力。我曾经感
103 觉过火在我的感官上引起痛觉；这个经验便足以使我预料到，只要火碰到我的某些器官，在这些器官上也就会引起同样的感觉。我曾经体验过我的一个行为引起别人的憎恨和轻视，这个经验就使我预知，无论什么时候，只要我照样去做，我就会被人憎恨或被人

轻视。

我们所具有的这种能力——创造经验、回忆往事、预知结果、避开于己有害的事物、获取有利于自身保存、有利于我们的肉体活动和精神活动所唯一追求的生活幸福的种种事物——就构成我们总称之为**理性**的这个东西。我们的感情、本性、气质，都能迷惑我们，欺骗我们；而经验和反省都能使我们重新回到正当的道路上，告诉我们什么东西真正能引导我们走向幸福。由此可见，理性乃是我们那被经验、判断和反省所改变了的本性；理性的前提，是温和的气质、正确的机智、正常的想象、对建立在确实经验上的真理的认识以及对审慎和远见的认识等等。这就证明了，虽然人家天天向我们说了又说人是一个**理性**的动物，但真真享有理性或具有构成理性之条件和经验的人，在人类中却只是极少数。

我们对这不必感到惊讶。能创造一些真实经验的人确实是不多的。人生来都具有能被触动或能积累经验的器官，可是，不是由于他们机体的毛病，就是由于使这机体受到改变的种种原因，他们的经验是错误的，他们的观念是混乱的、结合得不好的，他们的判断是不正确的；他们的脑子充满了拙劣的体系，这些体系就必然要影响他们的一切行为，不断地侵扰着他们的理性。

我们的感官，如前所述，乃是我们仅有的工具，凭着它们去认识我们的意见是否真实、我们的行为对自己是否有益，以及由这些
行为所得到的结果对我们是否有好处。可是，要使感官对我们脑 104
子作忠实的报告，或是把一些真实的观念带给它，我们的感官就必须健全，就是说，它们必须处在使我们的存在适于自我保存以及为自己提供长远幸福这样一种状态之中。我们的脑子自身也必须是

健全的,或是处于为完成它的职务和运用它的机能所必需的状态。我们的记忆也必须能够忠实地重现出它先前的感觉或观念,以便能判断或预测那些出于意志的行动所产生的种种结果,哪些是应该希望的,哪些是应该惧怕的。我们外部的或内部的器官,不论由于它们的自然构造,还是由于改变它们的那些原因的缘故而出了毛病,那我们就只能不完全的、以一种不很清晰的方式去感觉了;我们的观念错误而可疑,我们的判断也不正确,我们处于一种幻觉或迷醉之中,阻碍我们抓住事物的真实关系。一句话,记忆常常错误,反省无效,想象迷乱,机智也欺骗我们,同时,我们的器官又被一大群震动所冲击,因此器官的感性遂与审慎、远见以及理性的运用背道而驰。另一方面,如果我们器官的构造只能容许器官做微弱而缓慢的活动,就像黏液质的人那样,那么,经验便来得缓慢,而且时常是毫无结果的。龟和蝴蝶同样不能避免自身的毁灭。愚人和醉汉也同样不能达到他们的目的。

但是,人在他占有的这个地球上的目的是什么呢?是保存自己并且使自己生活幸福。因此,凭经验去认识一些真正的方法,让审慎和理性教给他如何去运用,以便坚定地达到他为自己定好的目的,这就是十分重要的了。这些方法,就是他的各种能力、
105 机智、才干、技能以及为他的本性使之具有并多少给予意志以能动性的那些情感所决定的行动。经验和理性还给他指出,与他结合交往的那些人对他也是必需的,因为这些人能帮助他得到幸福和快乐,并且用他们特有的一些能力去帮助他。经验告诉他用什么方法可以使他们协力于他计划的实现,可以影响他们的意志为自己的利益活动。他可以看出,他们赞许的或不喜爱的活动

是什么，吸引他们或为他们所排拒的行为是什么，他们对这些行为如何评断，以及从不同的存在方式与活动方式所产生的种种结果中分辨哪些是有利的，哪些是有害的。所有这一切经验便给了他关于德行与恶行、公正与不公正、善良与邪恶、端正与不端正、真诚与欺诈等等的观念，一句话，他学会了根据自己感受到的各式各样的结果去判断人及其行动，去分辨在人心中所必然引起的情感。

善与恶、不德与德行的区分，就是建立在这些结果的必然差异之上。这个区分，像有些思想家所想的，绝不是建立在人与人之间的契约之上，更不是建立在一位超自然存在的虚幻的意志之上，而是建立在存在于结成社会的活着的人们之间的永恒而不变的关系之上的；只要人和社会存在一天，这类关系也就存在一天。所以，**德行**，就是真实地并且经常地对结成社会的人类有益的一切；**不德**，就是有害于他们的一切。最伟大的德行就是给人们提供最大的、最持久的利益这类行为；而最大的不德，就是最扰乱他们对于幸福的倾向、最扰乱社会所必要的秩序的行为。**有德行的人**是这样的人，他的行动经常使得他的同类生活幸福；**不德**的人则是这样的人，他的行为使跟他在一起生活的人遭到不幸，而他自己的不幸通常也正是从这里产生的。凡给我们提供真实而永久的幸福的一切，都是合乎理性的；凡侵扰我们自己的福利或侵扰为我们幸福所必需的那些人的福利的一切，都是不合理性的。为害他人的人就 106
是坏人；自己害自己的人就是个傻子，因为他既不认识理性，也不认识他自己的利益，更不认识真理。

我们的**义务**，就是经验和理性指给我们为达到自己确定的目

的所必须采取的一些方法;这些义务是存在于同样渴求幸福、同样渴求自我保存的人们之间的关系所必然产生的。当人们说这些义务**强迫我们**时,那意思就是说,不采取这些方法,我们就不能达到由我们本性所定的那个目的。因此,**道德的强制**,就是不得不使用一些适宜的方法,让同我们一起生活的人得到幸福,促使这些人也使我们自己得到幸福的一种必然性。对于我们自身的强制,则是这样一种必然性,即必须采取某些方法,不采取这些方法我们就既不能保存自己,更谈不上使自己的生存得到巩固的幸福。道德,一如宇宙,是建立在必然之上,或建立在各种事物之间的永恒关系之上的。

幸福是一种存在方式,一种我们希望它延续不断,或我们愿意在它之中长久生存下去的存在方式。幸福的大小是按其延续时间的长短和强烈程度而定的。最大的幸福就是最能经久不渝的幸福;暂时的或历时不长的幸福叫作**快乐**。快乐越是强烈,便越容易消逝,因为我们的感官只能容受一定数量的运动;凡是超过这数量的快乐就变成**痛苦**,或变成一种难堪的存在方式,一种我们渴望它赶快中止的存在方式,这就是为什么快乐和痛苦往往只是一纸之隔。漫无节制的快乐之后,紧跟着就是悔恨、烦恼和厌倦;暂时的幸福变而成为长久的不幸。依照这个原则,可见生命的每一时刻都必然追求着幸福的人,当他有理性的时候,就应该节制自己的快乐,拒绝可能转变成苦恼的快乐,并努力给自己提供最持久的福利。

107 幸福不能对任何人都是一样;同样的快乐不可能使各式各样被形成了的或被改变了的人受到同样的感动。无疑地,这就是为什么大多数道德学家，对于幸福究竟为何物以及如何去获得幸福，意见极不一致的原因所在。不过，一般地说，幸福似乎就是我们觉得适合于我们的存在因而接受的那种经久的或暂时的景况；这种景况，是由人和自然置人于其中的环境二者间所存在的一致产生出来的，或者，如果愿意这样说的话，幸福也可以说是人与作用于他的那些原因二者之间的协调。

人们对幸福所形成的一些观念，不仅取决于他们的气质或他们特殊的体质，而且也取决于他们已经感染了的习惯。在人身上，**习惯**就是一种存在方式，一种思维方式和活动方式，这是我们外部和内部器官由于屡次同样的运动而感染了的，由此，也就产生了我们能够敏捷而轻易地做这些运动的能力。

如果我们注意考察事物，那么就会看出，差不多我们所有的一切行为、我们的行动体系、工作、联系，学习和娱乐、举止和风习、衣着、食物等等，都是习惯的结果。我们精神的各种功能、思维、判断、机智、理性、兴趣等等之熟练的运用，也出于习惯。我们的大部分倾向、我们的欲望、意见、偏见、对于福利所形成的种种错误观念，一句话，一切竭力使我们陷进去并且把我们牢牢系在那里的那些错误，也都是出于习惯。正是习惯，使我们趋于堕落，也使我们获致美德。①

我们受习惯的影响太深了，以致往往有人把它和我们的本性 108
混淆起来。我们在下面将要看到，那些人们称作**先天**的意见或观

① 经验给我们证明，第一次犯罪总比第二次要费力些，而第二次又比第三次要费力，依此类推。最初的一个活动就是一个习惯的开端；努力克服障碍，使我们不致犯罪，我们就能较为容易地免于犯罪。所以，时常有人就因为由于习惯而变成了坏人。

念,就是从这里产生的,因为人们不愿意追溯到老早就把它们和我们的脑子似乎等同起来的那个根源上去。不管怎样,我们总是很顽强地坚持我们已经习惯了的一切;每当人们要使我们的精神改变思路的时候,它便感到很勉强,感到一种不很舒服的厌恶;一种命定的偏向往往不顾理性而把它再引回到老路上去。

我们只能以纯粹的机械作用来说明习惯的物理现象和精神现象。我们的灵魂,尽管被说成是一种灵性的东西,但它的变化却与肉体全然相同。习惯使我们的发音器官学会用某些运动来敏捷地解说存在脑子里的一些观念,这些运动是我们的舌头在幼年时就获得的一种很容易实施的能力。我们的舌头,一旦习惯于或熟练于以某种方式运动以后,要以另一种方式去运动,那就很费力了。我们的喉咙要发出不同于我们已经熟习的语言所需要的声调变化也是困难的。同样,我们的观念也是如此;我们的脑子、我们的内部器官、我们的灵魂,很早就习于以某种方式而被改变,习于以某些观念结连于事物,习于创造某种由真实或错误意见结合而成的体系,如果我们对于习惯的运动给以一种新的冲动或使之转向新的方向时,它便会感到痛苦。让我们改变意见,是几乎与让我们改变语言是同样困难的。①

109 也许,这就是为什么有那样多的人仍然对一些惯例、成见、体制机构,表示出有着无法克服的迷恋,虽然我们的理性、经验、良知,证明这些东西毫无用处,甚至是危险的。习惯对于一些最清楚

① 霍布斯说:“不断获得更大的适应能力,或取得产生同样运动的更多的容易性,这就是时常以同一方式而运动着的一切物质存在的本性。”在精神界一如在物理界,构成习惯的原因就在于此(参看霍布斯:《人性论》)。

的证明也要抵抗；但对于根深蒂固的情感和恶习，对于最荒唐可笑的体系，对于最离奇古怪的风俗，特别是当人家把实用呀、公共利益呀、社会福利呀等等观念加到这些东西上面去的时候，它就丝毫不能抵抗了。这就是人们通常对于自己的宗教、古老的惯例和不合理的风俗、极不公正的法律、经常深受其苦的过分行为、虽然有时发觉其荒谬却不愿打破的种种成见等等，表现出顽固不化的根源。这也就是为什么，有些民族把最有用的新鲜事物看成危险的东西，如果医治他们一向看作为自己安宁所必需的、而医治好了反会有危险的种种病患，他们便以为自己是完蛋了。①

教育不过是人在早年，即当他们的各种器官还在柔嫩时期，用他们生活所在的社会所接受的习惯、意见和存在方式，去感染他们的一种艺术。我们幼年初期，是用来做一些试验的；负责教养我们的人，教给我们如何把上述这些经验加以应用，或是发展我们的理性。他们给我们的这些最初影响，往往就决定了我们的命运、我们的情感、我们自己对于幸福形成的观念、我们为得到幸福所使用的一些方法，以及我们的毛病和美德。孩子在教师的监督下得到一些观念，学习着把它们结合起来，学习着用某种方式去思维、判断善恶。人们指给他各种事物，让他习于爱憎、愿欲或躲避、尊重或 110
轻视。意见就是这样由父亲、母亲、保姆、教师传给了儿童。精神也就是这样逐渐被真理或谬误所充满，每个人正是按照这些真理和谬误来规范着自己的行为；人的行为，随着人们引导他的情感和

① “由于眼睛的日常观察和锻炼，心灵就养成了习惯，所以心灵对看到的事物既不惊奇，也不去探究它们的根源”。西塞罗：《论神的本性》，第2卷，第2章。

精神能力所趋赴的那些对象,也就是说,随着人们向他指出他的利益或幸福所在何处而使他成为幸福或不幸福、有美德或没有美德、被别人尊敬或被别人憎恨,对自己的命运满意或是不满意。因此,他爱、他追求那人家叫他去爱、叫他去追求的东西。在他生命的整个过程中,由于自然的赋予和别人在他身上唤起的能动性,他都在极力去满足自己的种种爱好、倾向和憧憬。

政治,本该是规制人们的情欲并指导它们趋向社会福利的艺术,可是,太常见的却是,它成了武装社会成员们的情欲、进行彼此的毁灭,以及对本该给他们创造幸福的结合进行破坏的艺术。正因为它根本没有建立在自然、经验、普遍利益之上,而是建立在情欲、任性,以及某些统治社会的人物的个别利益之上,它通常才是这样地败坏。

政治,要成为有用,就必须把它的原则建立在自然之上,即是说,要符合社会的本质和目的。社会不过是一个整体,由很多家庭和个人集合而成,他们聚集在一起是为了更容易地彼此提供相互的需要、他们所愿望得到的好处、相互的帮助以及特别是自然和技能所能供给的福利之安全享受的能力。因此,目的在于维持社会的政治,就应该赞同这些观点,给社会为达到这些目的以便利,避免可能阻挡着它们的一切障碍。

人们,当汇聚在一起而营社会生活时,或公开或默契地,就制定了一种**公约**,根据这个公约,他们彼此保证互相服务,而不互相
111 损害。但是,既然每个人的本性驱使他无时无刻不在追求自己的福利,满足自己的情欲或一时的兴会而丝毫不顾他的同类,因此,就必须有一种力量把他领回到自己的义务上去,强迫他就范,使他

记起他的情欲每每使他忘掉了的那些诺言。这个力量，就是**法律**。它是社会意志的总和，合在一起是为了固定社会成员们的行为，或指导他们的行动，以便共同协力来实现结合的目的。

但是，既然社会——特别是当人数众多的时候——集合起来有很大困难，而且也不能毫无骚乱地使人一致认清社会的目的，那么，它就不得不选择一批它能信任的公民，使他们成为社会意志的解释者，把必要的权力交给他们去执行。任何**政府**的起源就是如此。而政府，要成为合法，就只能建立在社会的自由同意之上，没有这个同意，它就不过是一种暴力、一种僭夺、一种抢劫。负责统治的人们称为**统治者**、**领袖**、**立法者**；按照社会愿意给予政府的那种形式，这些统治者便被称为**君王**、**司法官**、**代议人**等等。政府的权力只是来自社会，它只是为社会的福利才被建立起来的，因此很明显，当社会利益需要时，它就可以凭着部分必须服从全体这个自然的不变**法则**，收回这个权力，改变政府形式，扩充或限制它所托付给领袖们的权力，因为在这些领袖们之上，社会总是保有绝对权威的。

所以，统治者乃是社会的代理人，它的代言人，社会权力大小不等的一部分之受托者，而不是它的绝对的主人，也不是国家的所有者。这些统治者，由于一种成文的或不成文的协定，必须维护并致力于社会的福利；正是在这些条件下，这个社会才同意服从他们。地球上从来没有任何社会能够而且愿意把损害自己的权力不 112
可收回地付托给它的领袖们；这样的一种让与是会被自然所取缔的，因为自然愿意每个社会，一如人类的每个个人，都致力于自己的保存，而不同意它的长久不幸。

法律要公正,就必须以社会的普遍利益为不变目的,就是说,要保证绝大多数公民的利益,因为他们是为这些利益才结合起来的。这些利益是:自由、所有权和安全。自由,就是为了自己的幸福可以去做凡是无损于其他社会成员的一切事物的能力;每个个人,既然结合在一起,他就抛弃了自己的可能损及他人自由的自然的自由的一部分。有害于社会的自由的行为叫作**放肆**。**所有权**,就是享受劳动和技能给予每个社会成员的利益的能力。**安全**,则是每个成员只要忠实履行他和社会的契约,就应在法律保护下享有自己人身和财产的一种确实性。

对于社会的一切成员,正义保障他们拥有上述一切利益或权利。由此可见,没有正义,社会便不能给人带来任何幸福。正义也叫作**公平**,因为借助于为统率一切人而制作的法律,它使所有社会成员一律平等,就是说,阻止他们利用自然或技能在他们力量之间所能造成的不平等,互相倾轧。

权利,就是社会的公正法律准许其成员为自己的福利所做的一切。这些权利显然是被集体的不变的目的所限制的;在社会这方面,由于它给成员们提供了利益,因此对各个成员享有权利,同时,社会的一切成员也有权利向社会或向社会的代理人员要求这样一些利益,即为了它们,他们才营社会生活而且才放弃了一部分他们自然的自由的那些利益。一个社会,当它的领导者们和法律不能给它的成员提供任何好处时,就显然失去了对于社会成员们
113 的权利;为害社会的领导者也就无权向社会发号施令。没有福利就没有祖国;不公平的社会只能藏着敌人;被压迫的社会只能拥有压迫者和奴隶,而奴隶不能成为公民。自由、所有权和安全,才使

祖国成为可爱，正是对祖国的爱才产生公民。[①]

不认识这些真理，或不把这些真理予以应用，有些国家就变成了不幸的国家，它们所拥有的，不过是一大群下贱的奴隶，彼此离心离德，对不给他们提供任何好处的社会漠不关心。由于这些国家失于审慎，或者由于国家授权制定法律并予执行的人们狡诈和强暴的结果，统治者自己成了社会的专制主人。他们不懂得自己权力的真正由来，硬说是得之于天，他们的行为只对上天负责，对社会没有丝毫义务，一句话，他们是地上的神明，就像七重天上的诸神一样统治着社会，为所欲为。这样一来，政治便腐败了，而且简直就是一种抢劫。人民被轻侮，不敢违抗领袖们的意志；法律只是对于他们随便胡来的一种辩解；公共利益为他们私人利益而牺牲；社会的力量转过来反对社会本身；它的成员们离开了社会而依附于社会的压迫者，这些压迫者为了引诱他们，便允许他们去损害社会，去利用社会的不幸而从中牟利。这样，自由、正义、安全、美德，便从人民中消失了；政治成了利用人民的力量和财富去奴役人民自己、并用利益去分裂他们以达到个人目的的艺术；搞到后来，一种愚蠢而机械的习惯就使他们珍爱自己的枷锁。

肆无忌惮的人，很快会变成坏人；自以为无求于人的人，便自信能随心所欲，毫无顾忌。因此，有所恐惧乃是社会唯一可以用来抵挡领袖们的情欲的东西，假如没有它，领袖们自己就会腐化，很 114
快就会使用社会放在他们手中的手段使自己成为不公平行为的同谋。要预防这些妄用，那么社会就必须限制它交给领袖们的权力，

---

① 一个古代诗人说过："没有一个城市是属于奴隶的。"

并且要保留足够的一部分权力来防止他们为害社会。社会必须谨慎地分散力量，否则，这些力量一旦联合起来，就必定使社会不堪其扰。此外，人只要稍微想一下就会感到，把治理国家的重任仅仅放在一个人的肩上，这未免是太重了，义务的庞大和繁杂会使他经常顾此失彼，而权力的过大又往往会使他成为恶人。最后，世世代代的经验会使人民相信：人是爱滥用权力的；君主应该服从法律，而不是法律应该服从君主。

政府对于人民的物质和精神必然同样地要产生影响。政府励精图治，可以产生劳动、活跃、富饶和健康；同样，它的疏忽和不公正就会产生懒惰、沮丧、贫乏、时疫、恶与罪。使才能、技术、德行发扬起来还是窒息下去，都有赖于政府。因为，政府，作为荣誉、财富、赏与罚之分配者，总之，作为人们自幼年以来就学着寄托以幸福的那些事物的主人，对人的行为是有着必然的影响的。它点燃起人们的情欲，把人们引向政府自己乐意的方面；它改变他们并且决定他们的**风尚**。这些风尚，在整个民族之中一如在个人之中，不过是由他们的教育、政府、法律、宗教见解、合理的或不合理的体制机构等等所必然产生的行为，或意志与活动的总体系而已。一句话，风尚就是民族的习惯。风尚，只要能为社会产生巩固而真实的幸福，就是良好的；尽管得到法律、习俗、宗教、舆论和范例的批准，
115 风尚，如果它们本身只是顺从了习惯和偏见，很少求助于经验和良知，那么它们在理性看来也仍然是可憎的。凡令人厌恶的行为，无不在某些国家中得到或曾经得到过喝彩的。杀老、童祭、偷盗、篡夺、残暴、刻薄、卖淫，都曾是合法的行为，甚至在地球上某些民族中还是大可赞颂的功德。尤其是宗教，它曾把一些最可憎与最无

理的习俗神圣化。

情欲，既然是自然使人对于在他看来或有益或有害的事物所能具有的吸引运动和排斥运动，那么，它就能为法律所抑制，并且由握有能引导情欲活动的磁石的政府所指挥。所有一切情欲，不外是爱或恨、追求或逃避、愿欲或恐惧。这些作为人之自我保存所必需的情欲，乃是他的机体的结果，按人的气质而表现出强弱；教育或习惯使它们得到发展和改变，政府转移它们，使它们趋向于政府以为如果臣民们都乐于追求则对政府颇为有利的那些事物。我们给情欲以什么名称，那就要看引起这些情欲的是些什么对象，譬如快乐、荣誉、豪富，这些就是产生肉欲、野心、虚荣、悭吝的对象。如果我们细心考察在人民当中占有统治地位的情欲的泉源，我们通常就会在他们政府之中找到它。使他们时而成为战士，时而成为迷信者，时而贪图光荣，时而守财如命，时而深明大义，时而糊涂透顶，都是由于他们领袖们给予的冲动。如果君主们要使自己的国家开明而幸福，肯用他们为愚弄人民、欺骗人民、折磨人民而花费的金钱和使用的心计的十分之一，那么，他们的臣民很快就会变得与他们现在的愚昧贫困同样程度的聪明和富有。

所以，让我们抛弃想摧毁人心之中的情欲那个徒劳的计划吧！让我们把情欲引向那些于人于己都有益的事物上去！让教育、政府和法律，使他们习惯于把情欲局限在为经验和理性所规定的正 116
确范围之内！野心家，当他有益地为祖国效劳时，就让他得到荣誉、官衔、显耀和权力。追求财富的人，只要他为同胞们所必需，就让我们把财富给他。爱慕光荣的人，就让我们用赞颂去鼓舞他。一句话，如果能从情欲产生出对于社会的真实而持久的利益，那就

让人类的情欲自由发泄吧！让教育和政治，只把那有益于人类、为人类的维持所必需的情欲点燃起来，使它们旺盛起来吧！人的情欲，要不是一切都伙同起来把它们往坏处引，才不见得是那样危险可怕的东西呢！

自然所造的人是既不善也不恶。① 它把人们造成一些程度不等的能动的、有动力的、有精力的机器。它给他们以肉体、器官和气质；他们那或多或少急切的情欲和愿望就是这些东西的必然结果。这些情欲常常都以幸福为对象，因之，它们是合法的和自然的，除了根据它们在人身上产生的影响之外，不能说它们是好还是坏。自然给予我们两条专为支持身体、使我们从一个地方到另一个地方移动起来很必需的腿；养育我们的人，他们的辛勤照顾又使得我们双腿健壮起来，使我们习于使用它们，或习于从它们产生或好或坏的效用。我从自然得到的这支手臂，也不能说它是好是坏；它是生活的很多活动所必需的。但这支手臂的使用，如果我为得到金钱而习于使它去偷窃或暗杀，那就变成一件犯罪的事情了。金钱，这是从我幼年起人们就教我去追求的东西，我生活所在的这个社会也使我需要它，但我勤奋努力，可以使我无损于同类而把它得到。

117 人心是一块土地，人在它上面播种和耕耘，依照它的本性，是同样宜于生长荆棘或有益的谷物、生长毒草或鲜美的果实的。在我们幼年，人家就把我们应该尊重或轻视、追求或逃避、爱或恨的

① 塞纳加说得有理："如果你认为缺点是同我们一起生下来的，你就错了；缺点是外来的，是后来加上去的。"参看塞纳加：《书简》，91、95、124。

东西告诉我们。使我们成为好人或坏人、明智或无理、勤勉或放荡、稳重或轻浮而无用的，都在于我们的父母和师长。他们的言传身教，告诉我们什么东西应当欲求，什么东西应该畏惧，影响我们终生；有些东西我们欲求它们并努力去得到他们，这就要看我们气质的能力，它往往决定我们情欲的力量。所以，正是教育，灌输给我们真实的或错误的意见或观念，给了我们一些最初的冲动，我们是依照这些冲动以有益或有害于自己或别人的方法来行动的。在降生时，我们只带来自保并使我们生活幸福的需要；教育、范例、保守、世俗的风习，才提供我们实现这一需要的真实的或想象的方法。习惯使我们使用这些方法变得容易，并且使我们坚持我们认为最能获得欲求之物的那些方法。当我们的教育、人家给我们的示范，以及人家供给我们的方法，都被理性所同意，认为一切都是共同使我们成为有德行的人时，习惯便在我们身上巩固了这些性向，而我们便成为社会的有用的成员了。一切都给我们证明，我们长远的福利必然是同这个社会联结着的。反之，如果我们的教育、体制机构、人家给我们的范例以及自从幼年以来人家就提示给我们的那些意见，都告诉我们德行似乎是无益或不利于自身幸福的，而不德倒像有益并有利于自身幸福，那么，我们就会变成坏人，我们就会相信损人才会利己，我们就会随波逐流。德行，从此对我们不过只是一个空洞的偶像罢了，我们不想再去追求它或赞颂它；当德行要求我们为它而牺牲人家经常使我们看作最珍贵最可欲求的 118
东西的时候，我们就会放弃德行。

要使人有美德，就必须谁有美德对谁有利才成，或者说，使他发现实践德行的好处。要这样，就必须：教育给他一些合乎理性的

观念,舆论和范例告诉他德行是最值得尊敬的事物,政府信实地奖励德行,光荣要永远随德行而至,恶与罪则永远受到轻视和惩罚。可是,在我们这个社会里,德行是不是这样的情形呢?教育,是否把关于幸福的真实观念,关于德行的正确理解,对同我们一起生活的人真正有利的性向,给了我们呢?我们眼见的范例,是否确实能够使我们尊重礼让、正直、诚实、公正、风尚的无邪、夫妇的忠实、一丝不苟完成我们的义务?冒称唯一能规范我们风尚的宗教,是否使我们成为平易可亲、爱好和平、具有人情味?社会的仲裁,是否对为祖国服务得最好的人信实地给以奖励,对抢劫它、分裂它、破坏它的人给以惩罚?司法是否牢固可靠、公平对待?法律难道不是便利强者、富人、幸运儿,去损害弱者、穷人和不幸者吗?最后,难道我们没有看见,罪行被证明有理,甚至获得荣誉,对它所轻蔑的功绩和它所凌辱的德行傲慢地高奏凯歌吗?那么,在这样构成的社会中,能够依道德行事的,不过是少数爱和平的公民而已,他们认识德行的价值而在私下里享受着它;德行是一件为另一些人所讨厌的东西,这些人在它里面只看到他们幸福的敌人或他们私行的弹劾者。

如果人依照本性不能不追求自己的福利,那么,他也就不得不喜爱追求福利的方法;如果一个人不落得不幸便不能成为有德之人,那么,要求他成为有德就会是毫无用处,而且可能是不公正的。
119 只要恶能使他幸福,他就只好爱恶;只要无益或犯罪能得到尊崇和奖赏,那他又何苦为自己同类们的幸福操心,或抑制自己情欲的奔流呢?最后,只要他的精神已为错误的观念和危险的思想所充斥,他的行为也就必然是一系列邪行与伤风败俗的行动。

有人说，野蛮人为把他们孩子的头弄扁，就用两块板子把它夹起来，用这个法子来阻止他取得自然准备给予的那种形态。所有我们的体制机构也差不多跟这相同；它们通常是一致背逆自然的，阻碍、转移、削弱自然给予我们的冲动，而用另一些成为我们不幸泉源的冲动去代替它们。在地球上差不多所有的国家中，人民是被剥夺了真理的，而被饱餍以谎言或奇思怪想；人们对待他们就像对待这样的孩子一样：这些孩子的四肢，由于乳母的漫不经心而被带子紧紧缠住，使他们无法自由运用自己的手脚，因而妨害了他们的生长、活动和健康。

人们的宗教见解，目的不外是给人指出幻想里的最高幸福，为这些幻想而燃起人的情欲；当人家给他们描绘的幽灵不能被所有观察它的人亲眼看见的时候，他们便对幽灵这类事争论不休，彼此仇恨、互相迫害，即使为维护己见而犯罪，还自以为在行侠仗义。宗教就是这样，从人在幼年起，如果这些人有着热烈的想象，它便以虚荣、狂热、狂暴去麻醉他们；如果相反，这些人冷淡而懦弱，宗教就把他们造成无益于社会的懒汉；如果他们充满活力，宗教就把他们造成狂热家，使之对待自身之残酷不亚于给别人造成的损害。

舆论，无时无刻不在给我们灌输关于光荣和名誉的错误观念；他把别人对我们的敬重不仅与一些无聊的利益相联系，而且还联系于一些为范例所准许、为偏见所圣化、而习惯却叫我们不要用本 120
来值得惊愕和轻视的目光去看待的行动上。因为，习惯是用一些最荒谬的观念，最无理的习俗，最可非难的行动，最与我们自身、我们生活所在的社会相矛盾的偏见，驯服我们的精神的。我们感觉奇怪、特别、可鄙、可笑的，只是那些我们还不习惯的见解和事物；

在有些国家中,一些最可赞扬的行动却遭受非难或被认为滑稽可笑,而一些最卑鄙肮脏的行动,反而被认为高贵而合理。①

当权者通常自信,让已经被人民普遍接受的思想照样维持下去,对自己是有利的;被认为是保障自己权力所需要的种种偏见和谬误,乃是靠强权来维持的,而强权绝不要理性。满脑子关于幸福、权势、伟大和光荣等等错误观念的君王们,被一些谄媚的、利用自己主子们的永不觉悟而从中牟利的侍臣们所包围;这些自卑自贱的人,认识德行只是为了污辱德行,他们逐渐腐化人民,而人民也觉得不能不顺从大人物们的恶行,竟以在自己不法的行为中去仿效他们为莫大光彩。宫廷就是使人民堕落的真正核心。

这就是道德败坏的真正的泉源。一切就是这样协同起来使人们成为邪恶,把致命的冲动给予他们的灵魂,从而产生社会的普遍混乱,使得社会由于几乎全体社会成员的不幸而成为不幸的。一
121 些最强有力的动力配合起来,煽动我们情欲去追求那易于消逝的、或对我们自己并无关系的事物;而这些事物却由于我们为得到它们而不得不使用的方法,变成了危及我们同类的东西。负责引导我们的那些人,不是有意用他们的成见去骗人,就是他们被自己的成见所欺,都禁止我们去听从理性;他们把真理当作危险的东西,而把谬误当作无论在此世或彼世都是为我们幸福所不可或缺的东

① 在某些民族中,人们可以杀害老人,孩子可以缢死他们的父母。腓尼基人和迦太基人就杀死自己的孩子去祭神。欧洲人赞许决斗,把拒绝利用决斗去杀死另外一人的人看作是不名誉的。西班牙人和葡萄牙人把焚烧异教徒当作是十分高尚的事。基督教徒则认为因为思想的缘故而进行格杀是合法的。在一些国家中,妇女卖淫不是不荣誉的,等等。

西来指示给我们。最后，习惯又把我们紧紧地连结在我们那些无理的见解、危险的倾向，和我们对于无用而危险的事物之盲目的情欲上。这就是何以我们之中大多数人会必然地决定去做坏事。这就是何以为我们本性所固有、为我们生存所必需的这些情欲，会变成了我们自身毁灭的工具，变成了它们本应使之保存下去的社会的毁灭的工具。这就是何以社会竟成了一个战场，它汇拢在一起的只是仇人、嫉妒者和经常在交锋的对手。如果我们当中还有一些有德行的人，那我们就应该在少数人中间去找，他们生来气质冷淡，情感不很强烈，别人梦寐以求、想得发狂了的东西，他们却没有欲求，或只有微弱的欲愿。

我们那受过各式各样培养的本性，决定我们肉体的和理智的能力，也同样决定我们物理的和精神的性质。一个多血质的身强力壮的人，必然有强烈的情欲；一个胆汁质的忧郁寡欢的人，就会有一些古怪的、阴暗的情欲；具有快活的想象的人有爽快的情欲；富于黏液质的人，则他的情欲是温和的、不很急切的。看来，我们所称为**有德行的人**的状态似乎取决于体液的平衡；他们的气质似乎就是一种组合的产物，其中，各种原素或原质相当准确地保持着均衡，不使任何一种情欲比另一种情欲给机体带来更多的纷扰。习惯，如上所述，是人的被改变了的本性，本性供给原料；教育、民族的和家庭的风尚、范例等等，就给它以形式；加上自然所赋予他 122
的气质，这种种东西便造成了有理性的或不明事理的人，宗教狂或英雄，公共福利的热心家或蠢汉，热爱德行的贤人或沉溺于恶行的放荡者。有德之人的一切作为，都取决于各种观念，这些观念是由于感官的媒介而各式各样地安排和组合在各种不同的脑子之中

的。气质是物质实体的产物;习惯是物理改变的结果;存在于人精神中的见解,无论是好是坏,是真实的还是错误的,都永远不过是人由感官接受来的物理冲动的结果。

第十章　我们的灵魂并不是从本身抽出自己的观念的；没有先天的观念

上述一切足以证明，所谓**我们的灵魂**这个内在器官纯粹是物质的。这个真理，从灵魂借以获得它的观念的那种方式——即根据物质的事物相继在我们本身也是物质的器官上造成的印象来获得的——上看，就已能使我们深信不疑了。我们还看到，所有我们称之为**理智的**一切能力都应归因于感觉能力；最后，我们在上一章还根据一个很简单的机械作用的一些必然规律，说明了人们称为**精神的**事物的不同性质。现在剩下来的，就是要回答这样一些人：他们坚持要把灵魂说成是一种与肉体有别的实体，或是说灵魂具有一种与肉体全然不同的本质。他们这种自以为是的主张的根据是，这个内在器官具有从自己的底蕴中抽出观念的能力；按照这个玄妙的说
法，他们想使人甚至在降生时就带着一些他们所谓的先天的观念。① 123

① 有一些古代的哲学家相信，灵魂本来就包含着若干概念或学说的要素，这在斯多噶派称之为“预驳论法”(prolepses)，希腊的数学家们称之为 Κοιυας Ευυοιας。斯加力热(Scaliger)称之为 Zopyra，semina oeternitatis。犹太人有一种类似的学说，是从迦勒底(Chaldéens)那里借来的；他们的法师们教导说，每个灵魂，在与女人子宫之内形成婴儿的那个种子结合以前，是托付给一位天使的，这天使借助于一盏只要孩子一出世便自行熄灭的灯，使他观看天、地和地狱。

他们因此相信,灵魂,凭着一种特权,在一切都是彼此联系的自然中享有自行运动的能力,能自己创造观念,并且能思维某些事物而不受任何外在原因的决定,这些外在原因,在触动人的器官时,就供给他以思维对象的印象。按照这些主张——只要对它们加以暴露就足以把它们驳倒了——,一些非常灵巧但具有宗教偏见的思辨家,竟至说即使没有作用于感官的模型或原本,灵魂也仍然能够描画出整个宇宙以及宇宙所包含着的一切事物。笛卡尔和他的弟子们就曾力言,对于灵魂的感觉和观念,肉体绝对不起任何作用,即使在我们身外没有一点物质的或有形的事物存在,我们灵魂也一样会感觉,会看,会听,会尝,会触的。

对于贝克莱之流——他竭力证明世界上一切不过是一个空虚的幻影;而整个宇宙只存在我们自身之中和我们想象之中,他凭着种种对于所有拥护灵魂之灵性的人是无法解决的诡辩,把一切事物的存在都说得大成问题,那我们还能说什么呢?[①]

① 参看《希拉斯与费罗诺乌斯的对话》(*Les entretiens de Hylas & de Philonous*)。不过,我们不能否认,克洛尼(Cloyne)主教的荒唐透顶的观念,一如马勒布朗士神父的体系(他在神之中看见一切,他拥护先天的观念这说法),不是与灵魂之灵性这个荒唐思想能够很好地联系起来的。神学家们,想象出一个完全与人的肉体异质的实体,而把人的一切思维都归功于它,肉体遂变成了多余的东西;无怪乎一切都要在每人的心中去看,在上帝中去看,上帝成为灵魂与肉体的中介、共同的联系。无怪乎整个宇宙——我们自己的肉体也不例外,只不过是一个多变化的和必然的幻梦、一个个人的幻梦;每个人都把自己当作全体、当作唯一生存着的和必然的东西、当作上帝自身。最后,无怪乎最荒唐的体系(贝克莱的)就最难于攻破。Abyssus abyssum invocat(谬误产生谬误)。但是,假如人在自己心中看见一切,或是在上帝中看见一切,假如上帝就是灵魂和肉体的共同联系,那么,充满着人类精神的那样多的错误观念和谬误,是从哪儿来的呢?那些在神学家看来是那样不为上帝所喜爱的思想,又是从哪儿来的呢?我们难道不可以问一问马勒布朗士神父,是不是斯宾诺莎也是在上帝身上才看见他的思想体系的呢?

为了对这样荒诞的一些见解加以辩护，他们对我们说，观念是 124
思维的唯一对象。其实，归根到底，这些观念之能达到我们，无非是由于刺激我们感官而影响我们脑子的那些外在事物，或是由于深藏在我们机体内的那些物质的东西，这些东西使我们身体的某些部分感到种种为我们所觉察的感觉，并且供给我们一些被我们好歹归之于推动我们的那个原因的观念。每个观念都是一个结果；但是，不管追溯它的原因多么困难，我们总不能假想它没有原因。假如我们只能对物质的实体有观念，那我们又如何能说，我们这些观念的原因能是非物质的呢？硬说人不需外物和感官的帮助而能有万有的观念，这就无异于说，一个生而盲目的人，对于一张描绘着他从来不曾听说过的事实的图画，也能有真实的观念。

有一些深刻的、头脑也很清楚的人，当他们论及灵魂和灵魂的活动时，也陷于错误。其错误的根源是容易看出来的。他们受自己偏见的强制，或是害怕反对一种凛然不可侵犯的神学见解而屈从于这样的原则，即灵魂是一种**纯粹的精神**，一个非物质的实体，
具有一种与肉体或与我们所看到的一切事物迥然有别的那样的本 125
质。这样一来，他们就不理解何以物质的东西、粗糙的有形的器官能够对一种与自己毫无相类之处的实体起作用，给它以观念而改变着它了。他们无法解释这种现象，却又看见灵魂具有观念，因而结论说，灵魂是从它本身抽出观念，而不是从事物得到观念，因为依照他们的假设，这些东西对灵魂起作用是他们所不能领会的。他们因此相信，这个灵魂的一切改变都应归因于它自己的能力，是在灵魂形成时就已被与灵魂同样是非物质的自然的创造者给它烙印上，并且丝毫不依赖于我们所认识的，或是通过感官的粗糙路径

而作用于我们的那些事物。

不过，有一些现象，从表面上看似乎支持这些哲学家们的见解，并且表明在人的灵魂中，似乎有一种不需要任何外在原因的帮助而能自行产生观念的能力。这就是**梦**。在梦中，我们的内在器官，尽管没有明显使它活动起来的对象，却仍然有观念、被推动，以明显得可以从肉体上看出来的方式被改变。这个难题，只要我们稍微思索一下，就可以得到解决。我们看到，即使在睡眠中，我们的脑子也是充满了一大堆前一日所供给它的观念，这些观念是由曾经改变它的外在的有形事物带给它的；我们看到，这些变化在脑子里面再现出来，不是由于脑子的某种自发的自觉的动作，而是由于一连串不自觉的运动，这些运动在机体内通过，决定或引起在脑子里的那些运动，这些变化是以与脑子先前所感受过的那些变化有着或多或少的准确性或相合性而再现的。有时候，在睡梦中我们有记忆，那时我们能把曾经刺激过我们的事物忠实地再描绘出来；有时候，这些变化的再现就没有秩序，没有联系，或是与以前那些真实事物在我们内在器官中所引起的变化有所不同。如果在梦
126 中我相信看见了一个朋友，我的脑子便再现了这个朋友对我的脑子引起的变化或观念，它们的秩序正与我亲眼看见他时被排列的秩序一样，这就只能是一种记忆的结果。如果在梦中，我看见了在自然中绝没有那个样子的一种怪物，我的脑子之被改变，其方式，仍然与它被一些特殊而不相连接的观念所改变的方式一样。这时，脑子只是用这些特殊而不相连接的观念组成一个理想的整体，把存留在脑中的一些零散的观念可笑地汇拢起来，结合起来，于是我在梦中就有了这个怪物的想象。

可恼的、奇怪的、断断续续的梦，一般地说，就是我们机体内某些混乱的结果，比如消化不良、血液过热、有害的发酵等等。这些物质的原因在我们肉体里面引起秩序混乱的运动，就使得脑子不能以与醒时相同的方式受到改变；由于这些不规则运动的结果，脑子本身受到了扰乱，它表现观念因此也就只能是混乱而没有联系。作梦时，我觉得看见一个人面狮身的怪物，那么，这或者是当我醒时曾经看见过这个怪物的形象，或者是我的脑子的运动不规则，使得我的脑子组成一些观念，或是一些部分，这些部分结果凑成一个没有原型的整体，或是这些部分本来是不能凑在一起的。我的脑子就是这样把一个女人的头和一匹母狮的身子（它对这两者是分别地有着观念的）组合起来。由于器官的某种毛病，我的失常的想象即使在我醒时也仍然给我描绘一些事物，这时候，我的脑子也是以同样的方式而活动的。我们往往做梦，可是并没有入睡；我们的梦是从来不产生那些和刺激我们感官的事物或是把一些观念带给我们脑子的事物没有某些类似性的特异之物的。一些明明醒着的神学家们，曾任意编造出一些用来吓唬人们的幽灵，就不外是把从人类中间最可怕的一些人那里找到的散乱的特征汇拢起来，夸张我们所知的某些暴君的权力和权利，把这些暴君造成了要我们在他们面前颤抖的神明。

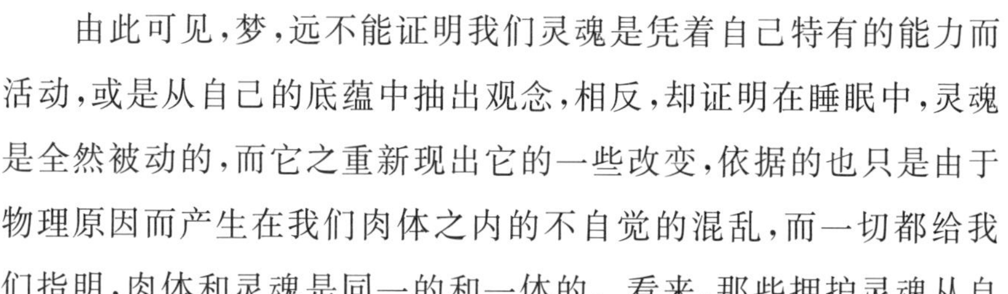

由此可见，梦，远不能证明我们灵魂是凭着自己特有的能力而 127
活动，或是从自己的底蕴中抽出观念，相反，却证明在睡眠中，灵魂是全然被动的，而它之重新现出它的一些改变，依据的也只是由于物理原因而产生在我们肉体之内的不自觉的混乱，而一切都给我们指明，肉体和灵魂是同一的和一体的。看来，那些拥护灵魂从自

身抽出观念的人们所以受到欺骗，就是他们把这些观念看成是真实的存在物，其实，这不过是由于外在于我们脑子的事物在我们内心产生的一些变化而已；这些事物才是我们应当追溯的模型或模本。他们谬误的原因就在于此。

做梦的人，有如被含有酒精的饮料所改变了的醉汉一样，灵魂是不能自主地活动的；陷于昏迷的病人，是被扰乱他机体作用的物质原因所改变了的，以及脑子被搅乱了的人——在这三种人里，梦，宣示给人的，只不过是在人体机械中的某种物理的混乱，使得脑子不能以正常的和准确的方式活动罢了。这种混乱是由物质的原因造成的，比如，与人的健康状态不相合的食物、脾气、组合、发酵等等；他的肉体一旦受到不平常的刺激，他的脑子也就必然会受到搅扰。

所以，不要相信，我们的灵魂在我们有生之时会由于自己或毫无原因地活动，它是与我们肉体一起听从按照不同特性必然作用于我们的那些事物的印象的支配的。饮酒过量，必然会扰乱我们的观念，而且扰乱我们肉体的和精神的功能。

假如在自然中有一个存在物当真能凭着自己特有的能力而运动，就是说，能不依赖一切其他原因而产生运动，那么，像这样的一
128 个存在物也许就能够中止自己的运动或中止宇宙中的运动。宇宙，不过是按照一些必然而不变的法则作用与反作用的原因互相连接起来的一个没有间断的长长的锁链；除非万物的本质和特性改变甚至消灭，这些法则是不会失效或中止的。在世界总体系中，我们所看到的就只是一长串的运动，它们被能够相互作用的存在物越来越近地接受或传导着。任何物体，都是这样由于受到某一

他物的触动而运动起来的。我们灵魂的隐秘的运动，是由于隐藏在我们内部的一些原因。我们所以以为它自行运动，是因为我们并没有看出使它运动的动力，或是因为我们认为这些动力并不能产生那些为我们大为惊叹的结果。但是，我们难道不能更好地理解，何以星星之火燃着火药，就能产生像我们见到的那样可怕的结果？我们错误的根源，就在于我们把肉体看成粗笨而没有生气的物质。其实，肉体是一架有感觉的机器，它在接受一个印象的当时，必然有所意识，而且，它由于忆起先后相继感受的印象，也就会意识到了**自我**。记忆，在使先后接受的一个印象复活起来，或是把它固定，或是使已经接受的一个印象长时停留而人们把第二个、第三个……印象加到它上面去的时候，便给了整个机制以**推理**。

一个观念，虽然只是我们脑子的一个觉察不出的改变，可是它却使说话器官活动，或是通过它在语言中所引起的运动来显示出自己。而语言，又使得具有能够接受同类运动的器官的生物产生观念、思想和情感；由于这类运动的结果，亿万人的意志就能使他们那配合起来的努力在一国之内产生革命，甚至于影响全球。亚历山大就是这样决定了亚洲的命运；穆罕默德就是这样改变了大 129
地的面貌；而有些看不见的原因，就是这样由于传到人们脑子中去的一系列必然的运动，而产生最可怕、最广泛的结果。

想了解人类灵魂的效果之难，曾迫使人把以往考察过的一些不可思议的性质归之于灵魂。灵魂，借着想象和思维的帮助，似乎能从我们自身走出，以最大的敏捷飞向最遥远的对象，一瞬之间跑遍天涯海角。于是人们就认为，一个东西能做这样迅速的运动，想必具有一种与其他一切东西很不相同的本性；人们相信这个灵魂真地走了为投向这些不同对象所必须走的无尽的路程，可是却没有看到，要在刹那之间完成这事，灵魂只需在自己里面跑动，把通过感官储存在灵魂自身之内的种种观念汇合起来就是了。

实在，只有通过我们感官，事物才为我们所认识，或者在我们心中产生观念。正是由于给予我们身体的运动，我们脑子才得到改变，或是说我们的灵魂才思维、愿欲和活动。如果像亚里士多德在两千多年以前就曾说的，“**无论什么进到我们精神里去，都要通过感官**”，那么，凡是从我们精神中出来的东西，也就必然应该找到可以把它的种种观念连接上去的某个可感觉的对象[①]；这种连接或是直接的，比如**人**、**树**、**鸟**等等观念；或是在经过最后的分析和分解以后，再连接到某个对象上去，比如**快乐**、**幸福**、**恶**与**德行**等等观

130 念。所以，只要一个字和它的观念，并不使人能把它和任何可感觉的对象联系起来，那么，这个字或这个观念就是从无而来，就是毫无意义的；既然它并不表示任何东西，就应该把这个观念从精神中除去，把这个字从语言中抹掉。这个原理不过是亚里士多德的格言的反面语；正面是显然确实的，因此反面也应该同样确实。

可是，思想深刻的洛克——这位曾在神学家们深为遗憾之下把亚里士多德的原理作了详尽透彻的阐明的洛克，以及所有像他那样承认**先天观念**学说是荒谬的人们，怎么丝毫没有从这一原理

① 这个原理，如此真实、如此辉煌、如此重要——这是从这个原理必然产生的结果看出的——，曾被一位给百科全书提供《不可思议的》和《洛克（哲学的）》这两个条目的无名氏，把它发展了并且彻底阐明了。我们不能读到比这位无名学者关于这个题目在我上面指出的那两条中所说的更为有道理、更为哲学的、更能扩展观念与真实领域的了；为了不作过多的引文，我推荐读者去读它。——原出版者注

得出直接而必然的结论呢？怎么他们没有勇气把这个十分明白的原理，应用到人类精神这样长久、这样真实地沉浸在里面的那一切幻影上面去呢？难道他们没有看见，这个原理是会把一直只用感官接触不到的东西充斥人们、使他们不能对这些东西形成观念的神学，从根柢上摧毁吗？然而，成见，特别是当它被神圣化了的时候，就使人看不到把最明显的原理作最简单的应用；在宗教问题上，一些最伟大的人物也往往只不过是儿童，无能从自己的原理中推出和得出结论！

洛克，以及所有采纳了他那被充分证明了的体系或亚里士多德公理的人，本应该由此得到这样的结论：一切为神学所热衷的玄妙东西都是纯粹的幻影；**精神**，或无广延、非物质的实体，不过是观念的缺乏。而且，他们也应该感到，人们把它放在世界统治者的地位上、而我们感官既不能证实其存在、也不能认识其性质的难以言语形容的这个智慧，不过是一个纯理的存在而已。

道德学家们，根据同一理由也应该得到结论说，他们所谓的道德感、道德的本能等这些先于任何经验，或是先于从经验中产生或好或坏的效果的关于道德的先天的观念，都是无稽之谈，这些东西，和许许多多其他的东西一样，只有神学作保证、作根据。[①] 必 131

① 很多哲学家就是在这个神学的或想象的基础上自以为建立了道德学的。这个道德学，像我们在第十五章中所证明，只能建立在人的利益、需要和福利，这类自然使我们所能具有、由经验使我们认识的东西之上的。道德学是一种事实的科学；把道德学建立在假说之上，就是使它成了不确定的东西。这些假说，我们的感官并不能证实它们的真实性，而且在这些假说之上，因为人们的意见永远不会一致，争论也就会永无止境。说道德的观念是**先天的**，或者是一种**本能**的结果，这就等于说，一个人在认识字母之前就知道了诵读。

需先感觉而后判断，先比较而后才能分辨好坏。

要使我们从先天观念，或是从在降生时就已印入我们灵魂一些印象这个说法的骗局中清醒过来，只需去追溯这些观念的泉源。这样我们就会看到，那些在我们是熟悉了的，而且与我们好像同一的观念，是来自我们的某些感官，有时是很困难地刻在我们脑子里的，它们从来不曾固定，时刻不停地在我们心里变化着。我们将看到，这些硬说是我们灵魂所固有的观念，乃是教育、榜样尤其是习惯的结果。习惯，由于反复的运动，使我们脑子与一些体系熟悉起来，并且以某种方式把自己的种种清晰的或模糊的观念结合在一起。一句话，我们是把忘记了起源的那些观念当作了先天观念。我们再也记不起这些观念存放在我们头脑里的确切时期，也记不起这些观念存放在我们头脑里的前后情景，等到了某种年龄，我们便以为一直有着同样思想。我们的记忆，那时已为大量的经验或事实所充斥，使我们再也想不起或再也不能分辨那些特殊的情景如何协同起来，给予我们脑子以它的存在方式和思维方式，以及它现有的一些见解了。我们之中的任何人，都不会记得第一次例如上帝这个字是什么时候打动他的耳鼓的，他关于这个字所形成的最初的一些观念是什么，这声音在他心里所产生的最初的思维又是怎样。可是，肯定的是：从此以后，我们便在自然中寻找某个东
132 西，某个可以把我们关于上帝所形成的，或是人家暗示给我们对于上帝的那些观念连附上去的那个东西；从此，又习惯于常常听着谈论上帝，就是最有见识的人，有时也把这个观念看作是自然所赋予的了。其实，这个观念显然是我们父母或师长给我们描绘的，随后我们又按照自己的机体和特殊环境而加以修正；人人都是这样自

己创造了一个上帝，以自己为模型，或以自己的方式去修正它。[①]

我们的道德观念，虽然比神学观念要实在些，但和神学观念一样，都不是什么**先天**观念。道德感，或是我们对于他人意志和行为的那些判断，都是建立在经验上面的，只有经验才能使我们认识哪些是有益的，哪些是有害的，是道德的还是邪恶的，是正直的还是不正直的，是值得尊敬的还是应予非难的。我们的道德感乃是许许多多往往是漫长而又很复杂的经验的结果。我们日积月累才得到它们；它们根据我们的个别机体和使我们机体得到改变的那些原因而表现出不同程度的正确性。最后，我们便以或多或少的容易性去应用这些经验，而这，就要归因于判断的习惯。我们在应用我们的经验，或是在判断人的道德行为时的那种敏捷性，就是人们称为**道德的本能**那个东西。

所谓物理方面的**本能**，无非是肉体的某种需要的结果，或是在人和动物身体内的引力作用或排斥作用的结果。刚生下来的婴儿，第一次吃奶，人们把奶头放在他嘴里，由于他口腔壁上散布着的神经纤维与奶母奶头流出的乳汁这两者间存在的天然同类性，婴儿便压紧奶头，挤出适于在嫩弱时营养他的液汁。由这一切，对 133
于婴儿便产生一种经验；很快地，奶头、奶水和快乐，这些观念在他脑子里面联合起来；每逢他看见奶头，他就本能地把它抓住，而且迅速地予以应有的实用。

刚才所说的这些，还能用来说明在**骨肉之情**这个名称之下所表示的那些迅速而突然的感情。父母对自己孩子的爱情，和有教

① 参看下卷第四章。

养的孩子对他们父母的爱情，并不是先天的；它们都是经验的、反省的以及在敏感的心中的习惯的结果。这些情感在人类很大一部分人中并不存在。我们太常见的却是些暴虐的父母，尽力使自己成为孩子们的仇人，而孩子，好像只是为了作他们父母的无理任性的牺牲品才降生似的。

自从我们开始有生命直到我们停止生存时为止，我们在感觉，我们在适意地或不适意地被推动着，我们采集事实，我们创造一些在我们脑中产生有趣的或可厌的观念的经验；我们任何人都没有这些呈现在记忆中的经验，也不能使它们全部按顺序再现出来。然而，在我们一切行动中，正是这些经验在机械地或不为我们所知地引导着我们；人们想象出**本能**这个字来，就是指我们应用这些经验时的那种敏捷性。这些经验，我们往往失掉了它们彼此间的联系，而且有时连我们自己也都弄不清楚了。在大多数人看来，本能似乎是一种魔力或超自然的能力的结果；对另外很多人，这乃是个毫无意义的字；但对哲学家，它却是一种很强烈的感情的结果，它是一种能把许许多多经验和很复杂的观念迅速加以组合的能力。正是需要，使我们在动物中看到的本能不可解释。我们没有理由说动物没有灵魂，因为动物能有无限的行动，证明它们能思维、判断、具有记忆、能获得经验、组合观念、以或多或少的容易性
134 去应用这些东西，来满足它们特殊机体所给予它们的需要；最后，它们有情欲，而且是能够被改变的。[①]

① 连动物有智能都不承认，那就是狂妄到极点了。它们感觉，它们有观念，它们判断和比较，它们选择而且计较，它们有记忆，它们表示出爱和恨，而且它们的感觉往往比我们的还要灵敏。鱼便能按期到人们常给它们面包的地点那里去。

动物给予**灵性派**的困难也就可想而知了。因为，如果承认它们有一个有灵性的灵魂，他们就唯恐把动物抬高到人类的水平；而另一方面，如果不承认，他们就是使自己的对手有理由同样也不承认人有灵魂，从而把人就这样贬抑到动物的境地去了。神学家们从来不知道如何解脱这个困难；笛卡尔则以为，说动物并无灵魂而只是纯粹的机器，这样就算解决了这个难题。这个说法之不合理是容易感到的。无论谁，如果不带成见去观察自然，很容易认识在人与动物之间的区别，不在其他，只在于他们机体不同所造成的差别。

在我们人类中有一些人，他们看来好像赋有一种大于别人的器官上的敏感性。在这些人中，我们看到一种**本能**，他们凭着这个本能，只要一察看人们的面容，便能很敏捷地判断出人家最隐秘的意向。我们称之为**相士**的那些人，不过是些具有比别人更为灵敏的洞察力的人罢了。他们创造了一些经验，这些经验是为另一些人——不是由于他们器官的粗笨或注意力的不足，就是由于感官上的某种缺陷——所全然办不到的，后一种人并不相信相术，在他们看来这种科学完全是理想的。不过，的确，被人说成是有灵性的灵魂的运动，在肉体上造成一些很明显的印象，这些印象继续不断地反复再现，它们的痕迹便要存留下来；这样，人们惯常的情感便 135 被描绘在他们的面孔上，使细心而赋有灵敏洞察力的人就能很迅速地判断他们的存在方式，甚至预知他们的行动、他们的倾向、他们的癖好、他们的主要情感等等。尽管相术对许多人似乎是一种无稽的揣想，可是毕竟很少人才明确了解一种深情的注视、一种坚定的目光、一副严厉的神态、一种假模假事的样子、一张开朗的面

孔等等,有着怎样的意义。敏锐而有锻炼的眼睛之获得认识灵魂的隐秘运动的能力,或许,就是从这些运动遗留在它们不断改变了的面孔上的明显形迹上得到的。我们的眼睛尤其随着我们心中的运动而有很迅速的变化;这个如此精致的器官,由于我们脑子感受到即使是很轻微的震动,它的变化也是很明显的。清澈的眼睛告诉我们这里有一颗安静的灵魂;惶惑的眼睛显示给我们这个人的灵魂不安宁;冒火的眼睛宣示给我们一个易怒的和多血的气质;而闪动的眼睛则使我们猜疑这个人的灵魂是在警惕着或在假装着。一个敏感而有锻炼的人所抓着的,就是这些非常微妙的差异;他们能马上组合许许多多既得经验而对他所见的人下判断。其实他的判断丝毫没有什么超自然的或是神奇的地方;一个这样的人,不过是由于他的器官精细和脑子运用敏捷,显得比别人高明罢了。

在我们人类中还有一些人,有时我们发现他们具有一种异乎寻常的敏锐,在一般人看来简直是神奇的和奇迹般的。[①] 因为,我们看到有些人能在一瞬之间估量一大堆很复杂的情况,并且有时
136 还能预知在遥远的未来将要发生的事情。这种**预言**的才能其实也没有什么超自然的地方,它仅仅表明这些人有经验而且具有一个很精致的机体,这些东西使他们能够很容易地判断原因,并预见它们遥远的结果。有些动物也同样具有这种能力,而且比人还要高明,它们能预知气候的变化和时令的变换。很长时期,鸟在许多自认为非常开化的国家中还被当作预言家和向导。

① 似乎在医学中最灵巧的医生就是那些赋有非常细腻的触觉的人,他们的触觉和相士的很相似,凭着它,他们能很迅速地判断病症,并推出这个病的症候。

所以，这种出众的神奇的才能应当归功于他们那有训练的特殊机体。**具有本能**，只不过表示迅速的判断而无需久久的推理。我们对于恶与德的种种观念，绝不是**先天的**观念，像一切其他的观念一样，它们是获得的。我们对于善恶的判断是根据一些真实的或错误的经验，而这些经验则有赖于我们的体质和曾经改变过我们的那些习惯。儿童既没有神的观念，也没有德行的观念。他之有这些观念，是从教育他的人那里得来的；他运用这些观念迅速或不迅速，那就要看他的自然机体或体质得到的训练的多少。自然赋予我们两条腿，乳母教我们怎样去使用它们，而它们的灵活性则有赖于它们自然的机体以及我们运用它们时所取的方式。

在美术中所谓**趣味**，同样也只能归功于我们器官的细腻，这些器官是由于习惯去观察、比较和判断某些事物而被训练过的。由此，在某些人中就产生了敏于判断事物，或是只消一瞥便能抓住事物的关系和总体这样一种能力。正是由于观察、感觉、经验事物，我们才能学会去认识这些事物；正是由于再三反复这些经验，我们才得到迅速判断它们的能力和习惯。但是，这些经验绝不是什么**先天的**，我们绝不是在降生以前就创造了它们的。在有所感觉之
先，我们既不能思维，也不能有观念；在快意地或不快意地被触动 137
之先，我们既不能爱也不能恨，既不能赞许也不能非难。而这些，却正是那般想使我们承认在道德学中、在神学之中，或是在随便什么科学之中有什么**先天的**思想或某些见解是自然所赋予的人们，所不该不设想到的。要使我们精神去思维并且研究一个事物，那它就应当认识这个事物的性质；要想让它认识这些性质，那我们的某些感官就必定要已经被它所刺激；凡是我们不认识其性质的事

物,都是没有的,或对我们是不存在的。

也许有人要说,人们对于某些命题的普遍一致的同意,比如对于**全体大于部分**,以及一切几何学上的证明,似乎就有这样的前提:在它们上面有某些原始概念是先天的,而不是获得的。我们可以回答说,这些概念永远是获得的,并且是一种或多或少快速经验的结果。在相信全体大于部分以先,必须已经拿全体和它的部分比较过。人在降生时并没有带来二加二等于四这个观念,但是他很快就相信了这个。在下任何判断之先,必然要已经作过比较。

很明显,那些假定先天观念或某些概念是固有于我们存在的人们,都是把人的机体或他的自然体质,与那改变他的习惯和用来形成经验、并且把经验运用到判断中去的那种或多或少的能力给混淆起来了。一个对绘画有趣味的人,无疑地,生来就有比别人更敏锐和更有洞察力的眼睛;但是这些眼睛,如果他没有机会去训练它们并不能就使他敏于判断。进一步说,从某些方面看,就是我们称之为**自然的**那些倾向,它们本身也不能看作是**先天的**。人到二十岁时,和他降生于世的时候是不一样的;不断作用于他的那些物
138 理的原因必然要影响他的机体,并且使他的自然倾向在这一个时候与在另一个时候很不相同。[①] 我们常常看见有些孩子在某种年龄以前,显示出不少机智、灵巧和对于科学的能力,最后却变成了

---

① 拉·莫特·勒·瓦耶(La Motte le Vayer)说:“我们在这一时刻所想与在另一时刻所想,是很不相同的。少年时与老年时所想就不同,饿时和饱时所想也不同;夜里所想的与白天所想的不一样;生气时所想的与高兴时所想的也不一样;由于万千种其他情况,我们处于一种永恒的无常和不安定之中,因此我们无时无刻不在变化着。”参见《怀疑派的盛宴》,第 17 页。

傻子。我们也看见另一些孩子，在幼年时曾表示出具有一种不很有利的倾向，后来他们发育起来，竟以一些优美的资质使我们大为惊讶，而这些资质是我们曾经断定他们是不可能具有的；时机来了，他们的精神便使那他们在不知不觉中，或者说为他们所不知地就已经积累起来的许许多多经验，付诸应用。

所以，重复一下并不过分，人的一切观念、概念、存在方式与思维方式，都是获得的。我们的精神只能在它所认识的东西上面活动和训练自己，并且它也只能或好或歹地认识它所感觉到的事物。不以我们之外任何物质事物作为模型的观念，或者我们不能与任何物质事物相类比的观念，即人们所谓的**抽象观念**，只不过是我们内在器官观察它自己改变的方式，或它选择某些改变加以观察而不及其余的方式罢了。我们用来表示这样一些观念的字，比如**善美**、**秩序**、**智慧**、**道德**等等，如果我们不把它们类比于或应用于感官已经给我们表明确具这些性质的事物，或是为我们所认识的一些存在方式或活动方式上去，那么，它们是不能给我们提供任何意义的。如果我不把**美**这个字联结到某些以特殊方式刺激我感官的事物上去，因而这些事物值得我把这个性质归之于它们，那么，**美**这个空洞的字对我表示了什么呢？同样，如果我不把**智慧**这个字连结到一定的存在方式与活动方式上去，**智慧**这个字对我又表示了什么呢？如果我不把**秩序**这个字类比于以某种方式使我感动的一
系列活动和运动，**秩序**这个字难道有什么意义吗？**德行**这个字，如 139
果我不把它应用到某些人的品质上去，这些人的品质所产生的已知结果，大不同于由另一种相反品质所产生的结果，这个字岂不是毫无意义了吗？如果**痛苦**和**快乐**这些字给我精神提供的不是一些

我曾经被感动的方式,我的脑中还存有它们的记忆或印象,并且经验也告诉我它们是有益还是有害,那么,在我的器官既不痛苦也不舒畅的时候,这些字又能提供什么呢?但是,当我听人家口口声声说什么灵性呀、非物质性呀、无形体性呀、神明呀等等字眼的时候,我的感官、我的记忆,都不能帮助我;它们都不能供给我构成这些性质的观念的任何方法,也不能提供我应该把这些字应用上去的那些事物。在丝毫不是物质的、不能具有任何性质的东西中,我只看见虚无和空洞。

人们的一切错误和争论,都是由于抛弃了经验,抛弃了感官的明证,而一任自以为天启的或先天的概念的引导,尽管这些概念道道地地只是一种混乱的想象和偏见的产物。这些偏见,在他们幼年时就耳濡目染,习惯使他们熟悉了这些偏见,而权威又强迫他们把这些偏见保留下来。语言中抽象的字到处皆是,人们给它们加上了 些空泛而混乱的观念,如果你要考察它们,就会发现,在自然中既没有任何这类字的模型,也找不到能够把它们联系上去的对象。当你肯费心去分析事物时,你就会大为惊讶地看到,那些不断地挂在人们口头上的字,是从来不表示一个固定的、确定的观念的。我们看到他们不停地谈论精神、灵魂和它的能力、谈论神和它的属性,谈论空间、绵延、广袤、无穷、完美、德行、理性、感情、本能以及趣味等等,却不能明确告诉我们他们用这些字指的是些什么。虽说,文字的发明,似乎只是为了作为事物的表象,或是为了凭着感官的帮助去描绘一些已知的事物,以便精神能够去判断、鉴赏、比较和推敲。

140 思想一些不曾作用于我们感官的对象,这就是思想一些字,这就是梦想一些声音；这就是在人们自己想象中去寻找别人可以把这些字给联系上去的那些事物。如果还把一些性质加到这些事物上去，这自然就是加倍地胡说了。上帝这个字是用来向我表示不能作用于我的任何器官的一种东西，因之，我既不能证明它的存在，也不能证明它有什么性质。但是，为要补足我所没有的观念，我的想象于是凭着苦思，就用它永远不得不从我由感官而认识的东西那里借来的一些观念或颜色，随便构成一幅图画。而结果，我给自己画成的这个上帝，或者有着一位德高望重老人的相貌，或者有着一位强有力的专制君王的面容，或者相似一个被激怒了的人等等，可见拿来作这张图画之模型的，显然是人和他自己的某些性质。但是，如果有人跟我说上帝是一个纯粹精神，它没有肉体，没有广延，并不被包含在空间之中，它是存在于那个它使之运动起来的自然之外等等，这样一来，我就又掉在虚无之中了，我的精神再也不知道它所推敲的是什么，它再也没有任何观念了。下面我们就会看到，这正是何以人们永远在创造着神的概念而这概念始终没有定型的根源所在；他们竭力把种种不相容的性质和互相矛盾的属性都加在神的身上，他们就自己消灭了神。[①] 在把已知的道德性质给予神的时候，他们是把它造成了一个人；在把神学的否定的属性给予神的时候，他们是把它造成为一个幻影；他们破坏了以前的一切观念，他们也就是把它造成一个纯粹的虚无。由此可见，人们称之为神学、心理学、形而上学这些超凡科学遂变成了纯粹的文字的科学；而经常为这些科学所腐蚀的道德与政治，对我们也就

① 参看下卷第四章。

成为不解之谜,唯有从事自然的研究才能使我们从中得到摆脱。

141 人们需要真理;真理就是对人与能影响人幸福的事物这二者之间真正关系的认识。要认识这些关系只有凭着经验。没有经验,便没有理性;没有理性,我们便是听凭侥幸引导的一群盲人。可是,对于我们感官既不能认识、也不能查考的理想事物,怎样去获得经验呢?对于我们不能感觉的事物,我们怎样确知它们的存在和它们的性质呢?怎样判断这些事物对我们有利、还是有害呢?我们又怎能知道,应该爱或恨、应该追求或逃避、应该避免或去作的,是什么呢?然而,在这世界上,在这个我们唯一对它有着观念的世界上,我们的命运正取决于这些认识,也正是在这些认识之上,才建立着我们的全部道德观。由此可见,在道德学中,或是说,在关于存在于人类彼此间的一定而不变的关系的科学之中,掺入一些神学的空泛概念,或者把这个道德建立在只存在于我们想象中的那些幻想事物上,那么,我们便是使这个道德成为不确定和专断的了,我们让它听凭任性的想象的摆布,而不给它以任何坚实的基础。

在自然的机体、所感受的改变,以及所获得的见解等等方面都本质地不同的人,思维必然也不同。正如我们已经看到的,气质决定人们的精神品质,而这气质自身,又在自己内部遭受着各式各样的改变;由此必然产生这样的结果,即他们的想象是各不相同的,而想象给他们创造的那些幻影,也就会更不相同。每个人都是一个结合起来的整体,他的各个部分必然息息相关。不同的眼睛,看法也就不同,而且对于它所观察的东西,即使是真实的,尚且会给以极不相同的观念,如果这些东西并不作用于任何感官,那又当如

何！我们人类的每个个人，对于生动地作用于他们器官的实体，大
致有着同样的观念，他们对于各自用差不多的方式所知觉到的某
些性质，意见大体一致。我说**差不多**，是因为智力、概念、任何命题
的确信，不管设想起来是如何单纯、显然和分明，在两个人中间不 142
是、也不能是严格地一样的。这个人既不是那个人，这个人对于（比方说）单位，就不能严格地、数学地与那个人有相同的概念，因为，同一结果不能是两个不同原因的产物。所以，当人们在观念、思维方式、判断、情欲、欲求和兴趣等等方面是一致的时候，他们这种一致，并不是由于他们都以正好同样的方式去看或去感觉同一事物而来，而是由于以差不多同样的方式，并且也由于他们的语言既不是、也不能有十分丰富的色调，足以表示出存在于他们的看和感觉这两种方式之间的那种不可觉察的差别而来的。所以，可以说，每个人都有为他单独特有的一种语言，而这种语言是不能与别人相通的。那么，在他们交谈中，当所谈及的只是凭着各人想象而认识的那些事物时，他们中间又能有什么一致呢？这个人的想象，跟另一个人的想象，难道能够是相同的吗？他们把一些性质赋予同样的一些事物，而这些性质只不过是出于他们各自脑子的被感动的方式，那么，他们怎么能够互相了解呢？

要求一个人像我们一样地思维，这就是要求他具有像我们一样的机体，要求他在生命的每一时刻都像我们一样地被改变，要求他接受同样的气质、同样的食物、同样的教育，一句话，这就是要求他就是我们自己。为什么不要求他具有同样的一些情况呢？难道他的种种见解是由他做主吗？他的见解，难道不是他的本性的，以及在他幼年起就必然一直影响他的思维方式和活动方式的那些特

殊环境的必然结果吗?如果人是结合起来的一个整体,那么,只要他的特征有一处和我们的不同,难道我们不该作出结论说,他脑子的思维方式,他连结观念、想象或梦想等等的方式,也就不能跟我们相同吗?

143 人们气质的多样性,就是他们的情欲、兴趣、对于幸福的观念、各种各样见解的差异之自然的和必然的泉源。所以,每当他们论到他们认为极为重要的未知事物的时候,这个多样性就会是他们争论、仇恨和不公正之命定的渊源。在谈到一个有灵性的灵魂、一个有别于自然的非物质的上帝时,他们永远不会一致;他们于是停止讲同样的语言,并且不再把同样的观念连结到同样的字上去。要是涉及的是经验所不能审查,又为我们一切感官所不及,没有模型而又超越我们理性的东西,那么,衡量谁思维得最正确、谁的想象最准确、谁的认识最可靠的共同尺度,又是什么呢?每个人、每个立法家、每个思辨者、每个民族,都总是对这些事物形成一些极不相同的观念,每个人都以为自己的冥想比别人的冥想大有可取,别人的冥想在他看来十分荒诞可笑,而且错误百出,同样,他自己的冥想在别人看来也是如此。每个人都坚持己见,因为每个人都坚持自己的存在方式,并且相信他的幸福有赖于固执自己的偏见,因为这些意见,若非他认为对自己的福利有益,他是绝不会采取的。建议一个定型的人改变信仰而改信你所信仰的宗教,他就会认为你这人太不明智,你只能激起他的愤怒和轻视,他会转过来要你采纳他的意见;经过长久的理论以后,你们俩会都认为对方荒诞固执,两人中比较不太狂妄的人首先让步。但是,如果双方争论得头脑发昏(当人们认为事关重要,或是要维护他的自尊心的时候,

时常有这样的事)，于是激情就尖锐起来，争吵越来越凶，争论的双方彼此仇恨，而终于以互相伤害收场。我们看见，婆罗门教徒就是这样，为了无关紧要的意见轻视而且仇恨回教徒，而后者也压迫而且鄙弃前者；我们看见基督教徒迫害而且烧死犹太人，因为犹太人坚持信仰自己的宗教；我们也看见基督教徒结盟反对无信仰者，为 144
了攻击他，不惜把他们彼此之间永远存在的血腥的、残暴的争执暂时搁下。

假如人们的想象相同，它所产生的幻影也到处相同，假如他们全都以同样方式去梦想，那么，他们之间也就不会有什么争端了；如果他们的心智只用在其存在是可以证明的、可认识的事物上，而我们也能通过确实而反复的经验发现它们的真实性质，那么，人们就会大大免去争论的次数了。物理学的体系，只有当作为出发点的那些原理还没有充分证明的时候，才是争论的对象；经验逐渐显示出真理，这些纷争也就终止了。几何学家之间，关于他们这一门科学的原理是没有争论的，争论之起，只是当假设错误或对象过于复杂的时候。神学家们要在彼此之间进行调解便有着不少困难，这是因为在他们争论里，他们不断地从自己在教育、学校、书本等等之中浸透了的偏见出发，而不是从一些已知的经过考察的命题出发；他们继续不断地在推论，但只是在一些想象的、从来不曾考察过其真实性的事物上面作推论，而不是在一些真实的，或其真实性已被证明的事物上面作推论；他们的见解只是建立在完全不巩固的假想上，而不是建立在固定不变的事实和经过证明的经验上。他们找着那些已确定了的、很少人会拒绝接受的观念，便把它们当作无可辩驳的真理，认为只要一提人们便应该接受；当他们认为这

些观念极其重要时，居然碰到一些冒昧的人胆敢去怀疑它们，甚至还要对它们加以审查，他们就怒不可遏了。

如果人们抛弃成见，也许早就可以发现，那些人与人之间产生最可怕最血腥的争执的东西，原来不过是一些幻影；而且可以发觉，人们只是为了一些毫无意义的字眼而互相斗殴、自相残杀；或者，至少人们也可以学会去怀疑，可以放弃想强迫人们意见一致而
145 使用的那种命令式的和独断的口气了。最简单的反省都会指出，人们的见解和想象之各不相同是必然的。它们必然有赖于人们多方改变了的自然机体，而且必然会影响到人们的思维、意志和行动。最后，如果人们求教于道德和正直的理性，则一切都会给那些自称有理性的人们证明，他们生来就是以不同方式思维的，这绝不妨碍他们平静地生活，妨碍他们相亲相爱、互相帮助，不管他们对于不可认识的或不可能用同样眼光去看的事物有着怎样的见解。一切都应当使人相信，那些为强迫顺从自己的见解而虐待同类的残忍的人，是暴虐无道、强暴不公、恶毒而无用；一切都应把人重新引向温良、宽大和容忍；毫无疑问，德行显然比神妙的思辨更为社会所需要。这种思辨分裂社会，并且往往使社会把那些被认为反对它的神圣见解的人置于死地。

由此可见，考察一下这些观念——即人们一致同意给以如此崇高价值、同时在引导者们怪诞残酷的命令下，为了它们也在不断牺牲自己幸福和国家安宁的这些观念，对于道德是多么重要了。让重新回到经验、自然、理性去的人，只关心那些有利于他自己的幸福的真实事物吧！愿他去研究自然，研究他自己，学习去认识那把自己结合于自己同类们的联系，而打断那把他缚在幽灵身上的

种种虚构的联系吧！万一他的想象需要用幻想餍足自己，如果他坚持自己的意见，如果他对自己的偏见难舍难分，那么，希望他至少也让别人以自己的方式去彷徨徘徊，或去寻求真理吧！希望他永远记住，人的一切意见、观念、体系、意志和行动，都是他的气质、本性以及经常或暂时改变着他的那些原因之必然的结果。这个真 146
理，我们在下一章中还要加以证明：人的思维是并不比人的行动更为自由的。

第十一章 论人的自由的体系

凡主张灵魂有别于肉体、是非物质的、是从自己的底蕴中抽出它的观念、是由于自己而不需要外在事物的帮助而活动——凡是主张这些的人，按他们的体系推衍下去，就是使灵魂从物理法则中摆脱出来，因为，凡为我们所认识的存在物都是被迫着按照这些物理法则去活动的。这些人相信灵魂是它自己命运的主宰，能规范自己的活动，凭着自己的能力来决定自己的意志，总之一句话，他们主张人是自由的。

我们已经充分证明过，这个灵魂，无非是从肉体的几个比其他更为隐秘的作用去观察的肉体罢了。前已证明，这个灵魂，尽管人们假想它是非物质的，却永远和肉体连成一体而被改变，服从肉体的一切运动，没有这些运动，灵魂就要停留在静止与僵死的状态；因此，它是受使肉体活动起来的那些物质的、物理的原因的影响的。这个肉体的存在方式，无论是已经成了习惯的，还是暂时的，都有赖于形成它的组织的种种物质原素，这些原素构成他的气质，借着食物进到肉体中，深入肉体并且包围着肉体。我们曾经以一种纯粹物理的、自然的方式，说明了构成人们称为理智的那些能力的机体作用以及人们称为道德的那些性质。我们最后还证明了，所有我们的观念、体系、感情、我们自己形成的种种真实的或错误的概念，都起因于我们物质的和物理的感官。因此，人是一个物理的存在；无论用什么方式去观察他，他总是和普遍自然联结着，而 147
且服从于必然而不变的法则。这些法则，是自然对它所包容的一切东西，根据它所赋给它们的特殊本质或特性，用不着跟它们商量就强加给它们的。我们的生命，就是自然命令我们在地球表面上划出的一条线，绝不容我们有片刻离开它。我们降生于世并非出自我们的心愿，我们的机体也由不得我们做主，我们的观念是无意中来到我们的，我们的习惯，完全听从使我们感染这些习惯的人们的能力而定；我们是不断地被一些可见的或隐蔽的原因所改变，这些原因必然地规范着我们的存在、思维和活动的方式。我们是好是坏、幸福或不幸福、明智或愚笨、有理性或没有理性，对于这些不同的情况，我们的意志丝毫无能为力。虽然，尽管不断有许许多多羁绊束缚着我们，而人们却还认为我们是自由的，或认为，我们能不依赖那些使我们活动起来的原因而决定自己的行动，决定自己的命运。

这个一切都当使我们认清其错误的见解，不管多么没有根据，可是在今天，在多数人、而且是很明智的人的头脑中，却变成了一个无可争辩的真理。它正是宗教的基础。宗教，在设想人和被宗教放在自然之上的那个未知存在之间的种种关系时，如果承认人在他自己行为中不是自由的，那么，他就无法想象他如何能从这个未知的存在得到功劳或罪过。人们曾以为，这个体系有利于社会，因为人们假想，如果人的一切行动都被看成是必然的，那么，人们就不再有权去惩罚那些有害于社会的行为了。最后，人的虚荣心无疑也适合于这样一种假设，即给我们人类划定一片完全不受任

何其他原因影响的特别领地,似乎这样就把人和所有其他物质的东西区别出来。这假设,只要稍微想一下,我们就会感到它是不可能的。

人,作为附属于一个大全体的一部分,不能不感受全体的影响。要自由,那么,他就必须自己一人比整个自然还要强大,不然
148 他就必须处在这个自然之外,而自然,本身永远在活动,也强迫它所包括的一切存在物活动和协力于它的总的活动,或者像我们在别处说过的,自然强迫一切存在物由于服从一些固定的、永恒的、不变法则的特殊能力而产生种种动作或运动,来保持它的活动的生命。因此,人要自由,就必须让一切存在物为了他而丧失自己的本质,他必需不再有物理的感性、也不再知善恶、快乐和痛苦。但是,这样一来,他就既不能保存自己,也不能使自己的生存幸福;一切存在物对他都变成无可无不可的,他不再有所选择,也没有什么应该爱或应该怕、应该追寻或应该逃避的东西了。一句话,人将是一个扭曲了本性的存在物,或是全然不能按照我们对他认识的那种方式去活动的一个存在物了。

如果趋向于幸福或愿意保存自己是出于人现在的本质,如果人的机体的一切运动都是这个原始冲动的必然结果,如果痛苦告诉他什么应该避免,快乐告诉他什么应该欲求,那么,他去爱那能引起愉快感觉,或是从它能期待产生愉快感觉的东西,憎恨那给他以相反的印象,或是使他唯恐产生相反印象的东西,也仍然是出于人的本质。他必然被一些他认为有益的东西吸引,或是他的意志被这些东西决定,而排斥他认为对自己的永久或暂时的生存方式是有害的东西。人认识他应该去爱或去怕的东西,这种能力,是凭

着经验才获得的。他的器官如果健全，他的经验才会真实；他就会有理性，就会审慎而有远见；他能够预见一些时常是很遥远的结果；他将会知道，他有时判定是好的事物，能由于它的必然的或盖然的原因而变成坏的，而他认为一时是坏的东西，后来却能给他提供一种巩固而经久的福利。经验就是这样使我们认识到，截肢要引起痛苦的感觉，因此，我们不能不害怕动这种手术，不能不避免 149
这种痛苦；但是，如果经验给我们指出过，这个截肢所引起的暂时痛苦能挽救我们的生命，那么，自我保存对我们既然珍贵无比，我们也就不能不着眼于一个远远超过这个痛苦的福利，而使自己忍受这一时的痛苦。

如我们在别处所说，意志乃是脑子的一种改变，由于这个改变它才准备行动，或是准备把它能使之运动的器官发动起来。决定这个意志的，必然是作用于我们感官的，或其观念留在我们记忆中的那个对象或动力的性质的好或坏、可爱或可厌。因此，我们是必然地活动的；我们的行动，就是我们从改变了我们脑子或引动了我们意志的那个动力、那个对象，或那个观念接受的冲动所产生的一个结果。当我们无所作为的时候，来了某个新的原因、新的动力、新的以不同方式改变我们脑子的观念，给它以一种新的冲动、新的意志，我们的意志就或者活动起来，或者把自己的活动中止。这样，看见一个可爱的对象，或是想到它，就决定我们的意志为取得它而活动起来；但是，一个新的对象或新的观念却又能消灭前者的效果，能阻止我们为取得它而活动。反省、经验、理性之必然停止或中止我们意志的活动，就是这样的；否则，意志便会必然听从起初的一些冲动，趋向它所欲求的对象。在所有这些方面，我们总是

遵守必然法则而活动的。

当我为厉害的口渴所苦,我在想象中描绘出一股泉水,或是当真看见一股泉水,它那纯净的水能够解除我的口渴,这时,对于能满足我所处境况中这样一种强烈需要的对象,我是欲求它呢,还是不欲求,难道我自己能做主吗?当然,人们都会承认,丝毫不想去满足这个需要在我是不可能的。但是人们会对我说,假如这时有
150 人告诉我,我想喝的这水是有毒的,那么,尽管我渴,我终于戒绝了这个需要,于是,人们就错误地结论说我是自由的。其实,正如在知道水有毒之先,口渴决定我必然要喝这水,新的发现也同样必然决定我不去喝它;这样,保存自己的欲望消灭或停止了口渴所给予我意志的那个最初的冲动,这第二动因变得比第一个更为有力,对于死的恐惧必然胜过口渴使我感受的那种难耐的感觉。然而,你也许要说,如果口渴得太厉害了,一个鲁莽的人是会不顾一切、冒险去喝这水的;在这种情况下,起初的冲动便又重新占了上风,而使他必然活动起来,因为第一个冲动比第二个要有力些。不过,无论在哪种情况中,喝这水或是不喝这水,这两种活动都同样是必然的,它们都是那最强有力的、最强烈地作用于意志的动因的结果。

这个例子可以用来解释意志的一切现象。意志,或不如说脑子,这时与一个球所处的情况是相似的,这个球,虽然已经接受到一个推动它沿直线行进的冲动,可是,只要有比第一个强大的力来强迫它改变方向,它原来的方向就要有所变更。人家已经向他说过这水有毒而他偏要去喝的这个人,在我们看来是一个神志不清的人;但是,神志不清的人的行动和最明智的人的行动同样都是必然的。决定沉溺声色之徒和放荡的人去冒有损健康的危险的动

因，与决定一个明智的人去克制自己的行动的动因，是同样强有力的，而他们的行动是同样必然的。如果你一定要这样说，我们可以使一个浪子回头，改变他的行为；即使如此，也不意味着他是自由的，而是说我们能够找到一些更强有力的动因，足以消灭以前对他起作用的那些动因的效果；于是，这些新的动因，就正如以前的那些动因一样，必然决定他的意志，去产生他将要实践的新的行为。

当意志的活动中止，人们便说**我们考虑考虑**；这种情况，是在 151
有两个动因交替作用我们时，时常发生的。**考虑**，就是交替地爱和恨，就是相续地被吸引和被排拒，就是时而被这个原因所触动，时而被那个原因所触动。我们之要考虑，只是在我们还没有充分认识使我们活动的那些对象的性质的时候，或是在经验还没有充分告诉我们，我们的行动将要在自己身上产生怎样的多少有些遥远的结果的时候。我想出门去散步，但是天时不定，我因此考虑考虑；我权衡那交替地推动着我的意志出去还是不出去的种种不同理由；最后，我为最盖然的理由所决定：它使我从犹豫不决中摆脱出来，必然牵引着我的意志：或是出去，或是留下，这个理由常常就是在我决意去作的行动中发现的那个目前或未来对我有利的东西。

我们的意志时常摇摆在两个对象之间，这两个对象的出现或是它们的观念，在更替地引动我们；当我们准备要行动的时候，我们审察那诱引我们去从事不同行动的对象，或审察它们遗留在我们脑中的观念。于是我们把这些对象或观念加以比较。但是，即便在考虑的时候，在比较的过程中，在有时以极大的速度相继产生的爱与恨的交替过程中，我们也没有一刻是自由的；我们相信在对

象中不断发现的善与恶,就是造成这些暂时的意志、造成我们在踌躇中所感受的爱或恨的迅速运动的必然动因。由此可见,考虑与踌躇同样是必然的,而且,不管在考虑之后我们作出的是怎样的决定,它总是我们或好或歹地判断它大约对我们是最为有利的那一个。

当灵魂被两个交替作用于它,或不断改变着它的动因触动的时候,它便要考虑。脑子是处在一种不断摇摆的均衡之中,它时而
152 倾向于这一对象,时而又倾向于那一对象,直到一个最有力地引动它的对象使它摆脱意志之举棋不定的状态。但是,当脑子同时被几个同样强有力的原因推动,而这些原因之推动它是朝着彼此相反的方向时,那么,按照一切物体的一般法则,当它们被相反的力推动的时候,它便停住,它便无所觉知,它既不能愿欲也不能活动,它在等待着推动它的那两个原因的其中之一取得足够的力来决定它的意志,用远胜于另一个原因所作的努力这样一种方式去引动它。

这个如此简单如此自然的机械作用,足以使我们认识为什么踌躇不定是苦恼的,而悬而不决则往往对人是一种折磨。因为脑子,这个如此娇嫩如此灵活的器官,这时感受到一些非常急速的改变,使它疲乏不堪;或者,当它被一些同样强有力的原因朝相反的方向推动时,它便感到一种压迫,使它不能轻快敏捷地活动,使它能够保存整体,取得对它有利的东西的。上述机械作用还可以解释人的行为失常、前后不一、漂浮不定等等,并且使我们明白这些人如此行为的根由;这些行为,往往好像是一种难以解释的神秘,其实,它们不过是某些既定体系之中的行为罢了。如果请教经验,

我们就会发现，我们的灵魂和物质的物体一样，都服从于同样的物理法则。如果每个个人的意志，在一定的时间只被唯一的原因或情欲所动，那么，就再也没有什么比推知他的行动更要容易的事了；实际上，冲击他的心的往往是同时或相继对他起作用的一些相反的动因或力。于是，他的脑子，或是被拉扯在互相反对的方向之中，使它疲倦，或是处于一种被压抑的状态，束缚着它，剥夺了它的一切能动性。时而它处在一种不舒服的完全的静止之中，时而它又是自己不得不感受的那些交替动摇的玩物。无疑，这就是以下这种人的情形：一种强烈的情欲引诱他去犯罪，然而恐惧又给他指
出犯罪的危险。同样，也是这种人的情形：罪恶已使他通过自己破 153
裂的心的不断谋划而把一批东西弄到手里，但良心的谴责又阻止他去享受它们，等等。

如果作用于人的精神的力或原因，不管是外在的，还是内在的，倾向于不同的点的话，那么，他的灵魂或脑子，就像一切物体一样，会在这一个和那一个力之间采取一个适中的方向。并且，由于灵魂被推动时的那种剧烈程度，人的情况有时竟是这样痛苦，以致他的生存对他都变为讨厌的东西了；他便不再努力去保存他自己的存在，他要去寻死，好像死对他就是一种隐蔽之所，好像死就是医治绝望的唯一良药。这就是为什么我们看见有些不幸的、不满意自己的人，当生命对他们成为不堪忍受的时候，就情愿把自己毁灭。人只在生命对他有着魅力的时候，他才珍爱生命。当他为苦恼的感觉或矛盾的冲动所侵蚀，他的自然倾向便受到扰乱，他便不得不循着一条新路走去，这条路引他走向他的灭亡，甚至把灭亡当作一件可追求的东西指示给他。这就是我们如何能够解释那些忧

郁者的行为,他们往往为自己的不良气质、内疚、忧伤和烦闷等等所决定,而抛弃生命。[①]

继续不断或同时作用于人的脑子、并且在人生各个时期如此多样地改变着它的那些不同的而时常是很复杂的力,就是道德观
154 难以捉摸的真实原因,就是当我们想要揭破隐藏在人们谜样的行为中的动力时所碰到的种种困难的真实原因。人的心,只有在我们很少掌握为判断它所必需的论据时,它对我们才成为一个迷宫。我们可以看出,他的无常、首尾不一,以及我们看见他坚持古怪的或出人意外的行为,都不过是相继决定着他的意志的那些动因(这些动因有赖于他的机器所感受到的时常的变动)以及在他自身之内进行着的变化之必然结果。根据这些变动,同样的动因,对于他的意志并不总是产生同样的影响,同样的事物,也不能总是使他得到快乐。他的气质,或是一时地或是永久地改变了,因此他的兴趣、他的欲求、他的情欲,也就要改变,在他的行为中,既不能有一致性,在我们可以对它期待的结果中,也不能有任何确定性。

选择丝毫不证明人是自由的。他之考虑,只是当他还不知道在许多使他动摇的对象之间选择哪一个的时候;他那时处在一种为难的情况中,这种为难的情况,只有当他的意志被他自信在自己所选择的对象中或所从事的行动内找到了最大的利益这个想法所决定的时候,才能告终。由此可见,他的选择是必然的,因为如果他不是在一个对象或行动中自信找到了某些好处,他就绝不会决

① 参看第十四章。精神的痛苦比肉体的痛苦更能决定使人轻生。肉体的痛苦可以由于千百种原因得到分散,而在精神的痛苦中,则脑子好像是深陷在自身所具有的观念之中。也因为如此,所谓精神快乐,才是所有快乐中最大的快乐。

定去追求这一对象或从事于这一行动。人要能够自由地行动，那就必须他无需动因就能够愿欲或选择，或是能够使动因不作用于他的意志。行动既然常常是一次决定了的意志的结果，而意志又只能为不在我们能力范围之内的动因所决定，那么，我们就绝不是决定我们自己意志的主人了，因之，我们的行动也就绝不是自由的。曾有人以为我们是自由的，是因为我们有一个意志和选择的能力；却没有注意到，推动我们意志的，是那些并不取决于我们，而是我们机体所固有，或属于使我们运动起来的那些事物本性的原因。[1] 当我害怕被火烧着的时候，难道我由得住不缩回我的手吗？ 155
难道我能做主，把使我害怕的那种特性从火中去掉吗？难道我能做主，宁可选择那味美适口的食品，而不选择那我明知是恶劣的或危险的食品吗？我判断事物的好坏，永远根据我的感觉、我自己的经验或我的假想；但是，不管我的判断是怎样，它必然有赖于我的习惯的或一时的感觉方式，必然有赖于我所发现的一些性质，这些性质，不管我愿意不愿意，总是存在于使我运动起来的那个原因里面，或是存在于我的精神所假想的那个原因里面的。

所有作用于意志的原因，必定曾经以十分显著的方式作用于我们，足以给我们某些感觉、某些知觉、某些观念，这些感觉、知觉或观念，或是完全的，或是不完全的，或是真实的，或是错误的。只

① 人可以度过了多半生，甚至都没有愿欲过。他的意志等待着决定它的那些原因。如果一个人仔细算一下每天从起床到就寝所做的一切，他就会发现，他所有的行动很少是自愿的，它们都是机械的、习惯的、被他未能预知、他不得不服从的原因决定的。他也会发现，他的工作、娱乐、谈话、思维等等的原因都是必然的，这些原因，很明显地，不是引诱着他，就是拖曳着他。

要我的意志决定了,那我就必定不是强烈地就是微弱地感觉过,否则,我就是无缘无故被决定了。因此,准确地说来,对于意志,并没有什么真正漠不相关的原因。无论我们从对象本身方面还是从它们的影像或观念方面所接受的冲动是怎样微弱,只要我们的意志活动,这些冲动就已经是足够决定我们意志的原因。我们有微弱的愿欲,那是因为有了一个轻而微弱的冲动的缘故;正是意志之中的这种微弱性,我们称之为淡漠。当我们脑子勉强知觉到它所接
156 受的运动时,它那为取得或避开曾经改变它的那个对象或观念的活动,就是微弱无力的。如果冲动是强烈的,那么意志也会强烈,它将会使我们强烈地活动起来,去取得或远离那在我们看来是很可爱或是很不利的对象。

人们曾相信人是自由的,因为人们自信自己的灵魂能够随意唤起一些观念,这些观念有时足以遏制他的最热烈的欲望。[①] 这样,未来会有害处这个观念有时就阻止我们去贪图现在的、当前的好处。我们脑子的一个记忆、一个不明显的轻微改变,就是这样无时无刻不在消灭着那些真实对象施于我们意志的作用。可是,实际上,我们绝不是自己做主去随意唤起我们的观念;我们怎样结合观念并不由我们决定;它们是在我们不知不觉之间、也不管我们愿意与否,就在我们脑子之中自行安排、自行组织起来的。它们在那里造成一个或多或少深刻的印象;我们的记忆自身有赖于我们的机体,它的忠实性则有赖于我们所处的那种长久的或暂时的情况。当我们的意志很强烈地被那在我们内部引起很强情欲的某种对象

① 圣奥古斯丁说:“并非每个人都有思维能力。”

或观念决定时，那么，能够抑制我们的那些对象或观念就会从我们精神中消失；在那威胁着我们，或是仅仅想及它们就使我们止住的当前危险面前，我们于是闭上了眼睛。我们低着头向那牵曳着我们的对象走去，反省对我们丝毫不起作用；我们心目中只有所欲求的对象，而能够使我们停止追求的那些有益观念并不呈示给我们，或呈示得太弱、太迟，而不能阻止我们的活动。这就是所有这些人的情形：他们因某种强烈情欲而盲目，不能忆起即使是想到也要使这些人止住的那些动因；他们身处的这种混乱又使他们不能作出健全的判断，推知他们行为的后果，应用他们的经验，发挥他们理 157
性的作用。因为，这些活动，是以他的观念的结合方式必须正确为前提的，而我们的脑子，因为感受到一时昏迷，正如做完一场激烈的运动之后我们的手不能书写一样，也就不能进行这些活动。

我们的思维方式必然为我们的存在方式所决定，所以，它有赖于我们的自然机体，也有赖于我们的机制在不受意志支配的情况下所接受的种种改变。由此，我们不能不得出这样的结论：我们的思维，我们的反省，我们的观看、感觉、判断、组合观念等等的方式，既不能是自愿的，也不能是自由的。一句话，我们的灵魂，不是它里面种种运动的主宰，也不是在必要时去再现那能够使它所接受的冲动平衡起来的影像或观念的主人。这就是为什么，在情欲中人停止了推理；正如在狂热或酒醉中一样，人是不可能去倾听理性的。坏人从来就只是一些醉汉或狂徒；如果他们也推理，那就只是当平静在他们机制之内重新建立起来的时候；那时，事后很久才显示给他们精神的那些观念，让他们看到自己行动的后果，我们用**羞耻**、**抱愧**、**追悔**等等名词所表示的，就是这种带给他们以不安的观

念。

哲学家们,在人的自由这个问题上所犯的错误,就是由于他们把人的意志看成他行动的原动力,而且,因为没有追溯到更远,他们就没有看到,使意志自身运动起来,或安排和改变脑子的那些错综复杂的原因,是独立于人之外的,而人,在他所接受的印象中,是纯粹被动的。对于在我看来是大可欲求的东西,难道由得我不去欲求它吗?你会说:当然不是。可是如果你考虑到后果的话,你就会自主地抵抗你的欲求的。但是,当我的灵魂被一种强烈的情欲(它有赖于我的自然机体和改变我灵魂的那些原因)所牵引的时候,难道我还管得了我自己去思考这些后果?我还能在这些后果

158 上面,加上使我的欲求均衡所必需的全部的重量吗?难道我能阻止使一个东西对我成为可欲求的那些性质,要它们不留在那个东西里面吗?人家对我说,你总应该学习去抵抗你的情欲,养成遏制自己情欲的习惯。对于这,我毫不勉强地会同意。但是,我也将要申辩说,我的本性受得了这样的改变吗?我的沸腾的热血、我的狂乱的想象、在我的血管中流动着的热火,难道它们容许我在我需要的时候,去创造和应用一些很真实的经验吗?并且,即使我的气质能够使我这样做的时候,教育、范例、人们早在我幼年就灌输给我的那些观念,难道它们能使我养成压抑自己情欲的那种习惯吗?所有这些东西,说更能促使我珍爱和渴求那些你说我应该抵抗的对象,不是更恰当吗?野心家会说:你想让我抵抗我的情欲!可是,人家不是不断地对我说,高位、荣誉、权力,都是大可追求的好东西?我不是曾经看见我的同胞们都羡慕这些东西,我国的大人物们为取得这些东西而不惜以一切为牺牲?在我生活的这个社会

中，我不是不得不感觉到，如果我缺少了这些东西，我就只能指望着在人家轻蔑中讨生活、在人家压迫下当牛马？悭吝者会说：你禁止我爱钱，禁止我想法子搂钱！好！在这个世界上，所有一切不是都向我说，金钱乃宝中之宝，足以使人幸福吗？在我居住的这个国家中，我不是看见所有我的同胞都贪图财富，在发财致富的手段上很少顾及廉耻的吗？一旦他们通过你所非难的那些门路致富了，他们不就得到人们的爱戴、重视和尊敬吗？那么，你凭什么权力禁止我使用连国君都赞许、而你却把它们叫作肮脏和罪恶的那些门路去积累宝藏呢？难道你是想让我放弃幸福吗？肉欲之徒会说：你要我抵抗我的天然倾向！可是我的气质不断引诱我去追求快乐，难道我控制得了吗？你把我的快乐叫作可耻的？可是在
我生活的这个民族中，我看见那些最不规矩的人都往往享有显赫 159
的地位；因男女奸情而感到羞愧的，我看见的只是那受到侮辱的丈夫；我看见很多人把他们的浪荡和淫邪当作战绩向人们夸耀。易怒者会说：你劝我控制一下我的火气，抵抗我那复仇的欲望！可是我不能克制我的本性；再说，如果我不以我同类的鲜血洗刷我从他们受到的那些侮辱，我在社会上就一定要身败名裂。激烈的狂信者会对我说：你劝我对待同类们的信仰要温和和容忍！可是我的气质就是激烈的；我非常强烈地爱我的上帝；人们对我保证狂热会博得上帝欢心，而且那些不人道的、杀人成性的迫害者们一向都是上帝的朋友；我就愿意通过同样的方法使我在他眼里成为可爱的人。

一句话，人们的行动绝不是自由的。这些行动常常是他们的气质、既定观念、他们自己形成的真实或错误的幸福概念，以及他

们由于榜样、由于教育、由于日常经验而坚定起来的种种见解的必然结果。我们看见世界上有这样多的罪恶，只是因为一切都协同起来使人成为有罪的和邪恶的；他们的宗教、政府、教育，以及他们眼前的榜样，都无可抵抗地把他们推向恶，这样一来，道德向他们宣传德行就归于徒然。在恶与罪永远被褒奖、被尊敬、被奖赏的社会里，在最可怖的混乱只在那些弱小而无权能免于刑罚地去为非作歹的人头上得到惩处的这样的一个社会里，德行只会是幸福之痛苦的牺牲品。社会对弱小者的放荡加以惩处，而对大人物的放荡却不去过问，并且，社会时常不公正地宣告那些为社会支持的官方偏见使之成为有罪的人们的死刑。

因此，人在他的一生中没有一刻是自由的；他每一步都必然要受引起他的情欲的对象的种种真实的或假想的利益的指引。这些
160 情欲，在一个不断追求幸福的生物中是不能没有的。它们的能力是必然的，因为这能力要靠着它们的体质来决定；它们的体质是必然的，因为这体质要靠着进入它的组织里面去的那些物质原素来决定；这个体质的种种改变也都是必然的，因为这些改变乃是物理的和精神的事物不断作用于我们的那种方式之必然而不可避免的结果。

不管证明人是不自由的证据是多么明白清楚，或者还会有人反对我们说，如果有人建议某人去挥动或不挥动手臂（这是属于人们所谓*无关重要*的行动的）的话，看来显然就是他自己做主去选择，这也就证明他是自由的了。我回答说，在这个例子中，不管他决定做什么，绝不证明他是自由的。为争论所激起想要显示一下他是自由的这个欲望，那时便成为一个必然的动因，促使他的意志去做这一个或那一个运动。他自己欺骗自己或确信在这时候他是自由的，这正是他丝毫没有看出，那使他所以这样作的真正原因，在于想要说服我。如果在论争的酣热中，他坚持己见，并且诘问说："难道我还不能做主从这个窗口跳出去吗？"我回答他说，不能，并且说，只要他还有理性，大概就不会有这样的事：即，想要给我证明他是自由的这个欲望变成一个强烈的动因，足以使他牺牲自己的生命。如果我的对方不管这些，竟从窗口跳了出去，以便给我证明他确实自由，那我从这件事上也绝不会得出结论，说他在这件事上行动是自由的，相反，这正是他气质的狂暴才使他作出这样疯狂的傻事来。发狂乃是由血的炽热而不是由意志所支配的一种状态。一个狂信者和一个英雄之视死如归，与一个富于黏液质的人和一个懦夫之贪生怕死，同样都是必然。[①]

人们对我们说，自由就是没有障碍能够阻止我们行动或阻止 161
我们行使能力。人们认为，每逢我们行使这些能力，产生我们所预期的结果时，我们就是自由的。但为驳斥这个意见，只要考虑一下，安置或去掉那些决定我们或阻止我们的障碍的，并不取决于我们，也就够了；使我们活动的动因与使我们停止的障碍，无论这二

① 一个被人从窗口抛出去的人，和一个自己从窗口跳下去的人，二者间是一点分别也没有的。有的话，只是作用于第一个人的冲动是来自外面，而决定第二个人下坠的冲动是来自他自己机体的内部。穆修斯·色伏拉（Mutius Scevola）由于一些内在原因的推动，使他作出把自己的手伸到炭火里去这样奇怪的举动，正如一些身强力壮的人把他的手臂硬给按住不放一样，同样都是被迫的。矜持、激起自己敌人的愤怒、使敌人震惊、胆寒、失望等等欲望，就是使他把手臂放在炭火上的不可见的链环。对于光荣的爱，对于祖国的热情，同样迫使高德鲁斯（Codrus）和德修斯（Decius）为他们的同胞而牺牲自己。印度人伽拉努斯（Calanus）和哲学家培勒格里努斯（Peregrinus），同样都是由于要使联合起来的希腊惊奇的欲望而被迫把自己烧死。

者在我们自身之内还是在我们之外,总归是不属于我们能力之内的东西。一个思想来到我精神里,决定我的意志,这我是不能做主的;这个思想是趁着不决定于我自身的某种原因影响我的时候,在我心中产生的。

要想戳穿人是自由的这样一种论调,很简单,只需追溯到决定人意志的那个动因,而我们往往发现,这个动因是超出他的能力之外的。你会说,由于一个产生在你精神里的观念,如果你不遇到任何障碍的话,你将自由地行动。可是,使这个观念在你脑中产生出来的是谁呢?阻止这个观念在你脑中呈现出来或是再现,难道你能做主吗?这个观念难道不取决于不管你愿意不愿意总要从外面刺激你的那些东西,或是在你不知不觉中在你内部活动的、并且改变着你的脑子的那些原因吗?难道你能阻止你的眼睛毫无目的地去看任何一件事物而不给你以这个事物的观念、不动摇你的脑子吗?这种种障碍并不随你支配,它们是存在于你的内部或外部的
162 种种原因的必然结果;这些原因是永远根据它们的特性而活动的。一个人侮辱了一个懦夫,这个懦夫必然会对这人生气,可是他的意志却不能克服他的怯懦在他欲望的完全实现上所安放的那种障碍,因为他那不由自主的自然机质阻止他具有勇气。在这情形下,这个懦夫,尽管他不由自主受了侮辱,也只好忍气吞声了。

赞成自由说的人好像常常把强制和必然混为一谈。每当我们看不见有什么东西阻碍我们的行动时,我们便以为是自由地活动着;我们没有感觉到,那个使我们产生欲求的动因常常都是必然的,而且不取决于我们。一个戴着手铐脚镣的囚徒是被强制地留在狱中,但是他不能不想到逃走;他的镣铐阻止他活动,却

不能阻止他去愿望；如果有人打碎他的镣铐，他就会逃走，但是，他也不是自由地逃走的，恐惧或受刑的观念就是迫使他逃走的必然动因。

所以，人可以停止受强制，但并不因此就是自由的，不管他以什么方式活动，他必然是依据决定他的种种动因而活动。他好比是一个在下坠中被某个障碍物所中止的有重量的物体，去掉这个障碍物，这物体便要继续它的运动，或者说，继续下坠。人们能够说这物体下坠或不下坠是自由的吗？它的下坠难道不是它的固有的重力的必然结果吗？苏格拉底，这个有德而服从国法（即使不公正）的人，不愿从那为他敞开着大门的狱中逃走，但他在这件事情上也不是自由行动的；因为舆论、尊严、对于即使是不公平的法律的尊重、唯恐玷污自己名誉等等，这些无形的锁链把他留在监狱里，它们就是对于这个热衷于德行的人的十分有力的一些动因，足以使他安静地等待着死亡；他不能够脱逃，因为他不能决意丝毫背 163
叛他的精神早已习惯了的那些原则。

人家对我们说，人们时常违反自己的倾向而活动，因此结论说他们是自由的。这个推论是非常错误的。当他们看来好像违反自己的倾向而活动时，他们正是被某些必然的、十分有力足以战胜他们倾向的动因所决定。一个病人，一心想着病愈，便能够做到克服对于最难吃的药品的嫌恶；那时，对于痛苦或对于死的恐惧便成了必然的动因，因此，这个病人并不是自由地活动。

当我们说人不是自由的时候，我们绝不是主张把人比之于一个单纯地被冲动的原因所驱动的物体；他本身包含着固有于他的存在的一些原因；他是被一个具有自己的一些法则的内在器官所驱动，这内在器官是必然受他从外在事物接受的种种观念、知觉和感觉支配的。既然我们丝毫不认识这些知觉的、感觉的机械作用，以及这些观念刻印在我们脑子上的方式，不能察知所有这些运动，没有看到我们灵魂动作的各个环节，或作用于我们的那个动力本源，我们遂假想他是自由的。而这，若按照字面来说，意思就是人自行运动，没有原因而能自己决定，或简直可以说，我们不知道他怎么样和为什么像他做的那样活动的。诚然，人家对我们说，灵魂享有一种为它所特有的能动性；我同意这说法。但是，这也是确实的：这个能动性，如果没有某个动因或原因使它能够运动的话，它便永远不能发挥出来。除非人们主张灵魂不需要被触动、不需要认识对象、不需要对这些对象的性质有某种观念，就能够爱憎。火药，无疑具有一种特殊的能动性，但是，如果我们不把它挨近那强迫这能动性运用的火时，这能动性也是绝不会发挥出来的。

正是我们运动的巨大错综性，正是我们行动的多样化，以及同
164 时或连续地、不断地使我们运动的原因之复杂繁多，才使我们确信我们享有自由。如果人的一切运动都是单纯的，如果使我们运动的那些原因并不互相混淆而是彼此分明，如果我们的机制比较不太复杂，那么，我们就会看到，所有我们的行动都是必然的，因为我们可以马上追溯到使我们活动的那个原因。一个常常被迫向西走的人，会常常愿意从这方向走，但他会深深感到他并不是自由地朝那里走去的。假如我们再有一个感官，我们的活动和运动便要因为增加了这个第六感官而变得更要千差万别，更要错综复杂，那我们便会自以为比我们只有五个感官时更要自由一些。

所以，正是由于没有追溯到使我们活动的那些原因，正是由于

未能分析和分解在我们身上所发生的那些复杂运动，我们才相信自己是自由的。这种如此深刻而虚幻的感觉，即我们享有我们的自由，并且人家还给我们引经据典，好像可以作为这个假想的自由的动人证据——这样的感觉，不过只是建立在我们的无知之上罢了。每个人只要稍微愿意考察一下他自己的行动，寻找它们的真实动因，发现它们的前后关联，他就会确信，他享有自己的自由这种感觉，是一个很快就要被经验打破的幻影。

然而应该承认，由于那些时常在我们不知不觉中就影响我们的原因众多而复杂，我们追溯自身行动的真实根源就成为不可能，或至少是很困难的，至于要追溯别人行动的根源就更加困难了。它们往往取决于易逝的、远离结果的原因，这些原因看来似乎与它们很少有同类性和关系，以致要想能够发现这些原因，非要有一种非常的敏锐不可。这就是研究精神的人极其困难的原因所在；这就是为什么人的心是一个我们往往不能探测其深度的深渊。因此，我们不得不以认识一些规范人心的一般而必然的法则为满足； 165
对于我们人类的每个个人，这些法则都是同样的，只是由于机体各别，机体所感受的影响既不是，也不能是严格一样的，这些法则才有所差异。在我们，只要知道一切人，由于他的本质，是力求保存自己并使自己的生存幸福就够了。既然如此，那么，无论他的行动怎么样，当我们追溯到我们一切意志的那个最初根源、那个一般而必然的动力时，要判断他的种种行动的动因，我们是绝不会错误的。人因为缺乏经验和理性，无疑时常是在达到这个目的的方法上犯错误，或是他所使用的这些方法对我们自身有害因而我们不喜欢它们，或是他所采用的这些方法，因为有时距离他想接近的目

的太远,而被认为是无意识的;但是,不管这些方法怎么样,它们总是必然而不变地以一个实在的或想象的、持久的或暂时的,类似于他的存在、感觉和思维方式的幸福为对象。正是因为没有认识这个真理,大多数道德学家编造的不是人类心灵的历史,而是人类心灵的传奇。他们把人的种种行动归之于一些虚构的原因,而丝毫不认识人行为的必然动因。政治家和立法者们也处在同样的无知之中,而有些骗子便觉得使用一些想象的动力比使用一些实在的动力还更要便捷些;他们宁爱使人颤抖在令人胆战心惊的种种幽灵之下,而不指引人通过那样适合于人类心灵必然倾向的幸福道路去达到德行。谬误对于人类永远不能有益,这是多么的真实啊!

无论如何,我们在物理界内看到或相信看到的原因与结果的必然联系,比在人心之中看到的要分明得多。至少在物理界中,我们看见一些可感知的原因经常产生一些可感知的结果,如果环境相似,那么结果也常常一样。根据这点,我们毫不犹疑就把物理的结果看作是必然的,而拒绝承认在人类意志活动里面的必然性。
166 因为这类活动,是被人们毫无根据地归之于这样一个动力:它由自己的能力而活动,能够不需外在原因的帮助而改变自己,并且与一切物理的和物质的存在物有别。农业便是建立在这样一种确信上面:即经验告诉我们,以某种方式耕种过的土地,只要它具有必要的性质,我们就能够强迫它供给我们种种为我们生存所必需,或能够满足我们口腹之福的谷物或果实。如果我们不带着成见去观察事物,我们就会看到,在道德中,教育不是别的,而只不过是一种**精神的农业**,它与土地相似,正因为它的自然条件、我们给予它的耕耘、我们播撒在它里面的种子、使它的果实臻于成熟的或好或坏的季候等等的缘故，我们才确信灵魂将要产生一些善与恶、有益或有害于社会的种种**道德的果实**。道德学是研究存在于精神、意志以及人类的行动之间的关系的科学，正如几何学是研究物理与物体之间的关系的科学一样，道德学如果不建立在必然要影响人类的意志、决定他们的行动的种种动因的认识上，那么，它就会是一种幻影，就会丝毫没有确实可靠的原则。

如果说，在道德的世界里也像在物理的世界里一样，一个原因，它的作用不被扰乱，就必然产生它的结果，那么，建立在真理之上的合理性的教育、贤明的法律、幼年时被灌输的高贵原则、有德之人的榜样、功绩和善行得到尊敬和奖赏，恶与罪则严格遭受羞耻、轻蔑和惩罚，——所有这些，都是必然影响人们的意志、决定他们大多数人去显示德行的原因。但是，如果宗教、政治、榜样、舆论都致力于使人成为凶顽而且邪恶，如果它们把人们得之于教育的那些善良原则窒息死了，或是使之成为无用之物；如果教育本身只
是用一些恶德、成见、错误而危险的见解来充塞他们的头脑；如果 167
教育只是在他们心中燃起对自己和对别人都不适宜的情欲，那么，毫无疑问，绝大多数的意志便必然地决定要去为恶[①]。普遍的腐败无疑就是从这里来的，道德学家们虽有理由埋怨不休，却指不出

① 不少著作家都曾感到良好教育的重要性，可是他们却没有感觉到，良好的教育是和从一开始就使人的精神成为错误的各种迷信，使人成为恶劣而卑屈的、唯恐让人醒悟过来的专断的政体，违反公正的法律、违反良知的习尚、不利于德行的舆论，以及只会把自己本身已经为之败坏了的错误观念传播给学生的教师之无能等等是不相容的，而且是全然不可能的。

它的真实而且必然的原因来。他们把这种腐败归咎于人的本性，说人的本性本来就是腐败的[①]；他们非难人自己爱自己，非难人追求自己的幸福；他们硬说人要为善一定要得到**超自然的帮助**；并且，尽管他们认为人有自由，却又断言，还是少不了自然的创造主本人去消灭人心里的坏倾向。但是不幸，这个如此强有力的原动者自己，对于在事物的命定组织中那些强大的动力所给予人们意志的种种不幸倾向，却无可奈何。对于人们使自己的情欲采取种
168 种可恼的方向，也无可奈何！他们反复告诫我们，说要抵抗这些情欲；他们吩咐我们在心中闷死它们，把它们消灭，但是，既然这些情欲目的只在于避开对我们有害的东西并给我们提供对我们有益的东西，他们难道看不出这些情欲是必需的、固有于我们的本性、对我们的保存是有益的吗？最后，他们难道看不出，如果这些情欲得到很好的引导，就是说，把它们引向真正对我们自己和别人都有益的东西，就必然会有助于社会的真实而长久的福利的吗？人的情欲就像火一样，它对生活的需要是必不可少的，但同样也能产生最可怕的灾难。[②]

一切都变成对于意志的一种冲动。往往一句话也足以改变一

① 这和把我们的本性当作腐败了的东西指给我们，而且主张想为善一定要得到天恩这种学说是同样有害的一种说法。这种学说的结果，必然是使人减少勇气，把人在等待着这个恩宠时抛在无为和失望之中。如果人们得到良好的教育和管理的话，是常常都会有这种恩宠的。这是一种奇怪的道德学说，它和那把一切道德的恶完全归之于原罪、而把我们所做的一切善完全归之于神恩的神学家们的道德学说，是一样的。如果看到一个建立在这样可笑的一些假设上的道德学说没有任何成效，那我们也一点不必感到惊奇。参看本书下卷第八章。

② 有些神学家自己也感到情欲的必要性。参看色诺尔神父（Père Senault）的一本名叫《情欲的效用》的书。

个人整个的生命过程,并且永远决定他的种种倾向。一个孩子因为把手指伸得离蜡烛太近而被烧,他便得到一辈子的教训:不要再作同样的尝试。一个人因为一次做了一件不名誉的事而受到惩罚和轻视,就绝不想再继续干下去。无论我们从哪一个观点去观察人,我们所见永远只是:他不是按照物理的原因所给予他意志的冲动去活动,就是按照其他意志所给予他意志的冲动去活动。特殊的机体决定这些冲动的性质;灵魂影响相类似的灵魂,热烈的想象影响强烈的情欲、影响易于燃烧起来的想象;热情的惊人蔓延、狂信的传染、迷信的遗传性传播、由种族到种族的种种宗教恐怖的传播、探索神奇事物的热心,所有这些,就像那些由于物体的作用和反作用所产生的结果一样,都是同样必然的。

尽管人们对自己所假想的自由形成不少那样毫无根据的观
念,尽管对于不顾经验、使他们确信自己就是意志的主人的这个假 169
想的**内在感官**有着种种幻想,所有他们的体制机构还是真正建立在必然之上的;在这里,也如在无数其他的场合一样,实践就抛开玄想了。因为,如果不设想:某些向人们宣示的动因中,人有决定自己的意志、中止自己的情欲、指引这些情欲朝向一个目标、改变它们等等必需的能力,那么,言语又有什么用呢?人们又能指望从教育、立法、道德甚至宗教,得到什么果实呢?如果不是把最初一些冲动给予人的意志、使人养成一些习惯、强迫人在这些习惯中坚持下去,并且供给人一些真实或错误的动因,让他们以某种方式活动,那么教育又干什么呢?当父亲吓唬儿子说要惩罚他或答应他一件奖赏,难道他不相信这些东西将要影响他的意志吗?如果不是把认为可以决定去作某些行动和禁止去作某些行动的那些必需的动因呈示给构成一个国家的公民们，那么，立法又是干什么的呢？如果不是仅仅指示人们说，他们的利益要求他们压抑一时的情欲，以便得到一个比他们欲望的暂时满足所带给他们的更为长远更为真实的福利，那么，道德学的目的又是什么呢？在一切国家中，宗教难道不是假定说人类和整个自然都服从于一个必然的存在的不可违抗的意志，这个存在依照它不变的智慧的永恒法则，而规定他们的命运的吗？人们所崇奉的这个上帝，不是他们的命运的绝对主宰吗？拣选和弃绝，不是全由上帝做主吗？合理性的政治本应运用的那些真实的动因，却由宗教代之以威胁和许诺，这本身不就是建立在这样的观念上的，即这些幻想必然要对无知、胆小、贪图奇迹的人们心中收到种种效果吗？最后，要求它的创造物生存下去的慈善的神，不正是在他们不知不觉之中、也不管他们愿

170 意不愿意，就强迫他们进行一场结果可能幸福、也可能永远不幸的赌博吗？[①]

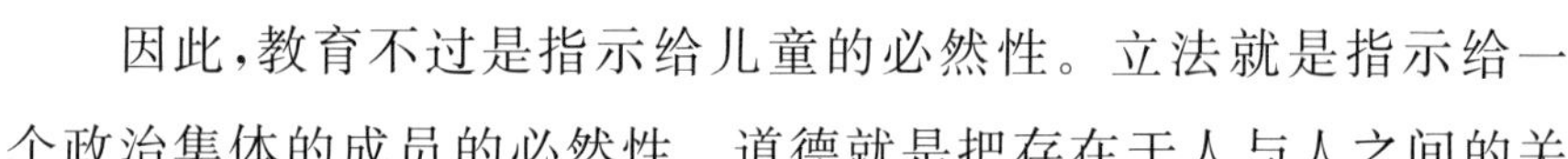

因此，教育不过是指示给儿童的必然性。立法就是指示给一个政治集体的成员的必然性。道德就是把存在于人与人之间的关

① 一切宗教都是显然而无可争辩地建立在宿命论之上的。在希腊人，宗教的前提是：人都由于他们必然的错误而受惩罚，就像我们在欧莱斯特(Oreste)、奥底普斯(Oedipe)等等悲剧中可以看到的那样，他们都是犯了神启早就说过的罪恶。基督教徒们曾做了一些徒然的努力，为证实上帝的神性而把人所犯的过错归之于自由仲裁(Libre arbitre)，但自由仲裁不能与定命说相容，而基督教徒们正是由这个定命说进到宿命论的体系中来的。既然上帝只把它的恩宠赐给它所愿意的人，那么，这个关于恩宠的说法就绝不会使他们解决困难。在一切国家中，宗教别无其他基础，它的基础不过是有一个不可抵抗的存在，它专断地决定着它的创造物的命运，它下达种种定命的谕令。一切神学假说都离不开这一点，而那些把宿命论看成是错误或危险的哲学家们却没有看到，天使的堕落、原罪、定命说和恩宠说，以及少数人为天的选民等等，只能无可辩驳地证明宗教是道道地地的宿命论。

系指示给有理性的生物的必然性。最后，宗教就是指示给无知和懦弱的人的一个必然的存在法则或必然性。一句话，人们在自己所做的一切事情中，当他们相信对自己有确实的经验时，便假定有**必然性**，当他们不认识原因和结果的必然联系时，便假想有着**盖然性**；如果他们不敢肯定或不能推测某些结果将要必然地随着他们所作的行动产生出来，他们便不像他们所想要做的那样去活动了。道德学家宣扬理性，因为他相信理性是为人所必需的；哲学家著书立说，因为他预测真理早晚必然胜过谎言；神学家和暴君必然仇视和迫害理性和真理，因为他们判断这些东西对他们的利益是有害的；君主用法律恐吓罪行，更常常是使犯罪成为有用和必需，他们 171
预计的是：他所使用的动力足以制约他的臣属。所有的人，都同样指望他们付诸实用的种种动因的力量或必然性，而不管对错，以能影响人们的行为而自诩。他们所受的教育，如果不是因为被成见所支配，通常就不会是那么坏，那么没有成效；可是如果它是好的，它就很快被在社会上发生的一切所反抗、所消灭。立法和政治时常是不公正的；它们在人心中燃起了它们所不能压制的情欲。道德学家的伟大艺术或者就在于给人们、也给那些支配人们意志的人，指出他们的利益是一致的，他们相互的幸福有赖于他们情欲的和谐，而帝国的安全、强大、久远，则必然依赖于人们散布在各民族之间的精神、依赖于人们在公民心中播种和耕耘的种种美德。宗教，除非它真正能加强这些动因，除非谎言可以给真理以真实的助力，它是不能被承认的。但是，在普遍错误已经使人类陷入不幸的情况下，大多数人不得不成为邪恶的，或不得不去侵害他们的同类；人们供给他们的一切机缘都促请他们去为非作歹。宗教使他们成为平庸、卑贱或胆怯的人,或是把他们造成残忍的、不人道的、毫无容忍之心的迷信者。至上的权威压榨他们,强迫他们成为卑贱和邪恶。法律只惩治那些小罪小过,而由政府姑息大了的大患大罪,法律则无法镇压。最后,被忽视和被轻蔑的教育,不是靠着一些教士骗子们,就是靠着一些既无学识又无德行的师长们来管,他们把自己曾深受其苦的种种恶德,以及那些使别人采纳了便对自己有利的种种错误见解,传授给他们的学生。

所有这些都给我们证明,如果我们愿意对人类的迷误予以适当补救的话,那么,就有必要追溯一下人类迷误的最初泉源。当我
172 们还没有揭露出那些驱动人们意志的真实原因,当我们对于人们常常使用的那些没有成效或是危险的动力还没有代之以更真实、更有用与更确定的动力时,单只梦想去改正他们是没有用处的。正应该由那些作为人类意志的主人们、那些支配国家命运的人们,去寻找理性向他们指出的这些动力。一本好书,在感动伟大君王的心灵的时候,就能够变成一个强有力的原因,必然会影响整整一个民族的行为,并且影响一部分人类的幸福。

从本章所述,可以得到这样的结论:人的一生没有一刻是自由的。他不是他那从自然得来的形体的主人;他不是他的观念或他的脑子的改变的主人,这些观念或改变,应归因于不管他愿意不愿意而且在他不知不觉中就不断影响他的那些原因,他不能自己做主去爱或不去欲求那他觉得可爱和觉得可欲求的东西。当他对于某些对象在他心中产生的效果不敢确定的时候,他也不是自己做主不去考虑;他不能自己做主不去选择他以为是最有好处的东西;当他的意志已被他的选择所决定的时候,他也不能自己做主不照

他所做的那样去做。真的，人在自己的行动中有哪一时刻是自己做主、是自由的呢？[①]

人将要去做的事情，总是他过去、现在，以及直到他行动时他 173
所做过的事情的一种继续。从所有可能的情况来观察，我们的现实的整体的存在包含着我们将要从事的行动的一切动因：这个原则之为真理是任何有思维的人所不能无视的。我们的生命是无数必然时刻的一种连续，而我们的行为，无论是好是坏，是有德的还是邪恶的，对我们自己或对别人有益还是有害，都是同我们一生的每一时刻同样必然的种种行动的一个链环。**生活**，就是以必然的方式经历一生中必然先后相继的各个点上的生存；**愿欲**，就是同意或不同意继续我们的现状；**自由**，就是听从我们内心赋有的种种必然动因的支配。

如果我们认识我们器官的作用，如果我们回想得出这些器官

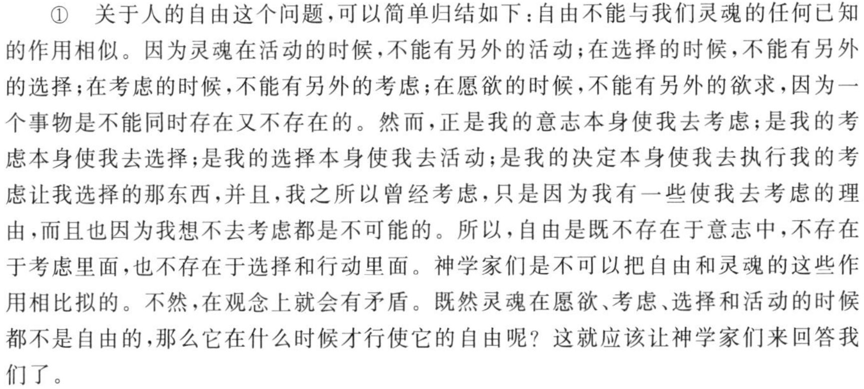

① 关于人的自由这个问题，可以简单归结如下：自由不能与我们灵魂的任何已知的作用相似。因为灵魂在活动的时候，不能有另外的活动；在选择的时候，不能有另外的选择；在考虑的时候，不能有另外的考虑；在愿欲的时候，不能有另外的欲求，因为一个事物是不能同时存在又不存在的。然而，正是我的意志本身使我去考虑；是我的考虑本身使我去选择；是我的选择本身使我去活动；是我的决定本身使我去执行我的考虑让我选择的那东西，并且，我之所以曾经考虑，只是因为我有一些使我去考虑的理由，而且也因为我想不去考虑都是不可能的。所以，自由是既不存在于意志中，不存在于考虑里面，也不存在于选择和行动里面。神学家们是不可以把自由和灵魂的这些作用相比拟的。不然，在观念上就会有矛盾。既然灵魂在愿欲、考虑、选择和活动的时候都不是自由的，那么它在什么时候才行使它的自由呢？这就应该让神学家们来回答我们了。

显然，正是为了为神开脱，证实它没有造成世上的罪恶，人们才想象出自由的体系来的；然而这个体系一点儿也不能确证。因为，如果人从上帝那里接受了自由，他也就从上帝那里接受了择恶避善的能力；因此，他也就是从上帝那里接受了犯罪的决定，不然的话，就该说自由是人本来就有的，与上帝毫无关系。参看《论体系》，第124页。

所接受过的种种冲动或改变,以及这些冲动和改变所产生的效果,那么,就会看到,我们所有的行动都是命定如此的,这种定命就像支配着整个宇宙那样,也支配着我们这个特殊的体系;在我们身上,一如在自然中,没有一个结果产生于**偶然**。偶然,如我们已证明过的,乃是一个毫无意义的字眼。在我们内心发生的一切,或是
174 通过我们而发生的一切,就像在自然中产生的一切,或我们归之于自然的一切一样,都应该归因于一些必然的原因,这些原因按照若干必然的法则而活动并且产生一些必然的结果,而其他的一些结果又从这些结果中产生。

定命,就是自然界既定的永恒、不变而必然的秩序,或者说,是起作用的原因与产生的结果之间必不可免的联系。依照这个秩序,重物体往下落,轻物体往上升,相类物质互相吸引,相反物质互相排斥;人们结成社会,互相影响,变成好人或坏人,彼此造成幸福或不幸,相爱或是相仇,都按照他们彼此对待的方式,是必然的。由此可见,支配物理世界的种种运动的必然,也同样支配着精神世界的种种运动,因而在精神世界内一切都服从于定命。在我们不知不觉之间,也不管我们愿意不愿意,我们在走着自然为我们划出的道路,我们就像被迫顺从那把我们卷走的水流的游泳者一样;我们自以为是自由的,因为我们时而同意、时而不同意顺从那总是卷裹着我们的水流;我们自以为是自己命运的主人,因为我们唯恐没顶而不得不划动着我们的手臂。

“不管你愿意不愿意,命运总是支配你的。”塞纳加。

人们对于自由的种种错误观念,一般都是建立在这一点上:即有一些事件我们判断它们是必然的,因为我们看到它们是与某些

原因经常不变地相联结着的结果，什么也不能够阻止它们，或者，因为我们以为瞥见了那引出这些事件的种种原因与结果的链锁；另有一些事件，我们不知道它们的原因、关联和活动方式，我们就把它们看作是**偶然的**。但是，在一切都是彼此联结着的这个自然之中，没有原因的结果是绝不存在的；而且，在物理世界中，一如在 175
精神世界中，所有一切都是不得不按照自己的本质而活动的种种可见的或隐蔽的原因的必然结果。在人而言，自由只不过是包含在人自身之内的必然。

第十二章　认为宿命论体系是危险的意见之考察

有一些生物，他们的本质强迫他们经常努力于保存自己并使自己幸福，对这样一些生物，经验是不可少的；没有经验，他们便不能发现真理，像我们已经说过，真理不过是对于人与影响他的事物二者之间恒久不变的关系的认识。根据我们的经验，我们把那些使我们获得恒久幸福的东西叫作有益的，把那些使我们获得多少持久的快乐的东西叫作可爱的。真理自身也只因为我们相信它是有益的，才成为我们欲求的对象；一旦我们揣测它可能损害我们，我们就要害怕它了。可是，真理，当真可能害人吗？从对于种种关系或事物的确切的认识中（这些关系或事物，是人为了自己的幸福认为有利才去认识的），可以产生对人有害的东西，难道这是可能的吗？不，这无疑是不会的。真理的价值和权利正是建立在它的效用上面。它可能有时在某些人看来是讨厌的，违背了他们的利益；但是，它对于整个人类将永远有益，整个人类的利益，绝不跟那些为自己的情欲所蒙蔽，自以为使别人陷在错误中对自己有利的人们的利益一致。效用因此就是人们的种种学说、意见和行动的试金石；效用就是我们对于真理本身的尊重和对真理的爱的尺度。
176 最有用的真理就是最可尊重的，我们叫作伟大的真理的，就是那些对人类最有利益的真理；我们称为贫乏的或我们不屑一顾的真理，则是这样一些真理：它们的效用，只限于给某些与我们绝不具有类似观念、感觉方式和需要的人们提供娱乐消遣。

要评断本书前面建立的那些原则是否正确，就应该按照这个尺度。凡是认识在世上层出不穷的恶是出于种种谬误迷信体系的人，都会承认，用取之于自然并建立在经验之上的真实体系去反对那些错误的体系，是多么地重要。而那些从既定谎言中得利或自以为有利可得的人们，将会带着惊恐注视人们向他们显示的真理。至于那些对于神学偏见招致的不幸根本感觉不到或只微微感到的人们，则会把我们的一切原则看作没有用处，或者，把它们看作至多是为某些思辨家们消遣时光而创造出来的不生果实的真理。

看到人们能够作出种种截然不同的判断来，我们也不必感到奇怪。因为他们的利益既然不同，他们对于效用的概念也就绝不会一样；他们是诽谤或鄙视所有和他们自己的观念不相合的一切东西的。既然如此，那么我们就来考察一下，在一个超出利害关系、摆脱种种成见，或非常关心自己同类的幸福的人的眼目中，宿命论这个学说是有益呢，还是危险。让我们看一看这是否是一种不生结果的思辨，是否对人类的幸福不产生任何影响。我们已经看到，这个学说给道德和政治以真实的动力，使人的意志活动起来；我们也看到它有利于以一种简单的方式解释人心的各种活动和现象的机制。另一方面，如果我们的观念只是一些不结果实的思辨，那么，这些观念就不能影响人类的幸福；无论人自以为自由，或是承认事物的必然性，他总归要遵循刻印在他灵魂上面的种种倾向的。使人成为善良的，是有理性的教育、高尚的习惯、贤明的 177

体系、公正的法律和赏罚得当;而不是种种艰深晦涩的思辨,这些思辨至多只能对那些习于思维的人发生影响。

根据这些思考,要克服人们拿来不断反对宿命论——受宗教体系蒙蔽的人们总把它看成是危险的,该受惩罚,只能扰乱公共秩序、放纵情欲、混淆善恶观念的体系——的种种困难,在我们就容易得多了。

实在,人家会向我们说:如果人的一切行动都是必然的,那么,人就决没有权力处罚那些做坏事的人,即使对这些人发怒也是没有权力的;我们丝毫不能怪罪他们;如果法律对他们科以刑罚,那么法律就是不公平;一句话,在这种情况下,人是既不能有功,也不能有过。——我这样回答:对某人的一个行动加以非难,这就是把这行动归之于他,就是认为他是这个行动的作者;因此,即使人们假想这个行动是一个动因的**必然性**的结果,非难仍然是可以成立的。我们归之于一个行动的功或过,就是以对于感受者有利或有害这样的结果为基础的两个观念。即使我们假定动因是必然的,那也仍然可以确定:这个动因的作用,对所有感到它的影响的人们来说,不是好的,就是坏的,不是可尊重的,就是可轻视的,最后,自然引起人们的爱憎。在我们,爱或怒乃是一些能使我们人类改变的存在方式;当我对某人发怒,我就想要在他内心引起恐惧,并且要他从使我不喜欢的东西那里转移过来,或甚至因此要对他加以惩罚。此外,我的愤怒也是必然的,它是我的本性和气质的一种结果。一块石头掉在我臂上,对我产生的痛苦之感,同样也是一种使我不愉快的感觉,虽则这个感觉是出于一个没有意志的原因,而这原因是它的本性的必然而活动的。在把人看成必然地活动的东西

时，我们便不能不在它们之中分辨出两种存在和活动方式：一种是 178
对我们适宜的，或者说，我们不能不赞许的；另一种是使我们痛苦、使我们激怒，而我们的本性强迫我们去谴责、去抵抗的。由此可见，宿命论的体系，对于事物状态丝毫不起改变作用，而且也绝不会把善与恶的观念弄得混淆不清。[①]

制订法律，无非是为维持社会并阻止社会成员们互相损害，因此，法律对扰乱社会的人或是对作了有害于自己同类们的行动的人，可以给以惩处；无论这些社会成员的活动是出于必然，还是出于自由，只要让他们知道这些动因是能够被改变的就够了。刑法乃是经验告诉我们能够把情欲所给予人的意志的种种冲动予以控制或消灭的动因；不管这些情欲来到他们心中是出于怎样一些必然的原因，立法者是要制止这些原因产生出结果的，如果他采用适当的方法处理，他就保证能够成功。在把绞刑、苦刑和随便什么惩罚给予罪人的时候，他所做的事与一个在建筑房子时，在那里按上导水管以免雨水浸坏屋基的人所做的事，并没有两样。

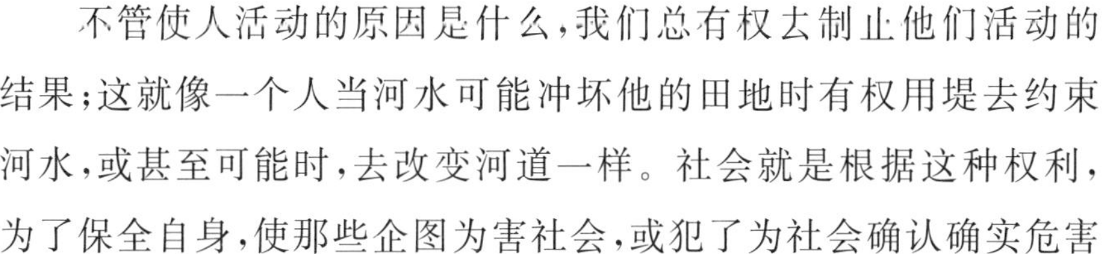

不管使人活动的原因是什么，我们总有权去制止他们活动的结果；这就像一个人当河水可能冲坏他的田地时有权用堤去约束
河水，或甚至可能时，去改变河道一样。社会就是根据这种权利， 179
为了保全自身，使那些企图为害社会，或犯了为社会确认确实危害

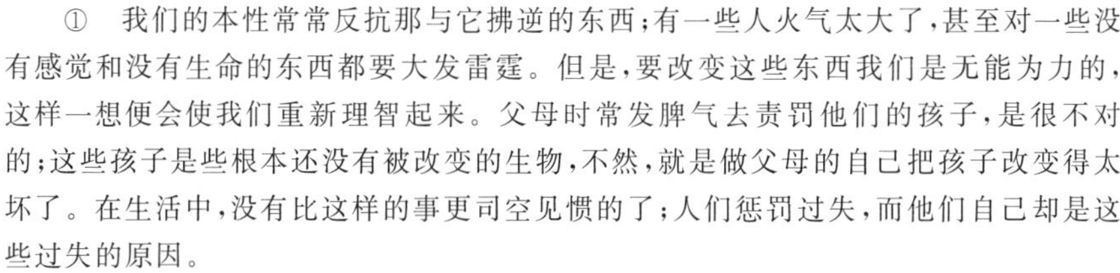

① 我们的本性常常反抗那与它拂逆的东西；有一些人火气太大了，甚至对一些没有感觉和没有生命的东西都要大发雷霆。但是，要改变这些东西我们是无能为力的，这样一想便会使我们重新理智起来。父母时常发脾气去责罚他们的孩子，是很不对的；这些孩子是些根本还没有被改变的生物，不然，就是做父母的自己把孩子改变得太坏了。在生活中，没有比这样的事更司空见惯的了；人们惩罚过失，而他们自己却是这些过失的原因。

社会安宁、安全和幸福的人们有所收敛或受到惩治。

也许会有人对我们说,社会通常并不惩罚那些无意志的过失,所惩罚的只是那个意志,因为是意志决定去犯罪,去为非作歹;如果这个意志并不自由,那人们便没有权利去惩罚罪行了。我这样回答:社会是一些有感觉、有理性、渴求福利而害怕不幸的人的集合体。这些情况就使他们的意志能够被改变或被决定去支持可以引他们达到目的的行为。教育、法律、舆论、榜样、习惯、恐惧,都是一些原因,它们必然要改变人们,影响他们的意志,使他们共同努力于整体福利,规范他们的种种情感,并且使那些能够有害于联合目的的各种情欲得到约束。这些原因,可以对由于机体和本质而能够染上人家愿意给他们灌输的种种习惯、思维和活动方式的所有人们造成印象。我们人都容易感到恐惧,因此,对于惩罚的恐惧,或对于剥夺我们追求幸福的恐惧,就是一个必然多少影响到我们意志和行动的动因。难道会有这样一些不健全的人吗——他们对于影响其他一切人的种种动因加以抵抗或无动于衷?他们是不宜于社会生活的,他们会和联合的目的格格不入,他们会成为社会的敌人,他们会阻碍社会的趋向,而且,既然他们那叛离的、不合群的意志不能被改变以适应自己同胞的利益,那么,他们的同胞们便会联合起来反抗他们的敌人,而作为公共意志之表述的法律,也会对这些人科以刑罚,对于这些人,人们曾呈示给他们一些动因,可是没有产生人们所期待的结果。因此,这些难与人相合的人便受到惩罚,成为不幸的人,按照他们犯罪的性质,被当作是一些生来就与社会的目的不很一致的东西,而排除在社会之外。

180 如果说社会有保存自己的权利,那么它也就有权采取一些自

存的手段；这些手段就是法律，即把最能使人们从有害的行动中回头的那些动因呈献给人的意志的那些法律。这些动因对他们能丝毫没有影响吗？社会为了自己的福利，不得不剥夺他们危害社会的权力。不管他们的活动出于什么根源，是自由的也好，必然的也好，只要在把一些强有力的、足以对有理性的动物产生影响的动因呈示给他们以后，看到这些动因并没能克服他们那变坏了的本性的冲动的时候，社会就要惩罚他们。社会让他们不要再搞下去的那些行动当真是有害于社会的话，它惩罚他们是公正的；当社会为他们相互的福利，命令他们只能做适合于联合成员的本性的事情，禁止他们干违反于联合成员的本性的事情的时候，它有惩罚他们的权利。但是，另一方面，法律对于它不曾把影响人们意志所必需的动因向他们呈献的那些人，没有惩罚之权；对于那些由于社会的忽略而被剥夺了生存手段、剥夺了发挥自己技能和才干的手段，以及为社会而劳动的手段的人们，也没有权利惩罚。如果法律对那些它既没有给以教育、也没有给以高尚原则，并且也不曾培养使之具有为维持社会所必需的习惯的人给以惩罚，那么法律是不公正的。如果由于本性所需、社会机制又使之成为必然的过失而受到惩罚，那么法律也是不公正的。如果是由于他们顺随了社会本身、范例、舆论、体制机构等伙同起来所给予他们的那些倾向的缘故而惩罚他们，那么法律就不仅不公正而且是没有道理的了。最后，当它所给的处分和人们在社会上所犯的实际罪恶不相称的时候，法律也是不公正的。当它黑白不分地对那些有益地奉行法律的人反而科以刑罚时，那就是不公正和疯狂到了极点。

所以，各种刑法，向设想能够具有恐惧心理的人们指出哪些东

西应该畏惧而回避,也就是给这些人提供了一些能够影响他们意
181 志的动因。痛苦、剥夺自由、死等等观念,对于那些身体健全而享有各种能力的人们,就是强有力的障碍,足以坚强地抵抗他们种种越轨的欲望的冲动;凡是不为这些障碍所制止的人们,都是神志不清者、狂人、身体构造出了毛病的人,对于这些人,别人有权自卫,保障自己的安全。诚然,疯狂是一种非自愿而又必然的状态;但是,谁也不觉得剥夺疯子的自由是不公正的,虽然他们的行动只能归罪于他们脑子的错乱。而坏人则是这样一些人:他们的脑子不是继续不断地就是一时地被扰乱;应该按其为恶的大小量刑予以惩罚,而且,如果人们再没有希望使他们重返符合社会目的的行为,那就应该使他们永远置于无能为害的境况中。

在这里,我并不想考察社会给侵犯它的人们科以惩罚究竟要达到怎样地步。理性似乎指出,法律应该对人们当中必然产生的罪行,在无害于社会自身保存的条件下,表现出宽大。如前所述,宿命论的体系绝不主张犯罪不受惩罚,但这一体系至少可以节制很多国家在惩治那些作为它们盛怒的牺牲者的罪人时所施行的野蛮残酷。这种残酷,当经验证明它是毫无用场时,就更加荒谬无理了。观看酷刑的习惯,只是使犯人和他们对于酷刑的观念熟悉起来。如果社会当真有剥夺社会成员生命的权利,如果犯人的死当真对他自己已经无所谓而对社会有利,那么,应当考察的就是:人道至少会要求这个死绝不要伴有无谓的折磨,而这折磨是过苛的法律往往喜欢加在死刑上面的。这种残酷本身产生不了什么结果,只不过是使那在公开判决之下遭受极刑的人增加痛苦罢了。它使旁观者心软,使他们对痛苦呻吟的不幸者感到同情,但是,它

是丝毫不能慑服坏人的，坏人看到自己迟早要亲身体验的这种残酷不仁的景象，往往只能变得更加凶狠，更加恶毒，更加要成为和他在同一社会中生活着的人们的死敌。如果死刑的榜样少来一 182
些，甚至不要让死者痛苦地死去，这也许还更要有威慑人心的力量。[①]

在某些国家中，那本该为全体利益而制订的法律似乎只以保障某些最强有力的人物的个人安全为目的，而罚不称罪，却毫不留情地夺去那些由于最紧迫的必然而被迫犯罪的人们的生命。对于这样不公平的残暴，我们该怎么说呢？在大部分文明国家中，一个公民的生命就是这样被放在和称金钱同一天平之上去衡量；挣扎在饥饿和贫苦中的不幸者，因为偷取了另一个富足极了的人的过剩财物的微不足道的一小部分而被置之死地！这就是在某些开明社会中，人们所称道的**正义**，或量罪施刑！

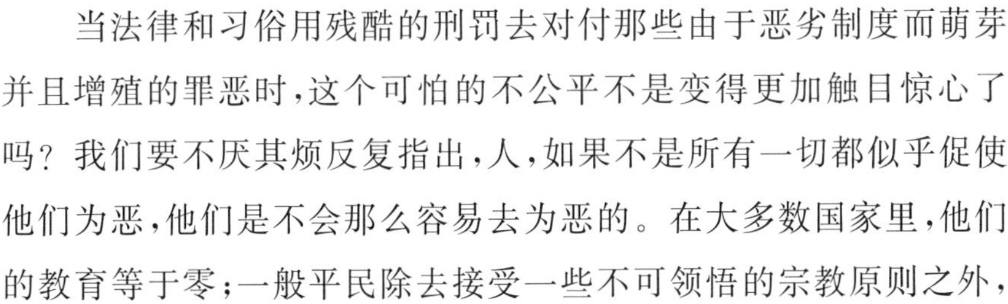

当法律和习俗用残酷的刑罚去对付那些由于恶劣制度而萌芽并且增殖的罪恶时，这个可怕的不公平不是变得更加触目惊心了吗？我们要不厌其烦反复指出，人，如果不是所有一切都似乎促使他们为恶，他们是不会那么容易去为恶的。在大多数国家里，他们的教育等于零；一般平民除去接受一些不可领悟的宗教原则之外，

---

① 大部分罪犯只是把死看作是“很坏的一刻钟”。一个小偷，看见他的一个伙伴在受刑中表现得不很坚强的时候，对他说道：“我不是告诉过你，在我们这个行业中，我们比别的人多有一种病痛吗？”即使在惩治犯人的断头台的脚下，天天都是有偷盗的。在如此轻易动用死刑的国家中，每年人们都从社会中剥夺了很大数目的人，这些人，如果强迫他们劳动，就可以给社会作出一些有益的事，而因此也可以补偿他们过去对社会所做的罪恶，这一点，人们是否曾经充分注意到了呢？人们轻易地剥夺别人的生命，这种轻易，就证明了大多数立法者的暴虐和无能；他们觉得，把公民们消灭掉比寻找使他们成为好公民的办法，是要捷便得多的。

别无其他,而宗教,只不过是抵挡他心中各种倾向的一个脆弱的屏
183 障而已。法律徒然向他呼喊:不要侵犯别人的利益;他的需要却向他叫喊得更加响亮,要他损害社会而生活,而这个社会并没有替他做过一点好事,却迫使他辗转呻吟于贫困和困苦之中。他时常被剥夺了生活必需品,他便以偷盗、窃取、暗杀,来作报复;他冒着生命的危险,设法满足那一切都凑起来在他心中所引起的种种真实的或想象的需要。他丝毫也没有接受过的那个教育,自然也丝毫不会教给他要控制自己气质的暴躁;既没有礼让的观念,也没有荣誉的原则,他于是容许自己去危害那对他只不过是后娘般的祖国;在他的激愤之中,他再也看不见其实就在那里等待着他的那个绞刑架了。况且,他的种种倾向已经太强了,他那根深蒂固的习惯再也不能改变,懒惰使他麻木,失望使他瞎了眼睛,他奔向死亡,而社会却为了他那不幸而必然的种种意向严厉地惩罚他。其实,这些是社会在他心中产生的,或至少是社会没有用最宜于给他心灵以崇高倾向的种种动机,去适当地根除和克服掉的意向。这样,社会便是时常对它自己使之产生,或由于自己的疏忽而使之在精神里面萌芽发展起来的种种倾向加以惩处;它这样做,就正像有些不公正的父亲,因为孩子们的一些过失而惩罚他们,其实,这些过失正是他们自己让孩子们沾染上的。

不管这一行为是或似乎是如何不公正和无理,它毕竟还是必然的。社会,像它本来那样,不管它怎样腐败和它的制度怎样恶劣,它总是愿意存在并且努力保存自己;因此,它就不得不惩罚那由于它的不良组织迫使产生出来的种种恶果。尽管它自己有着偏见和缺点,但它总感到,它的安全要求它去粉碎那些向它宣战的人

们的阴谋，即使这些人是由种种必然的倾向所驱使而去扰乱它、侵害它。在社会这方面，则是为自存的渴求所强迫，它就把这些障碍从它自己的道路上扫除，并且按照它认为极为重要的对象，或它认为对自己福利最有益的对象，而对他们多少程度不等地加以严厉的惩罚。诚然，它在这些对象和手段上是常常犯错误的；但是，它 184
因为缺乏能够洞见自己真实利益的理智，或由于规划它的种种运动的人们缺乏审慎、才能和德行，社会之犯错误因而也是必然的。由此可见，盲目的组织不良的社会之不公平，与那些扰乱社会、破坏社会的人们的罪恶，同样都是出于必然[①]。一个政治集体，当它陷于狂乱中的时候，正像它的一个脑子被扰乱了的成员一样，是再也不能有合于理性的活动的。

人家还会对我们说，这些说法，如果把一切都归于必然，势必要混淆或甚至破坏了我们对于公正和不公正、善和恶、功和过等等的概念。我否认这个见解。虽然人在他所做的一切事情中，他的活动都是必然的，可是，他的种种活动，只有倾向于自己同类们的真实利益以及他在其中生活着的那个社会的真实利益时，才是正当的、善良的和有功劳的；而且，任何人都不能不把这种行为同那些真正有害于和自己在同一社会中生活的人们的福利的行为，加以区别。当社会使它所有成员满足物质的需要，使他们获得安全、自由，使他们享有自己的自然权利时，这个社会才是公正的、善良的、值得我们爱慕的；社会条件所能保证的一切幸福正在于此。当

① 一个对它自己产生出来的恶行加以惩处的社会，就好比是那些患生虱病的病人一样；他们不得不杀掉那些使他们深受其苦的虫子，虽然他们那恶劣的机体每一刻都在产生着这些虫子。

社会偏袒少数人而苛待大多数人时,那它就是不公正的、坏的、不值得我们爱慕的;这样,它必然会增多自己的敌人,而迫使他们用它不得不加以惩罚的罪恶活动来进行报复。公正与不公正、道德的善与恶、真实的功与过等等的真实概念,并不受一个政治社会的种种偏私的支配,而是取决于效用,取决于事物的必然性,因为这些常常强迫人们感到在自己同类中或在社会中,有一个他们不得
185 不爱好和赞许的活动方式,同时也有另外一个他们由于自己本性不能不痛恨和非难的活动方式。我们对于快乐和痛苦、公正与不公正、恶与德等等的观念,就是建立在我们自己的本质上面的;唯一不同的就是:快乐和痛苦是直接地、并且马上让我们脑子感觉到,而公正和德行的好处,则时常是通过一系列的反思和繁杂的经验才显示给我们,然而,由于人的机体上和环境上的毛病,时常使得很多人不能形成或至少正确地形成这些反思和经验。

宿命论的体系,从这个真理的必然结果来看,并不像人家时常指责它的那样,是倾向于使我们大胆犯罪并且不再感到悔恨的。我们的种种倾向导因于我们的本性;我们对于自己的情欲的使用则有赖于我们的习惯、我们的见解,以及我们从教育和生长所在的不同社会里所接受的种种观念。决定我们行为的,必然就是这些东西。所以,当气质使我们具有强烈的情欲时,那就不管我们如何思辨,我们还是为欲求所驱使。悔恨是一些痛苦的情感,是由我们情欲的现在的或未来的结果所致的烦恼而在我们心中引起的,如果这些结果对我们总是有益的话,我们就绝不会有什么悔恨;但一旦确知我们的行动将要使自己遭到别人的痛恨和轻视,或一旦产生畏惧,害怕因此而受到这样或那样的惩罚,我们便感到不安,而

且不满意自己，我们就责备自己的行为，我们在心灵深处感到羞愧，害怕听到别人对于尊重、善意和感情之类的判断，关于这些判断，我们明白，而且我们也感觉是和自己有关系的。我们自己的经验给我们证明，坏人，就是凡受到他行为影响的人都把他看成讨厌的那种人；即使他的这些行动是隐蔽的，我们知道，要能够永远隐蔽下去却是少有的。稍稍一点思索就会给我们证明，没有一个坏 186
人会真正对自己满意而不以自己的行为可羞可耻，不羡慕正人君子的命运，不被迫承认自己为了一些好处付过很高的代价，而这些好处，自己不作一些亏心的反省是永远不能享受的。他感到羞愧，他轻视自己，恨自己，他的良心常常惊惶。为要相信这个道理，只需看一看那些暴君和大奸巨恶者们，他们那样强有力，不怕人家对他们的惩罚，然而却畏惧真理，对于那些可能把他们公之于群众审判的人们之用心防范、残酷对待，竟达到了什么程度！那么，他们是意识到自己的不公平了？他们知道他们是遭人痛恨、遭人轻视？他们感到悔恨？他们的命运是不幸的？一些有教养的人可以从教育中得到这些感情；这些感情会由于舆论、由于习俗、由于表现在人们眼前的一些榜样而被加强或削弱。在一个腐朽的社会里，悔恨是不存在的或很快就消失的；因为人们在自己一切行动中不得不加以考虑的，总是他们同类们的判断。我们对于明知必为一切人所赞许和实践的行动，绝不感到羞惭，也没有悔恨。在一个腐败政府之下，那些卑劣的、贪婪的、营营于金钱的灵魂，绝不以那些为先例所许可的下流行为、偷盗和抢劫为可耻；在一个放荡的国家里，没有人会为通奸而脸红；在一个迷信的国家里，也没有人会认为因为意见不同而行暗杀是可耻的。可见，我们的悔恨也像我们

对礼让、美德、公正等等东西的真实的或错误的观念一样，都是我们那被生活所在的社会改变了的气质的必然结果；杀人犯和小偷们，当他们生活在自己人中间时，是既没有羞愧、也没有悔恨的。

所以，我再说一遍，人的一切行为都是必然的；凡常常是有益的活动，或有助于我们人类的真实而长久的幸福的活动，都叫作德
187 行，除非人们的情欲或错误见解强迫人以一种不符合事物本性的方式去判断它，它是必然为所有感受它的人所喜爱的。每个人都是必然按照他自己的存在方式、按照他自己对于幸福的真实或错误观念，去活动和判断的。我们不能不赞许的那些活动，就是必然的活动；此外，还有一些活动，不管我们怎么样，我们不能不加以非难，而且，这些活动，当我们在想象中处在别人的地位去看待的时候，稍一念及，我们就会不得不脸红。正人君子和坏蛋的活动，同样都是出于必然的动因；他们之间的差别仅仅由于机体不同，由于他们自己对幸福所形成的观念相异。我们厚此是出于必然，而我们薄彼也同样出于必然。我们本性的法则，既然规定每个有感觉的生物经常致力于保存自己，它就不能让我们有权选择，有自由宁爱痛苦不要快乐、宁爱缺陷不要利益、宁爱罪恶不要德行。所以，正是人的本质自身，强迫人去区别那有益于自己和有害于自己的种种活动。

这个区别，就是在最腐败的社会中也是存在的，虽然在这种社会里，对于德行的观念，从行为中给完完全全地抹掉了，可是，它们还照样保留在精神里面。因为，即使我们假设一个人决心去犯弥天大罪，他也会对自己说，在一个败坏了的社会中做个有德行的人，那是骗人的。我们更假设他相当灵巧和幸运，竟能在一个很长

的岁月中逃脱了非难和惩罚。我说，尽管有这样有利的环境，可是这样一个人并不感到幸福，也不会对自己满意，而是处在永恒的恐怖之中、斗争之中、激动之中。他害怕同社会人们的眼光，同他们不断斗争，他该费过多少心计、劳动和辛苦，有过多少艰难和挂虑啊！让我们问问他对自己怎么想吧。让我们走近这个将死的大罪人的床前，问他是否愿意用同样的代价再过一次如此不宁的一生？
如果他还诚实，他就会承认，他既没有享受过安静，也没有享受过 188
幸福，每一件罪恶都耗去他无数的心跳和不眠之夜，这世界对他不过是一场精神继续不断惶恐和愁苦的舞台；在同样的条件下，平静地过着面包和白水的生活，在他看来，似乎比攫取财富、声誉和荣耀，是更为甜蜜的一种命运。如果这个大罪人，尽管成就非凡，还觉得自己的命运是可悲的，那么，对于那些没有同样才能，没有同样便利实现自己计划的人，我们又将怎样想呢？

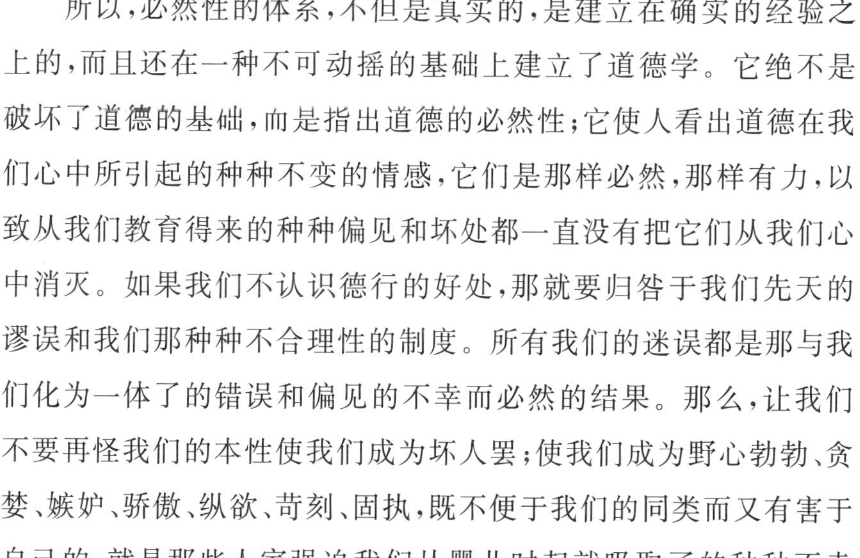

所以，必然性的体系，不但是真实的，是建立在确实的经验之上的，而且还在一种不可动摇的基础上建立了道德学。它绝不是破坏了道德的基础，而是指出道德的必然性；它使人看出道德在我们心中所引起的种种不变的情感，它们是那样必然，那样有力，以致从我们教育得来的种种偏见和坏处都一直没有把它们从我们心中消灭。如果我们不认识德行的好处，那就要归咎于我们先天的谬误和我们那种种不合理性的制度。所有我们的迷误都是那与我们化为一体了的错误和偏见的不幸而必然的结果。那么，让我们不要再怪我们的本性使我们成为坏人罢；使我们成为野心勃勃、贪婪、嫉妒、骄傲、纵欲、苛刻、固执，既不便于我们的同类而又有害于自己的，就是那些人家强迫我们从婴儿时起就吸取了的种种不幸

的见解。这是教育在我们心中种下必然要使我们一生为其所苦的种种恶的根苗。

人们责难宿命论使人勇气消退,使人心灵冷酷,使人陷于迟钝,破裂人之连结于社会的纽结。人们对我们说:“如果一切都是必然的话,那么,就应该听任事物自流,不必为任何东西所感动。”可是,成为可感的或不可感的,难道在我吗?感觉痛苦或不感觉痛苦,难道由得了我吗?如果自然给了我一个仁慈而柔软的灵魂,要我对自知对自己的幸福是必需的东西不强烈地感觉兴趣,在我是可能吗?我的情感是必然的;它们依赖于我那由教育所培养的本
189 性。我那敏于感动的想象,使我的心在看到自己同类们忍受的种种苦难、压榨他们的专制、使他们迷失的迷信、使他们不和的情欲和使他们永远从事于战争的种种疯狂的时候,就感到紧张和战栗。虽然我知道死是一切生物的定命而必然的终结,可是我的心仍然要为疼爱的妻子、慰我晚年的孩子、成为我心灵之不可少的朋友的死亡而深深忧伤。虽然我不是不知道火的本性就是燃烧,可是我却不认为我可以不尽自己的一切努力去使一个火灾止熄。虽然我深信我亲眼见过的种种不幸都是我的同胞们习染的一些最初错误的必然后果,如果自然给我勇气这样做,我将敢于把真理指给他们,如果他们听从,真理将逐渐成为他们苦难的可靠的救星,它将结出因其本质而产生的种种果实。

如果人们的思辨影响他们的行为,或改变他们的气质,那我们就绝不能怀疑这个必然性体系也要对他们发生最有益的影响。这个必然性不仅能平静他们大部分的不安,而且还有助于启发他们,使他们有一种对于命运的意旨之有益的服从、一种经过推理的让

步。命运的这些意旨，是时常因为他们那过大的敏感性使他们变得不胜其负担的。对于这样一些人——过于柔嫩的心灵时常使他们成为命运的可怜的玩物，或者，过于脆弱的器官不断暴露出来一任厄运的袭击以致破碎——对于这样一些人，那么这种幸福的麻木不仁，也许还是一种大可欲求的东西罢。

但是，如果人们把必然性的学说应用到自己的行为上去，那么，在人类可能从这学说取得的一切好处中，就再没有比这种宽大、比这种应该成为**一切是必然的**见解之结果的普遍容忍，更为伟大的了。由于这个原则，宿命论者，如果有着敏感的灵魂，他就会怜惜他的同类，为他们的迷误而叹息，设法去唤醒他们，绝不会对 190
他们生气发怒，也不会给他们的苦难以凌辱。实在的，凭什么权利要仇恨或轻视人们呢？他们的无知、成见、弱点、坏处和情欲，难道不是他们的不良制度的一些不可避免的结果吗？他们难道不是因此已经被一大堆从各方面袭击他们的灾祸相当严厉地惩罚了吗？那些把他们压服在暴政之下的专制君主，难道不是自己的不安和疑惧的不断的牺牲者吗？难道一个坏人才享受到一种很纯粹的幸福？有些国家，不是因为自己的偏见和疯狂不断受着苦难？领袖们的无知、他们对于理性和真理的仇恨，不是被他们所统治的国家的衰弱和覆灭所惩罚了？一句话，宿命论者将会悲哀地看到，在任何时刻，必然性都要在那些不认识它的权力的人身上，或者在那些感觉到它的打击而不愿承认这些打击所由发出来的人们身上，实现它的严厉裁判。他也将会看到：无知是必然的；轻信是无知的必然结果；压制必然产生于轻信的无知，而风尚的败坏是这种压制的必然结果；最后，社会和社会成员们的不幸则又是这种败坏的必然

结果。

信守这些观念的宿命论者,因此既不会是一个使人不舒服的恨世者,也不是一个危险的公民。他原谅他兄弟们的种种迷误,这些迷误是他们那由于千百种原因而变坏了的本性使之对他们成为必然的;他安慰他们,鼓舞他们的勇气,把他们从空虚的幻梦中唤醒,但是他绝不对他们表示出这种尖刻,即激怒他们较之引动他们趋于理性更为有力的那种尖刻。他丝毫不会扰乱社会的安宁,也绝不会煽动人民反对统治权力;他将会觉得,那样多的人民领导者的败坏和盲目,就是人们最初用来使他们餍足的种种阿谀,以及那些缠着他们、腐化他们,以便利用他们弱点的人们所不可少的那种狡猾之必然的结果;最后,这也是他们对于自己的真实利益、一切都竭力拖住他们留在其中的那个深刻的冒昧无知之不可避免的结果。

191 宿命论者绝没有权利以他自己的才能和德行而骄傲;他知道,这些性质不过是他那被毫不由他做主的种种环境所改变的自然机体的结果罢了。对于那些并不像他那样受到自然和环境厚待的人们,他既不憎恨,也不轻视。宿命论者从根本上说就应该是谦虚而朴实的:他难道不是不得不承认,除去他所接受的以外,他自己是什么东西也不具有的吗?

总之,经验已经使之深信事物的必然性的人,一切都把他引向宽宏大量。他痛苦地看到,一个组织不良、管理不善、听从成见和不合理风尚的摆布、服从于毫无道理的法律、为专制制度所败坏、为浮华所腐化、为错误思想所迷醉的这样一个社会,本质上就是要充满着恶劣而轻薄的公民、卑屈的以自己的枷锁为光荣的奴隶、没有真实名誉观念的野心家、悭吝者和败家子、迷信者和放荡者的。如果他深信事物的必然联系，那么，当他看见疏忽和压迫给农村带来荒芜，流血的战争使人口减少，无谓的消耗使人民穷困，这一切汇合起来的恶端使得国家到处都是既没有幸福、也没有智慧，既没有良好的风尚、也没有道德高尚的人们时，他就绝不会感到惊讶了。他在这一切上面所看到的，只不过是物质对于精神和精神对于物质的必然的作用和反作用而已。一句话，凡是承认宿命的人，就一定会相信，一个治理得不好的国家就是一片遍布着有毒植物的沃土；它们在这片土地上生长得这样茂盛，以致它们彼此拥挤、彼此都使得对方透不过气来。在一片由李吉格（Lycurgue）[1]这样的人双手垦殖的土地上，人们只看见产生勇敢的、自豪的、无私的、不知逸乐为何物的公民们；而在一片由第伯里乌斯（Tibere）[2]这样的人垦殖的土地上，人们就只能看到穷凶极恶的歹汉、卑下无耻的灵魂、告密者和叛徒。正是土壤，正是人们身处的环境，造成有益的或是有害的事物。贤者躲避这一些事物，犹如它们是出于本性只知咬人和传播毒汁的蛇蝎；他又接近另一些并且
爱它们，犹如它们是味美适口的水果。他看见坏人并不生气，他珍 192
爱慈善的心灵。他知道，一棵生长在不毛而多沙的荒漠中、无人培植而逐渐干枯下去的树长得不成样子，而且弯曲不伸，如果它的种子当初被放在一块比较肥沃的土地中，或者，如果它曾经受到一位高明的种植者的精心管理的话，那么，它也许早已把自己的枝叶伸

① 斯巴达的立法者。生于公元前第九世纪。——译者

② 罗马皇帝（公元前42—37），为人机警而残酷。——译者

展得远远的,早已结出鲜美可口的果实,早已供给人以清凉沁人的浓阴了。

希望人们不要对我们说这是贬低了人,这是把人的机能还原为一种纯粹的机械作用;说这是可耻地贱视了人,把人比作一棵树、一种卑微植物罢……没有成见的哲学家,绝不倾听那对于构成人的真正尊严的东西之冒昧无知所发明出来的这种种话语。一棵树,在它的种类中,就是一件把有用和可爱结合起来的事物;当它产生甜美的果实和美好的荫蔽时,它就值得我们去爱它。任何机械,只要它真正有用而且忠实地完成人们给它指定的职务时,就是珍贵的东西。是的,我有勇气这样说:好人,当他德才兼备时,对于人类来说,就是一棵供给人们以果实和荫凉的树。好人是一部机械,它的各种弹簧是按照能够必然使人喜爱地完成它们各种职务的方式而装配起来的。不,我绝不会以成为一部这类的机械为可耻,而我的心,如果它能预知有一天我的思考的果实对我同类们有益、使人得到安慰的话,那么它将会因欢乐而战栗。

大自然本身不就是一部浩大的机械,而我们人类就是它的一个微小的发条吗?在自然和它的产品中,我看不出有什么下贱的东西;凡是出自自然之手的东西都是好的、可贵的、高尚的,只要它们共同合作,在它们应该活动的范围里产生秩序与和谐。不管灵魂的本性是怎样,无论它是终于会死去也好,不朽也好,把它看作
193 一个精神也好,看作肉体的一部分也好,我总会发现苏格拉底、亚里士多德、加多(Caton)[①],有高贵的、伟大的、卓越的灵魂,而克洛

① 罗马著名的督察官和演说家(公元前234—前149)。——译者

底乌斯(Claude)[①]、塞让努斯(Séjan)[②]、尼罗(Néron)[③]的灵魂，就要叫作污泥的灵魂。在高耐依(Corneille)、牛顿、孟德斯鸠，我赞美它的能力和活动。而当我看见那些向暴政顶礼膜拜，或者卑屈地匍匐在迷信脚下的人们时，我就不禁为它的卑劣而叹息。

本书前面所讲的一切，清楚地给我们证明一切都是必然的。相对于自然来说，一切都永远在秩序之中，因为在自然里，一切存在物都只是服从着自然为它们制定的法则。某些土地产生美味的果实，另外一些土地则只产生芒刺、荆棘和危险有毒的植物，这都在自然计划之内。自然曾经使得某些社会中出现一些贤者、英雄和伟人；它又曾安排在另外一些社会中只产生一些卑微的、既没有活力也没有德行的庸才。暴雨、狂风、暴风雪、疾病、战争、瘟疫和死亡，与太阳的慈惠的热力、天空的晴朗、春天的微雨、丰饶的年景，以及健康、和平、生命等等，对自然的进程来说，同样都是必然的。恶与德、黑暗与光明、无知与科学，也同样都是必然；有好，有坏，只是对某些特殊的生物而言，要看这些东西是有利于它们的生存方式呢，还是搅乱了它们的生存方式。不能是全体都不幸，但是其中可以包含某些不幸的事物。

自然就是这样，一视同仁，分配着我们叫作**秩序**的东西和我们叫作**混乱**的东西、我们叫作**快乐**的东西和我们叫作**痛苦**的东西；一

---

① 罗马皇帝(公元前10—公元54)。软弱无能，失去王位后，被人毒死。——译者

② 第伯尔的执政大臣(公元前20—公元31)。残忍而腐败，后受第伯尔之命被绞死。——译者

③ 罗马著名的昏君(公元37—68)。——译者

句话,由于它的存在的必然性,它在我们居住的这个世界上散布着善与恶。让我们不要为了这些就说它是好心或恶意罢;让我们不要想象我们的呼号和誓愿就能中止它那永远按照不变法则而活动的力量罢。让我们顺从我们的命运,当我们痛苦的时候,不要求救
194 于我们的想象所创造出来的幻影;自然给我们造成了一些病痛,那就让我们在自然本身中去汲取自然献给我们为医治这些病痛的良药罢。如果自然给我们带来一些疾病,就让我们在它的怀抱中去寻找它为我们而产生的具有疗效的产品。如果它使我们犯错误,那么在经验和真理中,它也给我们提供能够消灭它们那不幸后果的解毒剂。如果它忍受人类长久呻吟在人的种种缺点和疯狂的重荷之下,它也给人指出德行是医治他的羸弱的有效良药。如果某些社会遭受不幸是必然的,当这些不幸成为太大的障碍,这些社会无可抵抗地不得不寻找解救这些不幸的良药时,自然总是给予它们的。对于某些似乎是自然选来作为它的牺牲品的不幸的人,如果自然使他们的生存变得难堪,那么,死,便是自然给他们永远敞开着的大门,并且,当他们判断病痛已经无可治愈的可能的时候,死亡便使他们从病痛中得到解脱。

所以,让我们不要抱怨自然对我们过于严酷。在自然里,绝没有它不把药品给予那些有勇气去寻找并且应用这药品的人们的这样一些病症。这个自然,在它一切的作用中,都遵守着一般而必然的法则;肉体的病和精神的病,绝不应归因于自然的恶意,而应归因于事物的必然性。物理的病是由于我们看见它们活动着的一些物质原因产生在我们器官中的混乱;精神的病则是一种由于物质原因在我们内心产生的混乱,而这些物质原因的活动在我们却是

一种秘密。然而，这些原因总会终于产生可为我们感知的或能触动我们感官的结果。人的思维和意志，只是通过它们产生在人自己身上的某些明显结果而显示出自己，而这些生物的本性是使得自己能够感到这些思维和意志的。我们感到痛苦，是因为某些生物本质上就是要来扰乱我们机体的和谐的；我们享受快乐，是因为某些东西的特性正和我们的生存方式相类。我们降生，因为某些物质的本性就是要在一种确定的形态之下互相组合起来；我们生活、我们活动、我们思维，因为某些组合体本质上就是要在一定的 195
时间之内、凭着一些既定的方法而活动并保持自己的生存。最后，我们死亡，因为一条必然的法则规定：一切既成的组合体都要毁灭或解体。从这一切，可以得到结论说，自然对于它自己的一切产品是没有偏私的；它使我们像所有其他生物一样，服从于某些永恒法则，而并未能对我们破例，因为它如果片刻搁置这些法则，那么自然内部便要产生混乱，而它的和谐便要受到搅扰。

只有以经验为指引去研究自然的人，才能够猜透自然的奥秘，逐渐揭露自然为酝酿某些最宏伟的现象而使用的种种原因之往往不为人所见的网络。由于经验的帮助，我们往往发现以往许多世纪未为人知的自然的新性质和新的活动方式。在我们祖先看来是神奇的、灵迹的、超自然结果的东西，今天对于我们却变成了能认识它们的机制作用和原因的一些单纯而自然的结果了。人对于自然的探索，已经达到发现了地震、海洋周期运动、地下火、流星之类的原因；而这些现象，在我们祖先和现在愚昧无知的常人看来，都是上天震怒的无可置疑的表现。我们的后代，遵守并且修正我们先辈们所创造的那些经验，还会走得更远，而且会发现完全为我们

所不能看透的一些原因和结果。也许有一天,人类联合起来的努力终于会深入到自然的殿堂,发现它直到现在似乎一直不许我们去探求的许多神秘。

如果在真实的情况下去观察人,如果摆脱权威而顺从经验和理性,如果把人整个置于想象曾想给人摆脱的那些物理法则支配之下,那么我们就可以看到,精神世界的现象与物质世界的现象是遵守着同样的规律的,而大部分伟大的结果,我们现在由于无知和
196 偏见看成不可解释和神奇的,将来在我们看来,就都会变得单纯而自然。我们将会觉得,一个火山的爆发和一个帖木儿的降生,对于自然来说毫无区别。我们带着惊愕看见在大地上进行着的最惊人的事变、可怕的革命、破裂和蹂躏国家的可怖的骚乱,所有这些,如果追溯到它们最初的原因,我们就会发现,使这个世界上进行着最惊人和最广泛的变化的那些意志,究其本源,是一些物质的原因所推动的,而这些原因十分微小,以至于我们认为它们无足轻重,简直不可能产生那些我们认为如此宏大的现象。

如果我们从结果去判断原因的话,那么在宇宙中就没有任何原因是渺小的。在自然中,一切都互相联系,一切都作用和反作用,一切都在运动和衰败、组成和分解、形成和毁灭,没有一粒原子不扮演着重大而必然的角色;没有一个被放在适宜环境中的看不见的分子不产生一些奇异的结果。假如我们能顺着那把一切原因联结到我们所见结果的永恒锁链去探索,不放过它任何一个环节,假如对于那些根据其行动我们称为强者的人们,我们能够理出那引动他们的思维、意志和情欲的不可感知的线索的端倪,我们可能发现,自然用来推动精神世界的秘密杠杆的,就是一些真实的原

子，正是这些目力不能分辨的分子的意外然而必然的遇合，正是它们的聚结、组合、比例和发酵，才渐渐地、时常在人不知不觉之间而且也不管他愿意不愿意，就改变了人，使他思维、愿欲、并以一定的必然的方式活动，如果他的意志和行动对于许多其他的人发生影响，那么，精神世界就大大沸腾起来了。一个狂信者胆汁内过多的辛辣、一个征服者心中过于灼热的血液，一个君主胃里的消化不良，某个妇人的精神中闪过的一个奇想，都是充分的原因，足以酿 197
成战争，足以驱使千百万人去从事屠杀，足以倾覆城池，足以使城市化为灰烬，使国家陷于悲惨和贫困，使饥馑和传染病猖獗，使荒凉和天灾在漫长岁月中在我们地球表面上传播蔓延。

当我们人类中的一个个人能支配多数其他人的情欲的时候，那么，仅仅他自己一人的情欲就可以组合和汇集他们的意志和努力，这样来决定地球上居民们的命运。一个野心勃勃的、奸诈的、纵欲的阿拉伯人，就是这样给了他同国的人们以一种冲动，其结果就是征服了或蹂躏了亚洲、非洲和欧洲的广大地区，并且改变了我们世界上很大一部分居民的宗教体系、思想和习俗。可是，在追溯到这些奇怪变革的始源时，就不禁要问，影响这个人，激起其情欲，构成其气质的那些潜在原因是什么呢？那些组合起来产生一个纵欲者、一个奸诈的人、一个野心家、一个狂热者、一个口若悬河的人——一句话，一个能够哄骗他的同类并且使他们共同协力来实现他的目标的人物的种种原料，试问又是些什么呢？那是他的血液中不可感知的分子，是他筋络中不可觉察的纤维，是刺激他神经的多少有些辛辣的盐分，是他血管中循环着的多少带有一些火性的物质。可是这些原素本身又是从哪里来的呢？是从他母胎那里

来的,是从营养他的那些食物、他生长起来的气候、他曾经接受的种种观念、他所呼吸的空气那里来的,此外还不算上那千百种极细微的一时的原因:这些原因,在某些时刻,改变过、决定过这个能够改变我们地球面貌的重要人物的种种情欲。

对于本源上这样微弱的一些原因,如果最初就用极微小的障碍去挡住它们,那么,那些使我们大为惊讶的如此神奇的事情也许
198 不会发生。由于一点过于灼热的胆汁所引起的热症,也许就能使那个回教立法家的一切计划流产。一次节食、一杯水、一次放血,有时就足以挽救一些王国。

由此可见,人类的命运,正如构成整个人类命运的个人的命运一样,无时无刻不是有赖于一些不可感知的原因。这些原因,是那些往往转瞬即逝的环境产生出来,使它们得到发展,使它们发生作用的。我们把它们的结果归之于偶然,而且把它们看成意外,其实这些原因是必然地遵守着一定的规则而活动的。我们往往既没有聪明也没有诚心去追溯到真实的本源;我们轻蔑地看待那些十分微弱的动因,因为我们断定它们不能产生这样宏大的事物。然而,正是这些动因,就像它们原来那个样子,就是这些如此纤小的弹簧,它们在自然手中并且依照自然的必然法则,足以推动我们的宇宙。成吉思汗的征服欧亚并不比一个地雷的爆炸有什么更多的奇怪之处,这个爆炸,究其本源,是由一个微小的火星引起的,它首先是以燃着单独一粒火药开始,而它的火很快便传给邻近的许许多多的微粒,它们那汇合和扩大起来的力量,终于倾覆了堡垒、城池和山岳。

所以,人类的命运和每个人的命运,任何时刻都依赖于那些不

可感知的、其活动表现出来以前一直隐藏在自然之内的种种原因。我们每个人和整个国家的幸福或不幸、兴盛或困苦，都是与某些力量相联结着，对于这些力量，我们不能预见也不能估量或中止它们的活动。也许就在这一时刻，一些看不见的分子在积累，在组合，它们的集合体将要形成一个君主，而这个君主将要成为一个广大帝国的灾星。我们自己对我们的命运一刻也不能保证；我们丝毫不知道在我们身上发生的是什么，我们既不认识在我们内部活动的那些原因，也不认识这些原因活动并且使它们的能力得以发展
的那些环境；可是在生活中，我们的命运所依赖的，就正是这些不 199
可能揭露出来的原因。时常，一个意外的偶合在我们灵魂中产生一种情欲，其后果必然要对我们的幸福发生影响。一个最有德行的人，由于种种意外环境的古怪组合，顷刻之间竟能变为极大的罪人，就是这种情况。

也许，人们会觉得这个真理吓人而且可怕。但是，如果比起那告诉我们说，我们如此坚强执著的生命，时刻都能由于无数同样无可补救和出人意料的偶然事件而丧失的这种说法，这个真理究竟又有什么让人更要讨厌的地方呢？宿命论使好人从容就死，使他把死看作是免于干坏事的一种可靠手段；这体系也指示给本身是幸福的人：死不过是逃避往往终将把最幸福的生命断送的那种不幸的一个方法。

那么，让我们服从必然罢；不管我们愿意与否，它总是要永远拖着我们走的。让我们听命于自然，接受它呈献给我们的那些恩惠，用它同意给予我们的那些必需的东西，去补救它使我们感受的种种必然的缺点罢。我们不要用那些无益的不安来扰乱我们的精

神;享乐要有节制,因为痛苦是一切过分的必然伴侣。让我们遵循德行的道路,因为一切都给我们证明,即使是在这个迫使人成为邪恶的世界上,要使我们在别人眼目中成为可尊敬的并且也使自己满意自己,那么德行还是必需的。

软弱而虚荣的人呵!你以为你是自由的;唉,难道你没有看见那些把你捆绑着的绳子吗?你没有看到,只是一些原子在使你活动,只是一些由不得你的环境在改变着你的存在、规定着你的命运吗?在一个包围着你的强大的自然之中,难道只有你才是能够抵抗自然权力的唯一的生物吗?难道你以为你那薄弱的心愿,就能强迫自然停止它永恒的进程,或是改变它的路径吗?

第十三章　论灵魂不死；论来世说；论死的恐惧

本书所提供的种种思考，都一致明白指出：我们对人的灵魂和 200
它的动作或能力应该如何看待。一切都以最使人信服的方式给我们证明，灵魂是遵守着与其他自然物相似的法则活动和运动的；证明它不能从肉体分别开来；它与肉体以同一进度产生、生长和改变；最后，一切都应使我们得到这样的结论：灵魂与肉体是一同消亡的。这个灵魂，和肉体一样，要经过一个孱弱和幼稚的状态；此后，它便为一连串通过器官从外物接受的种种改变和观念所袭击；它积累事实；它创造真实或错误的经验；它自己形成一个行为体系，据以思维和活动，以至产生它的幸福或不幸、它的理性或昏狂、它的德行或缺点。当它同肉体一起达到茁壮和成熟期的时候，没有一刻停止与肉体共享它的种种舒适的感觉、快乐和痛苦；因此，它可以对自己的状况或者赞许或者不赞许；它可以是健康的或有病的，活泼的或迟钝的，醒觉的或昏睡的。到了老年，人整个地衰弱了，他的脉络和神经僵化了，感觉变得迟钝，两眼昏花，两耳失聪，观念散乱，记忆消失，想象也奄奄一息了；那么，他的灵魂又变成怎样了呢？可惜！它是与肉体同时衰微下去的，它与肉体一同变得麻木迟钝，它也像肉体一样，只能勉强完成自己的职能。人们

曾想与肉体分别出来的这个实体,遭受着与肉体同样的变革。

201 尽管关于灵魂的物质性或关于灵魂与肉体的同一性有这样多如此使人信服的证明,可是还有一些思想家曾经设想,即使肉体可以消灭,但灵魂是绝不消灭的;肉体本身的这一部分享有特权,是**不死的**,或者说,我们看见自然构成的一切物体所遭受的形态消散和变化,在灵魂可以除外。因此,人们就相信这个得了特许的灵魂绝不会死去。它的不死,对于那些把它看成有灵性的人们,似乎尤其是毫无疑问的了。他们在把它弄成一个单纯的、没有广延、不具有部分、全然有别于我们所认识的一切东西之后,于是主张,对于在经验给我们指出处于不断解体的一切东西之中所发现的那些法则,灵魂是绝不服从的。

人们因为在自己身内感觉有一种以不可见的方式引导并且产生他们机器的种种运动的潜在的力,于是也以为整个自然,他们不知其能力、也不知其活动方式的那个自然,它的种种运动也须归之于一个与人的灵魂相类似的动因,这个动因作用于那个巨大的机器,犹如人的灵魂之作用于人的肉体一样。这样,人既把自己假想成双重的,也就把自然假想成是双重的了。他把自然从它特有的能力中分别出来,又把自然同它的动力分开,渐渐地,他就把这个动力看成一种灵性的东西。从自然分别出来的这个东西曾被人看作世界的灵魂,而人的灵魂则又被看作是起源于这个宇宙灵魂的一部分。这个关于我们灵魂起源的意见,起自远古时代。埃及人、
202 迦勒底人、希伯来人[①]以及大部分东方哲人就持这种见解。正是

① 似乎摩西与埃及人一样,相信灵魂神源说。根据他的说法:“上帝用地上的泥土造成了人,在他面上吹了一口气,人便有了生命而且活动起来。”(参看《创世记》第2章)

从他们这些学派中，非勒西德斯（Phérécydes）派、毕达哥拉斯派、柏拉图派的哲学家们才引出一个取悦于人的虚荣和想象的学说来。这样，人便相信自己是神的一部分，自己身上有一部分像神一样，是不死的。可是后来发明的一些宗教却放弃了这些有利之处，因为它们断定和自己体系的其他部分并不相容。它们主张，自然的主宰或自然的动力，绝不是自然的灵魂，但是凭着它的全能，自然的主宰在制造人的灵魂必然要使之活动起来的那些肉体的同时，也创造了人的灵魂；并且人们还教导说，这些灵魂，一旦作为同一全能的结果而产生出来，就永远不死了。

尽管对于灵魂起源有这样多不同的说法，但凡是假想灵魂源出上帝本身的人们，都相信在作为灵魂之外囊或囚笼的肉体死了以后，灵魂就由于返流而重新回到它们最初的本源。那些不采纳神源见解，而对灵魂的灵性和不朽大加赞美的人们，就不得不为灵魂假想出一个领域、一个寄留之地，这个寄留之地是由他们的想象，根据自己的愿望、恐惧、欲求和成见给自己描绘出来的。

再没有比灵魂不死说更得人心，再没有比对于来生的期待这种说法流传得更广的了。自然既然授予一切人对于自己生存的最强烈的爱，那么，要永远保持自己的生存这个欲求，就是这种爱的一个必然结果；这个欲求很快对他们就转变为确信，而且，由于自

可是基督徒在今天却抛弃了神源说，因为这一说法假定神是可分的。况且，他们的宗教需要有一个地狱，以便去折磨那些受永罚的灵魂，因此不得不使神的一部分与神为了自己复仇而牺牲的那些人的灵魂一同陷于永劫不复之地。虽则摩西，由方才所引的话来看，好像是指灵魂是神的一部分，可是在人们归之于摩西的任何著作中，我们都没有看到建立灵魂不死之说。这似乎是在巴比伦陷落的时候，犹太人学到了邹洛阿斯特（Zoroastre）传授给波斯人的关于未来赏罚的教义，这个教义，那位希伯来立法家是不知道的，或至少是没有让他的人民知道。

203 然曾经把永远生存的欲求给予人们,人们就用来造成一个论证,证明人是永远不会停止生存的。阿巴第(Abadie)[①]说:“我们的灵魂绝没有无用的欲求,它自然地欲求永恒的生命”,而且凭着一个很奇怪的逻辑,他结论说,这个欲求绝不会不被满足[②]。不管怎样,有这种想法的人,对于向他们宣扬如此合于他们心愿的体系的人们是自然百听不厌的。可是,我们还是不要把过去和将来都永远出于人的本质的那个生存的欲求,看作超自然的东西罢。如果有人非常兴奋地接受一个使他满心舒畅、许诺说他的欲求有朝一日会得到满足的假设,那么我们也不必惊讶。不过我们要力戒作出这样的结论,说这个欲求就是对于来生的实在性之无可置疑的证明,人们只是为了现在的幸福,才对来世生命过于关心。的确,要生存下去的热望,在我们身上只不过是本质在于保存自己的一个有感觉生物的倾向之自然的结果罢了。在人,这个欲求产生于我们灵魂的活力和时刻乐于把自己的热望化为现实的想象力。我们欲求肉体的永生,然而这个欲求是落了空了;那为什么对于我们灵魂永生的欲求就不会像前者一样也要落空呢?[③]

只要对我们灵魂的本性简单地思考一下,就应该使我们深信,

① 法国新教神学家,1654—1727年。——译者

② 西塞罗在阿巴第以前早就说过:“灵魂的不死不灭的本性是微妙的;我不知道如何把许多世代以来对灵魂本性的种种近乎猜测的说法在思想中联系在一起。可是根据所有民族的看法,我判定灵魂是永存的。”这样,灵魂不死的观念就已经变成一个先天的观念了;然而,这个同一西塞罗可又把菲勒西德斯看成是这个道理的发明者。(Tusculan. Disputat. Lib. I.)

③ 请看主张灵魂不死说的人们是怎样推论的吧:“一切人都愿望永远活着,所以他们将永远活着。”难道我们不能反驳他们这个论据而说“一切人都自然愿望发财,所以一切人有一天都会发财”吗?

灵魂不死这个观念不过是一种幻想。我们的灵魂，如果它不是感性的本源，那么它究竟是什么呢？如果思维、享受、受苦都不是感觉，那么它们又是什么呢？如果生命不是有机物的种种改变和运 204
动的集合体，那么生命是什么呢？所以，肉体一旦停止活着，感性就再不能有作用了；它不能再有观念，因而也就没有思维。前已证明，观念只有通过感官才能达到我们；可是，感官一下子都没有了，我们怎么可以仍然有知觉、感觉和观念呢？人们既然把灵魂说成了一个与有生肉体分离了的东西，那为什么不把生命也作为一个与生活着的肉体有别的东西呢？生命是整个肉体各种运动的总和，而感觉和思维只是这些运动的一部分；因此在死人那里，感觉和思维也像所有其他的运动一样，都是要停止的。

实在，这个只有通过自己的器官才能感觉、思维、愿欲和活动的灵魂，当使它感知痛苦或快乐等等的器官都已经解体或毁灭了的时候，人们凭什么推理认为可以给我们证明，它还能有痛苦和快乐，或甚至还能意识到自己的生存呢？灵魂有赖于肉体各部分的安排，有赖于这些部分共同协力完成它们的职能或运动时遵守的秩序，这不是很明显吗？这样，当有机构造一旦毁灭，我们就不能再怀疑灵魂也毁灭了。在我们生命的整个过程中，难道我们没有看到这个灵魂是由于我们器官所感受的一切变化而衰败、搅扰、迷乱吗？当这些器官都完全消灭不见了的时候，人们还要这个灵魂活动、思维和存在着！

有机物好比是一座钟，这钟一旦被打碎，就再也不能有它原来的用处了。说灵魂在肉体死后会感觉、思维、享乐、痛苦，这就等于说一座钟，裂成千百个碎片以后，还能继续鸣时或指示时刻。那些对我们说灵魂不顾肉体的毁灭而仍能存在的人们,显然是在主张:肉体改变所在的主体消灭以后,肉体的改变还能继续下去。这是彻头彻尾的胡说。

205 人们少不了要对我们说,在肉体死后灵魂的保存乃是神的权能的一种结果。但是,这是用一个毫无根据的假说去支持一个谬见。神的权能,不管人们设想它有着怎样的性质,是不能使一个事物同时存在而又不存在的;它不能使一个灵魂毫未具有思维所必需的中介而感觉或思维。

所以,希望人们不要再对我们说:灵魂不死或对于来生期待的说法,绝没有损伤理性!这些单为讨好或迷乱一般不肯推理的常人的想象而创造的概念,在卓有见识的人看来,是既不能使人信服,甚至也不是具有盖然性的。不为成见迷惑的理性,当然要被这样一个假设伤害:即,假想一个能感觉、能思维、能痛苦或享乐、能有种种观念的灵魂,可是并不具有任何器官,就是说,不具有它赖以取得知觉、感觉和观念的那些自然的、已知的、唯一的手段。如果有人向我们抗辩,说灵魂还能以其他*超自然*或*未知的*方法而存在着,那我们就要回答说:把观念传递给从肉体分离了的灵魂的方法,无论对于我们或对于假想这些方法的人们,是同样不能认识也不能理解的。至少十分明显,凡抛弃先天观念的人,都不能承认这样缺少根据的灵魂不死说而不与自己的原则相冲突。

尽管有那么多人以为在永恒存在这一概念中寻到了种种安慰,尽管那么多人坚决要我们相信肉体死后灵魂还要继续生存,可是我们却看见他们自己对于肉体解体惊恐万状,带着极度的不安展望着自己的末日。这末日,他们是本该把它作为万般痛苦的终

结而渴望着的。实在的、现实的东西，即使伴有痛苦，也远比那只有透过无定的云雾才能望见的未来的种种美丽幻影更能影响人们，这是何其真实呵！因为，尽管有这种假充的信念，说是最虔信宗教的人都有一个非常幸福的永生，可是如此使人愉悦的希望却 206
绝不能使他们不因想到自己肉体必然解体而感到恐惧而战栗。死，对于所谓**有死者**的人们来说，一向是最可怕的前景；他们把死看成非常的、违反事物秩序、有违自然的一种现象；一句话，看成上天降罪的一种结果，看成**罪过的清算**。纵然一切都向他们证明这个死是无可避免的，可是他们却从来不能使自己对死的观念安之若素；他们想到死只能战战兢兢，而确有一个不死的灵魂这种信念，也只是轻微地抵消了他们对自己可毁灭的肉体之被剥夺所感到的那种悲哀。此外，还有两个原因有助于加强和滋长他们的惊惶：一个是，这个一般伴有痛苦的死，会夺去他们喜欢的、为他们所认识、为他们所习惯了的生存；另一个，则是对于必然要接续他们现时生存的那个状况究竟如何捉摸不定。

有名的培根说过："大人怕死和小孩子怕黑暗，是出于同样的原因。"[①]我们对于毫不认识的任何事物自然是不放心的；我们要看个明白，才好在那些可能威胁我们的东西面前确保自己，或使我们得到那些能够对我们有益的东西。生存着的人不能自己构成非

① "因为正如孩子们发抖而害怕
一切在不可见的黑暗中的东西，
同样地就是我们在光天化日之下，
有时也害怕那么多的东西……"

卢克莱修，卷三，诗句第87及以后诗句。

（引自《物性论》，三联书店1958年版，第134页，方书春译。）

生存的观念;既然非生存状态使他不安,于是他的想象就活动起来,代替经验,给他好歹描绘出这一不定状态。既已习惯于思维、感觉、行动和社会的享受,这个解体,这个剥夺掉他现在的本性已使他觉得必需的那些对象和感觉,使他不再感知自己的存在,使他丧失种种快乐而陷于虚无之中的解体,在他看来乃是最大的不幸。
207 即使设想这个虚无免除了任何痛苦,他也总是把它看成一种无可慰藉的孤寂、一团深邃的黑暗:在这里面,他看见自己被一切所遗弃,孤独无援,而且感到这个可怕境地的冷酷。可是,深沉的睡眠,难道不足以给我们一个关于虚无的真实观念吗?难道它不是给我们把一切都剥夺了吗?难道它不像对宇宙来说是消灭了我们,而对我们来说是把宇宙消灭了吗?死,如果不是一个深深而长久的睡眠,又能是别的什么呢?人之所以怕死,正是因为他没有能够构成死的观念;如果他自己构成一个死的真实观念,他可能对于死从此就不再害怕了。然而,他体会不出人在其中会一点没有感觉的那一种境界,因此他相信,当他不再存在的时候,他将有现在在他看来是如此凄凉、如此悲惨的那些事物的感觉和意识;他的想象给他描画出他的葬列、人家给他挖掘的坟墓,以及那伴送他直到他最后住所的哀歌。他以为,这些可恶的东西就是在他死后,也会像他有着感觉的现况中那样,苦恼地折磨着他。①

---

① “也不能看到在真正的死里面
并没有第二个自我活下来,
并能够为自我的被毁而忧伤,
或站在旁边来感觉那个自我的痛苦。”

卢克莱修,卷三,诗句第 898 及以后诗句。

(引自《物性论》,三联书店 1958 年版,第 176 页。)

被恐惧迷惑了的人呵！在你死后，你的眼睛再也不会看了，耳朵再也不会听了；你躺在棺材里面，再也不是你的想象今天以如此黯淡的颜色给你呈现的那出戏剧的见证人；你也不再参与这个世界上发生的事情；人家将怎样处理你的残骸，你也不必去关心了，正如你未列为人类一员的前夕那样不必去关心。死，就是停止思维和感觉，停止享乐和受苦；你的观念同你一道消亡；你的痛苦绝不跟随你到坟墓里去。想到死，并不是为助长你的恐惧和忧愁，而是为使你习惯于用平静的眼光去观察它，并且，也是为使你在危害 208
你安宁的敌人们用尽心计向你灌输的种种虚假恐怖面前，不为所动。

对于死的种种恐惧不过是空虚的幻想，这些幻想，只要人们对这件必然的事如实进行观察，便要立刻归于消失。一位伟人曾给哲学下定义，说它是一种**对于死的默想**[1]。他这样说，绝不是想让我们理解为：我们应当抱着滋长我们恐怖的目的，凄然地为自己的末日操心；他无疑是想要我们使自己熟习于一件自然使其成为我们必不能免的事物，并且使我们习惯以一种泰然自若的心情去迎接它。如果生命是一件好事，如果爱生命是必然的，那么，与生命离别也未尝不是同样必然；而理性应当让我们学会顺从命运的意旨。所以，我们的幸福要求我们，对于一件由于我们的本质而对我们成为不可避免的事情，要养成毫不惊慌地去观察的习惯；我们的利益要求我们，如果我们只要看见生命的终结就战栗不已，生命对于我们就不会有什么魅力，即使只对这样的生命，也不要用继续不

① 吕坎(Lucain)曾说："知道死，是人的第一等运气。"

断的恐惧去毒害它。理性和我们的利益,都一致要我们镇定自若,沉着对待想象给我们在这方面灌输的种种模糊的恐怖。如果我们乞援于理性和利益,那么它们就会要我们习惯于这样的一件东西:它现在所以使我们感到惶恐,只是因为我们对它毫不认识,或是因为人家把这东西呈示给我们的时候,迷信给它加上去的种种丑陋附属物,已经使它面目全非。那么,让我们把死从这层层的空虚的幻想中剥出来罢,我们就会看到,它只不过是生命的睡眠;这睡眠不会为任何不愉快的梦所打扰,而且在它以后永远也不会恼人地醒了过来。死,就是睡眠,就是回到我们降生以前,在有了
209 感觉、有了对于我们现实生存的意识以前所处的那个无知觉境界中去。自然曾使我们出自它的怀抱,而与使我们降生的那些法则同样必然的法则,又使我们回到那个自然的怀抱中去,从而把我们以某个新的形态再生出来。认识这个新的形态,对我们却是没有用处的;自然不跟我们商量,曾把我们放进有机物行列中去过一些时候,它又不顾我们的心愿,将强迫我们从这个行列中出来去占据另外一个位置。自然让我们听从一个法则的支配,这个法则,凡它所包容的万物概莫能外,我们也不要埋怨它的冷酷心肠罢[①]!如果万物有生有灭,一切变化而又毁坏,如果一个生物的降生永远只是走向自己终结的第一步,那么机体是这样脆弱、各部分又是这样活动而复杂的人,要想不受连我们所居住的坚实大地也在变化、衰败,而且也许毁灭的这个共同法则的制约,又怎么可能呢?软弱的

① “事物的本性原来是很好的,我们还能探讨什么呢?如果你会生活,你就会延年益寿。”参看塞纳加:《论生命的短促》。人人都慨叹生命的短暂和光阴的迅速,而大多数人却不知道用时间和生命去做些什么才好。

人呵！你要永远生存下去，那么你是愿意自然单单为你而改变它的行程？你看见那些离心的彗星而惊奇不止，难道你看不出，即使是行星本身也不免于死亡吗？所以，只要自然允许你，你就安安静静地活着罢；如果你的精神是被理性照耀着的，你就毫无恐惧地死去罢。

尽管这些思考十分简单，可是在死的恐惧面前真正镇定自若的人却如此罕见！即使身为圣贤，在死亡临近时也不免面目失色，他必须强打起精神，集中一切力量，才能够视死如归。因此，死亡的观念那么使得一般人惶恐不安，我们大可不必惊讶。死使青年人感到恐怖，死加重了为衰弱所苦的老年人的忧愁和悲伤，死对于老年人比对于朝气蓬勃的青年人甚至更要可怕；老年人毕竟是更加习于活着的；加之，他的精神是更要衰弱些而精力也差些。还有，为痛苦所吞噬的病人和命运多舛的不幸者，也绝少敢于向他们 210
本应看作痛苦之终结的那个死亡去求助的。

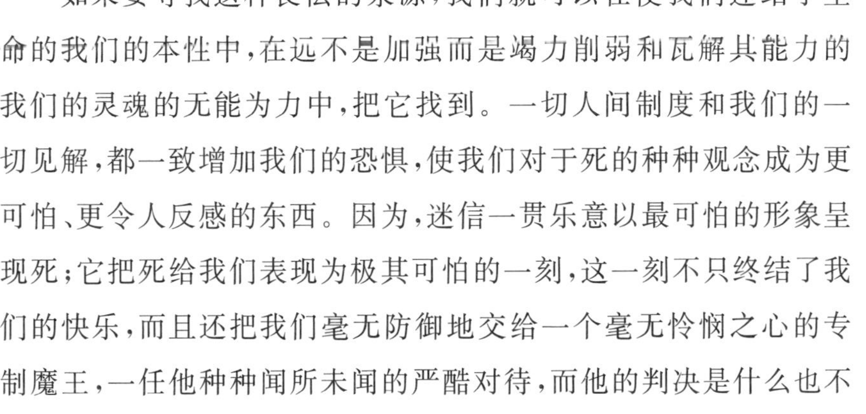

如果要寻找这种畏怯的泉源，我们就可以在使我们连结于生命的我们的本性中，在远不是加强而是竭力削弱和瓦解其能力的我们的灵魂的无能为力中，把它找到。一切人间制度和我们的一切见解，都一致增加我们的恐惧，使我们对于死的种种观念成为更可怕、更令人反感的东西。因为，迷信一贯乐意以最可怕的形象呈现死；它把死给我们表现为极其可怕的一刻，这一刻不只终结了我们的快乐，而且还把我们毫无防御地交给一个毫无怜悯之心的专制魔王，一任他种种闻所未闻的严酷对待，而他的判决是什么也不能缓和的。按照迷信的说法，就是最有德行的人也不一定会博得他的欢心，而是完全有理由对他的苛刻判决害怕得发抖。凡是在

他的喜怒无常之下成为牺牲的人们,凡是犯了种种不由自主的过失和必然错误而激起他的怒火的人们,就会遭受可怕的、无止无休的严刑。这个铁面无情的暴君,将要对他们的弱点、一时的过错、他自己在他们心中安下的种种偏嗜、他们精神的谬误、他们在暴君使之降生的社会中所接受的种种见解、观念和情欲,进行报复。他对于人们竟然不能认识一个不可思议的存在,竟然对于该物搞不清楚,竟然胆敢自己思维,竟然拒绝狂热者和骗子们的指引,竟然有脸去向理性请教,虽然这个理性是他给予人们在生活的道路上规范自己的行为的,则尤其永远不会饶恕。

这些就是宗教用来役使它那不幸的轻信的教徒们并使他们深受其苦的东西。这些就是人类思想的暴君们当作解救灵魂的东西显示给我们的恐惧。尽管它们对表示怀疑的或自以为深信不疑的大多数人的行为,产生的效果并不大,可是人们还总想使这些概念被看作最强固的堤防,阻止人们的不轨行为。但是,我们下面立刻
211 就要指出,这些体系,或不如说这些如此可怕的幻影,对于大多数人并不起什么作用,因为他们只是很少想到它们,而当情欲、利益、快乐或榜样在拖引着他们的时候,他们就绝想不到这些东西了。如果说这些恐惧还能产生影响,那总是对于这样一些人:他们无论是禁戒自己去为恶还是为善,这些东西对他们都是绝不需要的。它们使正直的心战栗,但对心地败坏的人却不发生作用;它们使柔弱的灵魂痛苦,但让那些坚硬的灵魂安然平静;它们毒害驯顺温良的精神,但对那些桀骜不驯的精神却引不起任何纷扰;所以,它们只是吓唬那些已经十分惊恐的人,它们所要约制的人,只是那些早已被制伏了的人。

因此，这些概念对坏人是不起什么作用的；当这些概念偶尔影响他们的时候，也只不过是加重他们本性的邪恶，使他们自己看来邪恶有理，并且供给他们种种借口去毫无恐惧、肆无忌惮地为非作歹。实在，漫长世纪的经验给我们证明，人的邪恶和情欲，当它们为宗教所特许或放纵的时候，或至少当它们披着宗教的外衣去活动的时候，达到了怎样一种放肆的程度！人们从来没有像当他们自信宗教允许或命令他们那样做的时候更是野心勃勃、更贪婪、更狡诈、更残忍、更叛逆的了；因此，这个宗教只是把一种不可战胜的力量给予他们那自然的情欲，使他们能在神圣的庇荫之下，不受惩罚地和毫无愧悔地发挥这种力量。不仅如此，那些罪大恶极的人，他们恣意放任自己凶恶本性中的种种可恶倾向，竟然以为是在为上天热忱服务，也以为这样做就配升天堂，并且以为，即使作过一些在他们想来该使上帝震怒的极大罪恶，也可以免受上帝的惩罚。

这就是神学所谓解救灵魂的概念在凡人身上产生的效果。这
些思考可以提供给我们一些想法，去回答那些对我们说“如果宗教
把天堂同样许给坏人和好人，那么就没有人再不信仰来世”的人
了。我们将要回答说：宗教，事实上，是把天堂许给坏人的；它往往 212
把人类中最无用和最坏的人安置在那里[①]。像我们刚刚看到的，
宗教使罪恶合法化，它便使坏人们的情欲更加尖锐起来，而如果没

① 这些就是犹太人中的摩西、撒米尔、大卫；穆斯林中的穆罕默德；基督教徒中的君士坦丁、圣·西利尔（St. Syrille）、圣·阿塔纳斯（St. Athanase）、圣·多明各（St. Dominigue），以及许多其他为教会所敬奉的有信心而狂热的迫害者和暴徒。除这些人之外，还可以加上那些十字军、宗教联盟分子等等。

有宗教,他们也许不敢去犯,或者他们对于这些罪恶还会有羞耻心和悔恨。最后,宗教的教士们还教给那些人类中最坏的人一些办法,如何去转移在他们头顶上的霹雳而达到永恒的幸福。

至于无信仰者,他们当中当然也有坏人,正如最虔诚的信仰者们当中有坏人一样,不过,不信仰并不以恶为前提,正如信仰不以善为前提。相反,肯思维而善深究的人,对于为什么要去为善,比那些盲目听凭不确定的动机或别人的利益指引的人,要认识得更清楚些。考察人们认为对自己的永久幸福有影响的种种见解,对于任何明理的人都是有极大利益的。即使他发觉这些见解是错误的,或有害于他现在的生活,他也绝不会因为自己没有可恐惧、可希望的来世,就结论说,在现世中,他可以毫无后顾之忧地放手去作恶,因为这些恶行可能损害他自己,或招来社会对他的轻蔑和愤怒。不期待来生的人,因此只会更深切地关心怎样延长他的生存,并在他所知的这唯一生命中,使自己见爱于同类;当他把自己从那使别人愁苦的种种恐怖之中摆脱出来的时候,他就是已经向幸福迈进一大步了。

实在,迷信以使人成为卑怯、轻信和懦弱为乐。它自己创造了一个这样的原则:绝不放松去使人愁苦。它又给自己揽来一项义务,要为了世人大大增加死的恐怖;它巧于折磨人,竟把人的种种
213 不安扩展到人的已知的生存之外;而它的神甫们,为了在现世更有把握地支配人,还捏造出一些未来的领域,却把在那里奖赏那些服从他们专制法律的奴隶们,以及由神来惩罚那些违抗他们意志的人们的权力,留给自己。宗教,远不能安慰人,远不能培养人的理性,远不能教给人去屈从必然势力,反而在世界的各个角落,竭力

使死对人成为更加凄苦的东西，加重死的压力，用一大群丑恶的幽灵点缀它的仪仗，使死的气氛较之死本身还要可怕。宗教就是这样终于使世上充满了它用空洞的诺言诱惑了的一些热心者，和用末日到来之后将遭种种想象的痛苦这一恐惧制服了的一些卑贱的奴隶。它终于成功地使这些人确信，他们现在的生命不过是到达另一个更重要的生命的过渡。这个丧失理性的来生说，阻止他们关心自己的真实幸福，阻止他们去想改善他们的制度、法律、道德和科学；空虚的幻影吸尽了他们全部的注意；他们甘心呻吟于宗教和政治的暴虐之下，甘心在错误之中苦熬日子，甘心在不幸之中、在有朝一日能够比较幸福这种希望之中、在他们的灾难和愚蠢的忍耐将把他们引向一个没有止境的幸福这种坚定信念之中，委顿下去。他们自己相信是服从于一个严酷的神的，这个神要他们用自己在尘世中所有最珍贵的东西作代价，去购买未来的安适。他们的神被描绘成与人类势不两立的仇敌，人家还让他们知道，对他们发怒的那个上天是要发泄一下他的怒气的，对于人们为摆脱自己的痛苦而做的那些努力，上帝是要给人以永罚的。来世说就是这样成为人类受到毒害的种种最致命的错误之一。这教义使很多民族变得麻木不仁、委靡不振、对自己的福利漠不关心，要不，就是把它们投入于疯狂的热情之中，这狂热往往使它们为得到升天堂的资格而自相残杀。

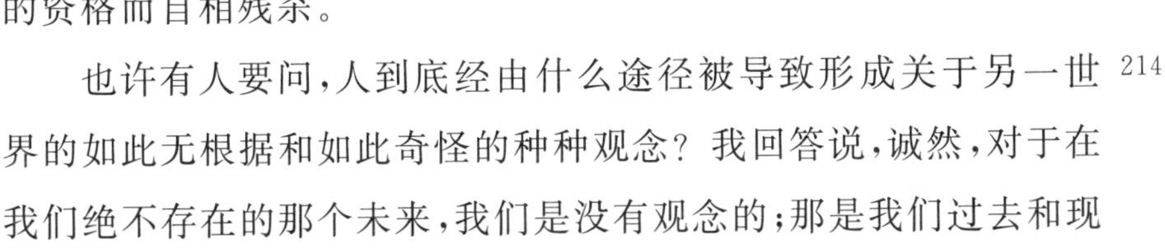

也许有人要问，人到底经由什么途径被导致形成关于另一世 214
界的如此无根据和如此奇怪的种种观念？我回答说，诚然，对于在我们绝不存在的那个未来，我们是没有观念的；那是我们过去和现在的种种观念给了我们想象以材料，用来建筑未来领域的大厦。

霍布斯说:“我们相信现有的永远会有,而且同样的原因将有同样的结果。”[①]现在状态的人有两种感觉方式:一个是他所赞成的,而另一个是他所不赞成的;因此,他相信这两种感觉方式必然要随着他甚至到他现在的生存以外去,于是他在永恒的领域中,也划出了两个断然不同的住所:一个给幸福,另一个则给不幸;一个要容纳他的上帝之友,另一个则是一座监狱,用来报复神的不幸属民们对神的种种亵渎行为。

这就是关于如此广泛流传于人间的来生观念的真实起源。我们到处都看到**极乐世界**和**冥府**、**天堂**和**地狱**,一句话,两个依照发明它们的热心者或骗子们的想象而构成的,并且与相信它们的人民的成见和恐惧相适合的住所。印度人把前一种住所想象成一个无为和永远休息的地方,因为作为酷热地带的居民,他们认为休息是无上的幸福;穆斯林则预许在那里有肉体的快乐,正如他们现在作为心愿对象的快乐相似;基督教徒则大体上渴望那些难以用言语形容的、灵性的快乐,一句话,一种连他们自己也没有任何观念的幸福。

不管这些快乐属于怎样一种性质,人们明白,一定要有一个肉
215 体才能使他们的灵魂享受这些快乐,或者去感受给予神的仇敌们的种种痛苦,由此就有了**复活**之说。根据这个说法,人们假想我们亲眼看见它腐烂、解体、消散的肉体,有一天会由于神的全能的效果,而重新组织起来,给灵魂形成一个新的外壳,同灵魂一起去接

① 当我们用类比法来推理时,我们总是把我们的推理建立在往往很错误的信念之上,比如说,已经形成的,将来还要形成;而且我们也认为无可置疑:将要发生的,将永远与已经发生的相似。

受两者在最初结合时期所应得的奖赏与惩罚[①]。据说，这个由占星士们发明出来的不可理解的论调，依然有大量的信徒，其实他们对这个论调从来没有认真考察过。最后，另外一些不能升高到这样卓越概念的人，则相信人将以多种多样的形态，相继地在各种不同动物中获得生命，永远不中止地居住在他现在身处的这个地球上：这就是相信轮回的人们的论调。

至于灵魂的那个不幸的住所，那些想统治人民的骗子们便以自己的想象，竭力拼凑种种最吓人的图画，把它说得更加阴森可怕。在一切东西里面，火是在我们身上产生最为刺痛的感觉的；人们因此就假定，要去惩治神的仇敌们，神的全能不能发明出比火更要残酷的东西了，因此火就是人的想象不得不停止在那里的极限。人们相当普遍地认为，总有一天，火会替那被冒犯了的神报仇，就像这个原素，因为人的残酷和狂乱，时常在现世替神进行复仇那

样[②]。人们就是这样描绘那些作了神的愤怒的牺牲品的人们：被 216
关闭在燃烧的地牢中，浸在硫黄和沥青的火海里，在火焰的旋涡中永远不停地翻滚，并且用他们那无益的呻吟和咬牙切齿之声使地

① “复活”说，在所有相信灵魂与肉体分离之后还能感觉、思维、受苦和享乐的人们看来，其实是没有用处的。他们大概像贝克莱一样，设想灵魂并不需要肉体和任何外在的东西而能感受感觉，并能具有观念。马勒布朗士派的哲学家们，大概设想受永罚的灵魂将要“在神身上看见地狱”，而且不需要有肉体而能感觉到自己被焚烧。

② 无疑地，用火来赎罪的办法就是从这里来的。这种办法曾通用于东方很多民族之中，而且在今日还被“和平的上帝”的教士们所使用。这些教士十分残忍，以至凡不具有与他们相同的神的观念的人，他们都用火去烧死。由于同样昏乱的结果，世俗法官也用火去惩罚那些渎神的、用语言亵渎神的、教会偷盗者——总之，那些无伤于任何人的人；但是他们对于真正损害社会的人，却满足于给以温和的惩罚。宗教就是这样把一切观念都颠倒了。

狱的拱顶发出回响。

但是,也许有人会说,一个伴有种种永恒苦恼的生存,尤其是既然有许多人依照他们自己的宗教体系,有理由为他们自己对这些永恒苦恼担惊受怕,那他们怎能决意相信这样一种生存呢?使人采纳这样一种违心之论,原因是多方面的。第一,很少明理的人,当他们屑于使用自己的理性时,会相信这样一种荒诞的想法;或者说,如果说他们曾经相信,那就是因为这个概念的残酷性,常常被他们归之于神的仁慈和善良所抵消[①]。第二,因恐惧而盲目的人民,从来弄不清楚从立法家那里所接受的或由祖先传给他们的那些极奇特的教义。第三,每个人对于使自己恐怖的东西,从来只是设想那是对自己有利的遥远的事情,而且,迷信还许诺人有办
217 法逃脱他自信是罪有应得的刑罚。最后,就像我们通常看见的那些抓住哪怕是最痛苦的生存的病人一样,人,宁可选择一个不幸的、然而已知的生存的观念,而不去选择一个被他看作种种不幸之中最可怕的不幸的非生存观念,因为他对外生存不能有任何观念,或是因为他的想象使他把这个非生存或虚无看成是所有一切不幸之看不清楚的汇集。一个已知的不幸,不管有多大,尤其是还留有可以避免它的一线希望的时候,总比一个为人所不知的不幸,使人

① 如果照基督教教徒所主张的那样,未来的刑罚,在历时和强度上都应该是无限的,那我就不得不作出结论说,作为有限的东西的人不能无限地受苦;就是上帝自己,也不能给人以无限,无论它为永远惩罚人的过错做出了什么努力,这些过错本身也只产生有限的、为时间所限制的结果。同样的推理也可以应用到天堂的快乐,在那里,一个有限的生物对于一个无限的上帝还是不理解,正如他在现世不理解上帝一样。另一方面,如果像基督教所讲的那样,上帝使罪人的生存永恒,那么,他也就是使罪恶得到永恒;而这,是与人们假想他具有那种对于秩序的爱不相符合的。

感到的惶恐要少一些，因为对于这个不幸，他们的想象不得不苦苦追究，而且想象不出有什么东西可以补救。

由此可见，在死是必然的这个问题上，迷信远不能安慰人们，它只是用那些它以为在人死后接着就要到来的种种不幸大大增加了人们的恐怖。这些恐怖是这样厉害，使得相信这些可怕教义的不幸者们，当这些教义并不自相矛盾时，就不免要在愁苦和悲哀中度日。对于这种毁灭一切社会、却被那样多民族所采纳的论调——它向人们宣告说，一个严酷的神随时都可以**像小偷**那样，袭击他们，叫他们措手不及，还要在这尘世上执行他严厉的裁判，对于这样的一种论调，叫我们怎么说呢？还有什么观念，比之一个时时都会瓦解的世界、一个坐在整个自然的废墟上面审判人类的神明，这样一幅愁人的远景，更能恐吓人们，打退人们的勇气，剥夺人们改善自己命运的愿望的呢？然而，这就是几千年来一直充溢着一些民族的精神的阴暗论调；它们是这样危险，以致这些民族即使自己的行为幸而没有违犯这些使人沮丧的观念，也会陷于最丢人的痴呆之中。那他们还怎能去关心这个随时都会崩溃的可陨灭的世界呢？在这个只不过是天国的前厅的大地上，又如何能梦想使自己成为幸福的呢？以同样教义作为基础的各种迷信，如果规定它们的教徒要完全摆脱对尘世间一切事物的牵连，完全舍弃那些无害的快乐，要他们死寂、怯懦、灵魂卑屈、并使自己处于既无益于 218
自己而又对别人有危险的那种与社会不能共处的情况之中，那么，又何足为奇？如果必然性迫使人们在实践中放弃他们那些无理的体系，如果他们的需要并不全然不顾他们那些宗教的教义而把他们引向理性，那么，整个世界很快就会变成一片浩大无垠的沙

漠，而为某些孤立的野蛮人所居住，而且这些野蛮人也许连自己繁殖的勇气都没有。为了使人类联合继续下去，不能不撇开的概念又能是别的什么呢？

然而，这个伴有赏与罚的来世说，自从很多世纪以来，就被看作最强有力的，甚至是唯一的动力，足以遏制人们的情欲，并强迫他们成为有德行的人；渐渐地，这个说法就变成了几乎所有宗教体系和政治体系的基础，在今天，我们只要攻击这个成见，似乎就不能不破裂社会中的种种联系。宗教的创立者们就曾经用这个成见使他们轻信的教徒们来归附自己；立法家们曾经把这个成见看作最能把他们属下控制在轭辕之下的缰绳；许多哲学家自己也曾真诚地相信，为恐吓人们并且使他们从罪恶中回头，这个教义是必需的。[①]

实在，我们不能否认，这个教义对于那些把宗教给予各民族并且把自己造成宗教的神甫的人，确实有过极大的用处：这个教义是
219 他们权力的基础、他们财富的泉源、他们的利益要求人类沉溺于其中的盲目和恐怖的恒常原因。正是凭持这个教义，教士才成为国王的竞争者和国王的教师，而国家中充满了迷醉于宗教的狂热者，他们听从宗教的威胁，往往远胜于倾听理性的忠告、君主的命令、自然的呼声和社会的法律。政治本身屈从于教士的偏私；世俗的

① 当出自柏拉图学派的灵魂不死说在希腊人中流传的时候，曾经招致极大的骚乱，并且一大批对自己命运不满的人结束了自己的生命。埃及国王普托勒美·斐拉德尔弗（Ptolémée Philadelphe），看见这个在今天被看成如此有益的教义在他臣民头脑中所产生的结果，曾用死刑去禁止传授它。（参见《费多的对话方法》，达尔西（Darcier）的译本）

君主受制于永恒的君主的桎梏之下；前者只支配这个可消亡的世界，后者则伸张自己的权力到未来的世界里去，而这个世界对于人，比之他们只是在那里作为香客和旅人的尘世还要重要。这样，来生说便使政府本身成了教士的附庸；政府不过是教士的第一名臣下，并且除了两者为压迫人类而共同合作的时候，教士是绝不服从政府的。自然徒然向人类大声疾呼，叫他们想到自己现在的幸福；而教士却命令他们成为不幸者，以待来日的幸福。理性徒然向他们说他们应该和平无争；而教士却向他们鼓吹狂信和暴怒，并且只要涉及不可见的来世君主或他在此生中的神甫们的利益，教士就强迫人们去扰乱公共安宁。

这些就是政治从来生说中收获的果实；来世帮助教士们征服了世界。对于天上幸福的期待和未来刑罚的恐惧，只有利于使人不想在尘世获得幸福罢了。谬误，无论从哪一方面去观察它，永远只是人类不幸的一个泉源。来生说，把理想的幸福显露给世人，造成的是一些狂热者；用种种恐惧去压倒他们，造成的是一些无用的懒汉、胆小鬼、怪癖者和狂人，他们都忘了自己现世的生活，而只一心顾念想象的未来和他们应该在死后去恐惧的种种虚构的不幸。

如果有人对我们说，未来赏罚的教义是压制人们情欲最有力 220
的东西，那我们就可以求证于日常经验来回答。只要我们稍稍注意自己的周围，就可以看到这个说法是不攻自破的，并且我们还会发现，这些妙论既不能改变人们的气质，也不能消灭那其实就是社会种种恶行共同使之在一切人心里萌发生长起来的情欲，而且也丝毫不能减少坏人的数目。在一些从表面上看似乎最虔信这个教义的国家里，我们看到形形色色的杀人犯、小偷、骗子手、恶霸、奸夫淫妇和纵欲败德的人。所有这些人都深信来生是实在的；但是在纵情和快乐的旋涡中，在他们情欲的狂热中，就再也看不见那个可怕的未来，它对他们现在行为也就丝毫不发生什么影响了。

总之，在来生说是如此确立无疑，以致任何人胆敢攻击它或怀疑它，就会群情激奋的国家里，我们看到，要强使那些不公正的、怠惰而放逸的君主们接受这个教义，是完全不可能的；对于那些贪赃枉法的宠臣，对于那些寡廉鲜耻地搜刮民脂民膏以自肥的官吏们，对于那些毫无贞节的妇女，对于无数荒淫无耻卑鄙邪恶的人，甚至对于那些以宣扬天罚为职责的教士们中的很多人，也都是如此。如果你问他们，为什么他们还敢作这些明知要招来永罚的勾当呢？他们就会回答说，情欲的狂热、习惯的急流、榜样的传染，甚至环境的力量，都牵引着他们，使他们忘掉他们的行为可能为自己招来的种种可怕的后果。此外，他们还会对你说，神的仁慈的宝藏是无穷无尽的，一场悔罪功德就足能把那些最黑暗的、积年累月的罪过一
221 笔勾销[①]。在每个人都按照自己的方式扰乱社会的罪恶深重的人们当中，你只能发现少数人当真被对于不幸的未来的恐惧吓住而去抵抗自己的种种倾向；叫我怎么说呢！只是因为这些倾向是太弱而不能拖动他们了。即使没有来世说，法律以及怕受到谴责的恐惧，本来也足以阻止他们成为罪犯的。

---

① 神的仁慈的观念，安慰了坏人并使他们忘却神的裁判。因为，这两种在神身上假想出来的同样无限的属性，必然要互相抵消，以至两者中任何一个都不起作用。不管怎样，坏人总是把希望寄托在**无所作为**的神身上的，或是指望神的仁慈以求逃脱神的审判的后果。眼看迟早要死于绞架的强盗们，说他们得到**这样的死法**就谁也不欠谁的账了。基督教徒们则相信，一个**好的痛悔**能除去所有的罪过。印度人把同样的功能归之于恒河的水。

实际上，对于来生的恐怖的确在一些胆小而怯懦的灵魂上造成一个深刻的印象；这种人生来具有温和的情欲、脆弱的机体和不太激越的想象，因此，在这些已经为他们本性所遏制了的人身上，他们那微弱情欲的微弱努力为对于未来的恐惧所抵消，也就丝毫不足为奇了。但是那些坚决的大奸巨恶，那些已经成了习惯、没有任何东西可以阻止他们作过分的恶行的坏人们，并不是这样。这些人，在他们无法无天地干起来的时候，他们丝毫不怕这个世界的法律，对于另一世界的法律更没有看在眼里。

然而，多少人对自己说或甚至相信自己是被来生说的种种恐惧遏制了呵！可是，他们不是欺骗我们，就是自己欺骗自己；他们只是把那最当前的缘由之结果归之于这些恐惧，比如他们机制上的缺点、气质的情况、灵魂的软弱无力、天生的胆怯、对于教育的观念，以及对于他们的越轨行为和坏行动之直接的和有形的后果的恐惧等等。这些才是把他们遏制住了的真正缘由，而不是那些对于未来的空洞的观念。这些观念，即使是最相信它们的人，只要有 222
一个强有力的利益引动他去犯罪的时候，他是随时都可以把它们抛在九霄云外的。只要注意一下，我们就可以看到，人们只是把自己的缺点、怯懦，以及做坏事而很少有利可得等等的实际结果，归功于对于他的上帝的恐惧；因为人们即使没有这种恐惧，行动也不会两样，并且，如果我们进一步思考，我们就会发现，使人们像他们所做的那样去活动的，常常是出于必然。

人在自身没有发现充足的缘由足以抑制自己或把自己引向理性的时候，是绝不能被抑制住的。一个人，如果不幸的机体、缺乏教养的精神、狂热的想象、根深蒂固的恶习、不幸的榜样以及强大

的利益等等，四面八方都邀他去犯罪的人，那么无论这个世界上还是另一个世界上，是没有任何东西可以使他成为有德行的人的。对于藐视舆论、蔑视法律、不听良心的呼声，并且他的强权使自己在现世能逃脱惩罚或谴责，对于这样的人，也没有任何理论能够制止他[①]。在他的狂乱之中，他对这个遥远的未来就更加不怕，这个未来的观念常常让位给他认为对他直接而当前的幸福是必需的那个东西。一切强烈的情欲，都使我们对于并非它的对象的一切东西，视而不见；来生的恐怖(我们的情欲常常具有某种秘诀给我们削减它的盖然性的)，对于更为现实的法律处分、对于周围的人必
223 定对他仇恨都一无所惧的坏人，更是丝毫不起作用。任何恣意犯罪的人，除去他期待于罪行的那个好处之外，什么确定的东西都看不见，其余的东西在他看来常常都是假的或是成问题的。

只要我们稍微睁开眼睛，就可以看到，绝不应该指望对于一个要报复的上帝以及对十它的惩处的恐惧(自爱心给我们指出它从来只是由于遥远而变得缓和)，能对那些在罪恶中变得坚硬起来的人心发生什么影响。凡是终于深信不犯罪便不能幸福的人，常常是不顾宗教的威胁而去犯罪。在自己心中看不见自己的丑恶，在自己周围的人的脸上看不见自己的处罚，在为惩治自己所犯的罪行而设立的法官的眼中看不见轻藐和愤怒，像这样一个人，我要

① 人们少不了会说，对于来生的恐惧乃是一种遏制，至少对于那些没有别的可以遏制的王公大人们总是有益的，而且随便一个什么遏制总比完全没有遏制强得多。人们已经充分证明，这个来生的遏制是丝毫不能制止帝王的；另外有一种遏制，更实际也更能约束他们并阻止他们为害社会，那就是使他们服从社会的法律，并把他们滥用力量使社会屈服于他们偏私的那种权利或权力，予以剥夺。一个建立在自然的公平之上的良好的政治机构和一个良好的教育，就是对国家领袖们的最好的遏制。

说，他永远也不会看见他的罪恶在一个他所看不见或是他只能从远处才看见的那个裁判官的脸上所产生的表情的。一个暴君，听到由于自己而陷于不幸的整个人民的哭声而无动于衷，看到他们流泪而漠然视之，也丝毫不会看见一个比他更强有力的主人的那副怒火燃烧的眼睛。当一个骄横的专制君主声称他的行动只对上帝负责时，那就是他怕他的人民比怕他的上帝还要厉害。

但是，在另一方面，宗教自己难道没有把它宣称解救灵魂的那些恐惧的效果给抵消了吗？难道它没有把方法交给它的信徒们，去逃脱它那样时常用来威胁他们的那些惩罚吗？它不是对他们说，在临死的时候，一个空洞的忏悔就能解除上天的愤怒，并且纯洁那被罪恶玷污了的灵魂吗？在某些教规中，教士们对垂死的人不是越权赦去他们在放浪的一生中所犯下的那些滔天大罪吗？最后，那些安心于不义勾当、荒唐和犯罪的败坏透顶的人们，不是直

到生命的最后一刻，还指望得到那许给他们以确实的方法去和他 224
们曾经激怒了的上帝和解的宗教的帮助，并且逃避上帝的严厉惩罚吗？

正由于这些对坏人非常有利、非常宜于使他们安心的谬见，结果我们就看到，容易赎罪的希望远不能使他们改邪归正，反而使他们一直到死都甘心沉迷在最放肆的恶习败行之中。因为尽管有人保证说，从来生说中确实可以得到无数好处，说是在压制人的情欲方面它确有实效，可是如此热心支持这个说法的神甫们，自己不是成天在抱怨这个体系还不够充分吗？他们承认，就是那些从幼年起就被这些观念浸透的人，也同样要为种种倾向所牵引、被荡行弄得头昏眼花、被感官的快乐俘虏、被习惯束缚、被时潮卷带、被同样

使他们忘却来生赏罚的那些当前利益所吸引。一句话,上天的神甫们也承认,他们大部分弟子在现世的所作所为,都好像对于来世丝毫没有什么可希望或可恐惧的似的。

最后,让我们暂时假定来生说有着某种功效,并且它确实遏制了一小部分人,可是,这些微薄的好处比之于我们看见从这个说法中产生的一大堆坏处,又算得了什么呢?在这个观念所控制着的一个胆怯的人的对面,却有成千上万它所不能控制的人,千百万人让它给弄得糊涂无理、残酷迷信、无用而邪恶,千百万人让它给弄得背弃了自己的社会义务,还有无穷无尽的人为它所愁苦、被它弄得心神不宁;他们对于同社会的人并无任何真实的好处。[①]

① 许多相信来生说是有益处的人,都把胆敢反对它的人看成社会的仇敌。然而很容易使人信服:古代最明智最贤达的人都相信,不仅灵魂是物质的并且要同肉体一
225 起消亡,而且还率直坦白地攻击未来惩罚的谬见。这种见识并非伊壁鸠鲁派所特有,我们看到它也被所有一切学派的哲学家,被毕达哥拉斯学派、斯多噶学派所采纳,最后也被希腊和罗马最贤明和最有德的人们所采纳。奥维德就曾借毕达哥拉斯的口这样说:

“呵,骇人听闻、令人寒栗的无情死亡,
你究竟有多么凶恶、多么黑暗?难道你们害怕那
空洞的名字,毫无实质的东西,人间虚假的危险?”

曾经是毕达哥拉斯学派的提梅·德·洛克莱斯(Timée de Locres)承认,未来惩罚说是虚构的东西,纯粹为对付愚蠢的民众而用,很少是为培植他们的理性而创造的。

亚里士多德郑重其事地说:“人在死后既没有好处可以企望,也没有不幸可以畏惧。”

在把灵魂说成不死的柏拉图学派的学说里面,也没有人死后还能有什么惩罚可以畏惧的说法,因为灵魂那时候重新回到神,灵魂既是神的一部分,神的一部分就是不能遭受痛苦的东西。

在谈到芝诺(Zénon)时西塞罗说,他假想灵魂是具有火性的实体,从而结论说,它必然要自行毁灭。“对斯多噶学派的芝诺说来,灵魂就是火。如果是火,它是会熄灭的;并且将与其他有形的事物一起消灭。”

这个学院派的哲学家、雄辩家，是常常自相矛盾的；在许多场合，他却公开地把关于地狱的痛苦当作寓言，并且把死看作人的一切的完结。参见《Tusculan》第 38 章。

塞纳加(Seneque)在他的著作中充满着这样一些段落：即他把死当作一种完全绝灭的状态来观察。“死并不存在。如果它存在，我是早会知道的。如果它在我生命之后存在，那么它在我生命之前也会已经存在过。如果死亡给人痛苦，那么，在我出生以前一定也会感受痛苦；可是我们并不曾感到过任何恐惧不安。”在谈到他兄弟的死的时候，他说：“不管死亡是幸福还是不幸福，我对它又有什么希求呢？”但是，再没有比塞纳加为安慰马尔契阿(Marcia)而写给她那些东西更为果断的了。(第 19 章)“要知道死并没有什么不幸。它只是给我们带来一些关于可怕的地狱的传说：无边的黑暗、监牢、弥天的大火、绝望、法庭以及暴君对罪人的无所不用其极的刑罚。所有这些，不过是轻薄的诗人们用来吓唬我们的一些虚伪可怕的东西罢了。死亡原来是解决和总结一切痛苦的；有了它，我们就不会再不幸，死亡让我们平安无事，使我们和诞生与生长之前一样。”最后，请看这位哲学家的十分明确的、很值得读者注意的一段。“如果心灵蔑视命运，如果思想摈弃敬神拜物，那么就会领悟拜物是无用的，而敬神更无用。如果蔑视生活中遭受的一切困难，死亡就更没有什么不幸可谈了，死亡作了彻底的总结。”参看《幸福论》。

作为悲剧家的塞纳加与作为哲学家的塞纳加以同样的方式说道：　226

“死后什么都不存在，就是死本身也不存在，
它是短促时间的一个尽头。
你想寻找死后葬在哪里，
谁知道哪里曾经埋葬过？
个体的死亡是肉体的灾难，
但它也绝不会宽恕灵魂。”　　见《Troades》

爱比克戴特(Epictete)在一段文字中具有同样的一些观念，很值得注意，见阿里安(Arrien)的转述。忠实地翻译下来就是这样：“可是，你到哪里去呢？那不能是一片有着痛苦的地方；你只是回到你从那儿来的那个地方去；你将要平静地重新与你从那儿出来的那些原素相结合。在你的组成中，凡是带有火性的东西都要回到火的原素那里去；带有土性的东西，将再要与土结合；是空气的东西，将要汇合于空气；是水的东西，将要再变成水；并没有地狱，没有冥河(Acheron)，没有地狱中的苦水(Cocyte)，也没有地狱中的火海(Phlégéton)。”(参见阿里安《Epictet》第 3 卷，第 13 章)在另一地方，这位哲学家又说：“死的时刻临近了；但是不要去加重你的不幸，也不要使事情比它本来还要坏；按它们的真实情况去想象它们吧。用来构成你的那些材料，将要变成它们最初被取来的时候的原素，这时刻已经到了。在这件事情上，又有什么可怕或可恼的呢？在这世界上，难道有什么东西会完全消亡吗？”(参见第 4 卷，第 7 章，第 1 节。)

最后，那个贤明而虔诚的安多南(Antonin)说：“凡是怕死的人，不是害怕剥夺了一切感觉，就是害怕感受种种不同的感觉。如果你丧失了一切感觉，你就再不会为艰难和贫困所苦了。如果你具有一种不同性质的其他感官,你就会变成不同种类的一个创造物了。”

这个伟大的皇帝在别处还说过,应当平静地等待着死,“因为死不过是组成每个动物的原素的分解”。(参看马可·安多南的《道德的思考》卷2,第17节,及卷8,第58节。)

人们还可以在这样多的古代异教徒的伟大人物的证词上,加上《传道者》一书的作者的证词,他好像一个伊壁鸠鲁派那样谈论着人类灵魂的死和命运。“死对于任何人和任何动物都是平等的,人这样死去,动物也这样死去:因为他们都一样呼吸,人丝毫没有胜过动物的地方。”参看《Ecclesiast》第3章,第19节。

那么,基督教徒们怎么能把来生说的功用和必然性,与神启发的那个犹太人立法者在人们相信是如此重要的一件事情上所保持的深沉的缄默相调和呢?

第十四章　教育、道德与法律足以抑制人类；论对于不死的欲求；论自杀

因此，绝不应该在仅仅存在于人们想象中的理想世界里，去寻 227
找使他们在这世界中活动的缘由，而是在可见的现世，我们才会发现使人避恶从善的真实动力。应该在自然中、在经验中、在真理中去寻找补救人类不幸的药方，去寻找能够给人心以真正有益于社会福利的种种倾向的动因。

如果注意一下本书中说过的一切，人们就可以看到，特别是教育能够提供解救我们迷误的真实方法。正是教育，应当在我们心中播种，培育它撒下的种子，使从属于不同机体的一切性向和功能发挥效用，控制想象的烈火，对某些事物让它点燃起来，而对另一些事物则止住它并且让它熄灭，最后，教育要使灵魂养成对个人和对社会都有好处的习惯。这样培养起来的人，绝不会需要什么上天的奖赏，才去认识德行的价值，也绝不会需要看在自己脚下火焰翻滚的深渊，才去感到罪恶的可怖；即使没有这些神话，自然照样能够更好地教给他们对自己应该做什么，而法律也会给他们指出对他们作为成员的那个集体他们应该做什么。教育就是这样给国家造就公民；当权者对教育给他们造就出来的人，要按照他们对祖

228 国贡献的大小给予优厚的待遇,而对有害于祖国的人则要惩办。他们要让公民们看见,教育和道德对公民们所作的预许绝不是空话,让他们看见,在组织得良好的国家中,德行和才能是到达幸福安乐的道路,而怠惰和罪恶则引向不幸和轻蔑。

一个公正、开明、有德、审慎、诚心诚意为公共福利着想的政府,并不需要什么神话和谎言去管理有理性的人民。这样的政府,如用虚幻的东西欺骗那些明白自己的责任、由于自身利害而服从公平合理的法律、能够铭感人家是给自己谋福利的公民们,是会感到羞愧的。这样的政府,知道对于出身良好的人们,社会的尊重比法律的恫吓更要有力。这样的政府知道,只要培养起习惯,就足以使公民们厌弃甚至为社会所不能察见的隐蔽的罪恶。它也知道,对于鄙夫小人,现世的有形惩罚远比不定而遥远的未来的惩罚要有效得多;最后,它知道强有力的君主有权分配的那些可见的财物,远比许给人们在未来可得的那些模糊的奖赏,更要刺激人的想象。

到处都有一些人十分邪恶、败坏、背叛理性,只是因为到处都没有用符合他们本性的办法去治理他们,用符合他们本性的必然法则去教育他们。到处人家都使他们饱餍无益的幻影;到处他们都服从于一些忽略人民教育或只想对他们进行欺骗的主子。在地球上,我们只看见这样一些君主:不公正、无能、被穷奢极欲所软化、被阿谀谄媚所腐蚀、被放肆和纵容所败坏,既无才能,又无品行和德行;对自己的责任漠不关心,自己的责任是什么也往往搞不清楚,因而谈不上去为人民谋福利;他们的注意完全被一些无谓的战争、被无时无刻不在寻求满足自己无尽的贪心的方法的欲求

所吸尽了;他们的精神丝毫没有放在有关自己国家幸福的最重要
的事情上。他们觉得保持那些既定成见于己有利,因此并不想法 229
子去纠正它们;最后,自己缺乏明智,不能教导人们使他们认识他们的利益就在于成为善良、公正和有德的人,通常他们只是奖赏那些对他们自己有益的恶行,而对违抗他们轻率情欲的德行,却要加以惩办。在这样一些主子的统治之下,社会若是被那些败坏的人们所蹂躏,他们随意压迫想仿效他们的弱者们,那还有什么可惊讶的?社会的状态成了君主反对一切人以及社会成员彼此反对的一种战争状态[①]。人所以成为坏人,并不因为他天生就是坏人,而是因为人们使他成为那样;大人物,有权有势的人,不受惩罚地压榨那些贫苦百姓和不幸的人,而这些人便冒着生命的危险,想法子回敬他们从那些人所受的不幸。他们公开地或秘密地攻击那有如后娘一般的祖国,这祖国把一切给予它的某几个孩子,而对另外的孩子则剥夺一切。他们惩罚它的偏心,并且给它指出,从来生所获得的那些动力是不能抵挡一个腐朽政权使之在现世所产生的那些情欲和愤懑的;要抵挡必然、抵挡犯罪的恶习、抵挡丝毫不曾被教育所改正的危险的机体,现世的严刑峻法的可怖,是无能为力的。

① 在这里应该看到,我并不是像霍布斯那样,说自然的状态就是一种战争的状态;我是说,人由于他的本性是既不善也不恶,他们可以成为好人,也可以成为坏人,那就要看人家怎样改变他们,或是看人家让他们看见自己的利益是在这一边,还是在那一边。如果不是一切都用利害关系使他们分化对立,他们本不会那样乐意去自相残杀;可以说,每个人都是在社会中孤立生活的,而他们的首领们则利用这种分裂去使这一些人压服另一些人。**分而治之**就是一切坏政府本能地遵守的格言。暴君们如果在他们统治之下尽是一些有德之人,那对他们就不利了。

在任何国家,人民的道德全然被忽视,而政府只是忙于如何使
230 人民畏怯而且不幸。人几乎在任何地方都是奴隶,就好像他应该卑下、应该自私自利、矫揉造作、毫无荣誉感,一句话,应该有他所处地位的种种恶德。到处他都受欺骗,陷于愚昧无知之中,不能培育自己的理性,就好像他在任何地方都应该是愚蠢、无理而且邪恶;到处他都看见罪恶和恶行受到尊敬,因此他得到结论:恶是件好东西,而德行只能是一种自我牺牲。到处他都不幸,因此到处他都以伤害他的同类来摆脱自己的痛苦;人家为要遏制他,徒然把上天指给他看,他的目光却很快又落在地上,他不惜一切代价要在地上得到幸福。而法律,既没有给他教育,也没有给他品行和幸福,只是对他无益地进行威胁,并且用立法者们的不公平的忽视来惩罚他。如果本身是比较开明的政治,严肃关注人民的教育和福利,如果法律比较公正,如果每个社会比较没有偏袒地给它每个成员以他有权利要求的关怀、教育和帮助,如果政府不那么贪婪,励精图治,竭力增进属下人民的幸福,那么,我们就绝看不见这么多歹徒、小偷和杀人犯去扰乱社会;也绝不至于因为要惩罚他们所犯的一件通常只能归罪于不良制度上的弊病而不得不剥夺他们的生命,而且也没有必要在来生中去寻找那常常因为他们的情欲和真实需要而不能不破灭的种种幻影了。总之,如果人民是比较有教养和比较幸福的,那么政治就用不着为遏制他们而对他们进行欺骗,也用不着毁灭那样多不幸的人——只是因为他们为了获得生活所需而曾经从硬心肠的同胞们那儿取得一杯残羹!

如果我们要教育人,就让我们总是把真理向他指明吧。不要用未来会给他一些假想的好处这种观念来燃起他的想象,相反,让

我们减轻他精神上的负担、帮助他,或至少允许他享受自己劳动的 231
果实,不要用苛捐杂税掠夺他的财物,不要使他丧失劳动的勇气,也不要迫使他无所事事,终至走上犯罪的道路。让他一心只想自己现在的生存,不要把目光放在死后等待着他的那个生存上去。让现世生存激励他勤奋努力,让我们奖励他的才能,使他在居住的现世成为积极的、勤劳的、行善的和有德行的人。让我们给他指出,他的行动能影响他的同类们,并不能影响那些被放在一个理想世界中的各种想象的人物。让我们不要跟他谈神威胁他,要在他死后施之于他的种种苦刑;让我们叫他看见社会已经戒备,必将对付那些扰乱社会的人;让我们指给他对自己同社会的人仇恨会有什么后果;让他学习着去体会他们感情的价值;让他们学习着自己尊重自己;希望他怀有博得别人尊重的雄心;希望他知道要取得尊重,应当有德行,而有德行的人在一个组织良好的社会里是什么都不怕的,既不怕人,也不怕神。

如果我们愿意造成正直、勇敢、勤奋和有益于国家的公民,那我们千万不要从幼年起就灌输他们对于死的种种毫无根据的恐惧;不要用神奇鬼怪的神话娱乐他们的想象;也绝不要用知之无益而又与他们真实幸福毫无共同之处的未来去占据他们的精神。让我们跟那些勇敢而高贵的人去谈论不朽吧,让我们向那些跃出现时生存限制、不满足于只引起同时代人的赞美和爱戴、还愿意博得后世崇敬的坚毅的人们指出,不朽就是对于他们努力的酬报。因为,是有一种不朽,这种不朽是天才、才能和德行有权利要求的!让我们不要非难,不要窒息建立在我们本性上面的,而社会能够从之收获最为有益的果实的那种高贵的情欲吧。

想到在自己死后被湮没在永恒的遗忘之中,死后与人类再没有什么共同之点,并且丧失了可以影响人们的一切可能性,这样的
232 想法,对任何人都是痛苦的,它对于有着炽热想象的人,尤其是令人不胜伤感。不死的欲望或活在别人记忆中的欲望,常常是伟大灵魂的情欲,它是所有在地球上起过巨大作用的人们的行为动力。英雄们,不管是有德的还是有罪的,哲学家,以及征服者、天才和有才干的人,这些曾为人类争光的卓越人物,也像那些贬损人类、蹂躏人类的有名的大奸巨恶一样,在自己的一切事业中都看到了后世,都自诩为能够希望自己不再存在以后仍能影响人们的灵魂。如果寻常的人并没有把自己的眼光放得这么远,至少他也会有这样的想法:他要在自己孩子们身上看见自己的再生,生育这些孩子为的正是绵延他的生命,传下他的名姓,保存他的记忆,在社会上去代表他。正是为了他们,他才修建房屋、种植他永远不会看见它长成的树木。正是为了他们的幸福,他才劳动。而一些大人物,往往无益于人世,他们的悲伤,则来自这样一种恐惧:当他们丧失延续自己种族的希望的时候便要被人完全遗忘。他们觉得无用的人会整个地死去。想到自己的名字将要存留在人们的口中,想到自己的名字将要被人以柔情呼唤并且在人心中引起甜蜜的情感——这些想法,都是一些有利的幻想,即使对于那些明知这对自己并无什么结果的人们,也是能使他们感到高兴的。人都喜欢想他将来会有权力,在宇宙中他算得上一个,即使在他作为人的生命完结以后;他要在观念上参与后代人的行动、言谈和设想,如果他发现自己被社会排除,他便会感到十分不幸。几乎所有国家的法律都是为迎合这类企图而制定的,制定这些法律的用意在于用死亡的必

然来宽慰公民们，办法就是即使在他们死后也可以长久实践他们生前的种种意愿。这种不耻下顾的慈祥行之久远，以致长久岁月之后死者还在支配活人的命运。

一切都给我们证明，人人心中都有这种绵延生命的欲望。金 233
字塔、陵墓、纪念碑、墓志铭，一切都向我们指出，人要把自己的生存伸展到寿终正寝以后去。他绝不是不在乎后人对他的判断。正是为了后世，学者才著书立说；正是为了使后代人惊异，君王才竖立起巨大的建筑物。伟大人物在自己耳中已经听到回响的，就是后代的颂扬之声；而有德的公民因为同时代人的不公正或偏私而向这些伟人呼吁。幸福的幻影！多么甜蜜的幻想啊！它为那些炽烈的想象而实现，可以产生并且支持天才的热情、勇敢、灵魂的伟大、才能，它有时也能用来节制那些权势者过分的行为，使这些人时常为后代人的评断而深感不安，因为他们知道后代人迟早要为生者由于受到人家给予他们的种种不公平的不幸而进行报复。

因此，没有任何人会同意让自己从同类们的记忆中完全抹掉；很少人会有勇气把自己交给未来人类去裁判，在万人瞩目之下贬损自己。能博得后代人的眼泪，仍能影响他们的灵魂，占据他们的思想，即使在坟墓深处仍能在他们身上施展自己的权力，这种快乐，什么人能够不动心呢！对于那些胆敢非难某种对社会产生那样多好处的情感的阴郁的迷信者，让我们喝令他们永远不要开口胡说吧。我们绝不要倾听那些想要我们把自己灵魂中这种活力闷死的冷酷的哲学家们。自己并没有力量奔赴不朽，反而对之加以轻蔑的纵欲者们，让我们不要被他们的讥讽弄得信心摇曳吧。想

使后代人喜欢,让自己的名字见爱于未来的人类,这样的心愿,只要它促使我们完成事业,其好处能影响现在的人们以及现在还不存在的民族,那就是可敬的动力。博大而善良的天才们的热情,他们以锐利的眼光在他们那个时代就已经预见到我们,他们关心我们,期望得到我们的爱戴,为我们而写作,用他们的发现来充实我们,并且纠正了我们的种种谬误,那我们就不要说这种热情荒诞吧。如果他们不公正的同时代人曾拒绝给予他们,那就让我们把
234 他们期待于我们的敬礼献给他们吧。我们至少对于他们的残灰要感恩致意,以报答他们给我们提供的那些快乐和好处。让我们用泪水洒在像苏格拉底、傅西勇[1]这样一些人的骨灰瓮上面;让我们用泪水洗去他们的刑罚给人类造成的污点;让我们用哀伤去为雅典人的忘恩负义赎罪;让我们由于这一前例,学习着去憎恨宗教的和政治的狂热,学习着去害怕在迫害那些攻击我们偏见的人们的同时,损害了功德和德行吧。

让我们把鲜花撒在荷马、塔索[2]、弥尔顿的坟墓上!让我们对那些幸福的、他们的歌声至今还在我们心中引起最温柔的情感的天才们,致以崇高的敬礼!让我们为所有深得人心的人民的造福者们祝福。让我们赞美狄图斯、特拉杨努斯、阿陀尼乌斯和朱理安[3]这类人的高贵品德。让我们在我们的领域内堪当未来的颂

---

① 雅典贵族派的将军、雄辩家和和平的捍卫者(公元前400—前317),以廉洁著称,后被不公正地处以刑罚,饮鸩而死。——译者

② 意大利著名诗人(1544—1595),史诗《被拯救的耶路撒冷》的作者。——译者

③ Titus, Trajans, Antonins, Juliens,都是罗马帝国比较善良爱民的皇帝。——译者

扬，而且永远记住：在我们临死时要博得自己同类们的惋悼，就应该给他们表现才能和德行。最强大的君王的送葬行列中，人民很少有落泪的，因为君王们还活着的时候，已经使他们把眼泪流尽了。暴君们的名字，就是在那些听见人家说起它们的人的心里，也要引起恐怖。颤抖吧，残暴不仁的国王们！你们把自己的属民们抛在苦难和眼泪里，你们蹂躏了国家，你们把大地变成了一片荒凉的墓园；你们为那些血迹、那激怒的历史将要在它下面把你们给后世的子子孙孙描画出来的血迹，而颤抖吧！无论是你们那豪华壮丽的建筑物，还是你们那威严赫赫的胜利，还是那数目庞大的军队，统统不能拦住后代人民对你们可恶可恨的幽魂破口大骂，为你们犯的那些惊人罪行而替他们的祖先报仇雪恨！

任何人不仅痛苦地预见自己的死，而且希望自己的死能成为一件别人关心的事情。但是，正如我们刚刚说过，要周围的人关心我们的命运并且对我们的遗体感到惋惜悲伤，那我们就应该有才能、善举和德行。如果大多数人只是关心自己、关心自己的虚荣、自己的幼稚谋划，并且牺牲自己的妻子、家庭、孩子、朋友以及社会的幸福和需要去满足自己的种种情欲，他们的死就引不起任何人的悲伤，他们很快就被人遗忘，那又有什么可奇怪的呢？有无数君王，除去他们曾经存在过之外，历史并不能告诉我们什么东西。尽管人们生活大部分时间都是虚度过去，在怎样使自己见爱于周围的人这点上用心也少，有的行动甚至还相反使他们很不愉快，尽管这样，也还是阻止不住每个人的自尊心使自己确信，他的死应该是一桩了不起的大事，而且他的自尊心还指示给他，可以这样说，万

事万物的秩序都被他的死亡给弄得颠倒了。软弱而虚荣的人啊！难道你没有看见塞邹斯特里[1]、亚历山大、恺撒这样的一些人都死了吗？宇宙的进程何尝因此而停止！这些有名的征服者的死亡，固然使几个得宠的奴隶们感到悲痛，可是对整个人类说却是一件快事；它至少使一些民族有喘一口气的希望。难道你以为你的才能应该引起人类的注意，并且应该使人类为你的死去而致哀吗？唉，就是连高乃依、洛克、牛顿、玻意耳、孟德斯鸠这样的人的死去，都只为少数朋友所惋惜，而这些人也很快就被一些必要的娱乐所安慰了，他们大多数同胞们对他们的死都是漠然视之的。你敢夸口你的声誉、你的头衔、你的财富、你的豪华饮食、你的各种各样的快乐，会使你的死成为一件可纪念的大事吗？人家也许谈论它两天，这你也不必惊异。要知道以前在巴比伦、在萨尔得、在迦太基以及在罗马，死过多少比你更出名、更有权势、更好逸乐的公民，可是他们没有一个人曾想过把名字留给你。呵，人呵，无论命运把你安置在什么地方，都让自己成为有德行的人吧！那么在你有生之日你将是幸福的。你行好事，你就会被人爱戴；获得才能，你就会受人重视。如果这些对后代人有用的才能，使他们认识了人家从前曾用来指你这个已不再生存了的人的名字，那么后代人就会赞
236 赏你。但是，宇宙绝不会因为你的死亡而受到扰乱；当你死的时候，说不定你最接近的邻人正在寻欢作乐，而你的妻子、你的孩子、你的朋友则忙着亲视入殓，给你合上眼睛。

因此，让我们只是为了使自己成为和我们在一起生活的别人

---

[1] 公元前二千年埃及国王。——译者

有用处，才去关心我们未来的命运吧。为了我们自己的幸福，让我们自己无论对父母、对孩子、还是对于邻人、朋友和仆人都成为可爱的人；让我们自己在同胞们心目中成为可敬重的，忠实地为确保我们幸福的祖国服务。希望能见爱于后代人的这种欲望激励我们去作出一番能博得后代人颂扬的事业；希望合法的自爱能使我们预先尝到我们愿意博得的那些颂扬的快乐。而当我们堪当这些颂扬的时候，让我们知道自爱自尊吧。让我们永远不要听任隐蔽的恶行和秘密的罪恶，使我们在自己眼中贬损自己，使我们自觉惭愧吧。

有了这样一些想法以后，就让我们用大多数人对待死亡的那种漠然态度，来看待我们自己的死亡。让我们充满自信，等待着死亡，学会拆穿人家想要用来压倒我们的种种空虚的恐怖。让狂热家抱着他那些虚无缥缈的希望，迷信者怀着他那些滋养忧郁的恐怖，那都随他们去吧。但愿被理性坚定了的心，对于摧毁一切感觉的死亡不再有任何恐惧。

不管人们对于生命怎样执着，对于死亡多么害怕，我们仍然成天看见：习惯、意见和成见的力量之强，足以消灭我们心中的这些情欲，足以使我们不怕危难而冒险度日。野心、傲慢、虚荣、悭吝、爱情、嫉妒以及名誉的欲望，还有那个我们美其名曰荣誉攸关的沽名钓誉，所有这些都足以使我们面临危险，视而不见，足以把我们推向死亡。悲伤、精神痛苦、失宠、失败，都给我们和缓了死神那样使人厌恶的面貌，使我们把死看作是一个可以逃避我们同类们的
不公平的避难所；贫困、困厄使我们对幸福的人如此可怕的死习见 237
不惊。被判处苦役和被剥夺了生活欢乐的穷人，目睹死之来临是

无所动心的；命途多舛的人，看见自己不幸而走投无路，一旦发现幸福生活再也不是为他安排的时候，他就在绝望中拥抱死亡，催促它加紧步伐。

不同年龄和不同国家的人，对那些有勇气自杀的人是有着非常不同的判断的。他们对这件事情的观念，也正如对于一切别的事情一样，都是受他们政治和宗教的教育的支配。希腊人、罗马人以及其他崇尚勇敢和豪侠的民族，都把那些自愿中断自己生命历程的人看作英雄和神。在印度斯坦，婆罗门教徒还知道给妇女们以充分的坚定心，在丈夫的尸身上自焚而死。日本人，在微不足道的一些小事上，也毫无难色地把尖刀插进自己的腹中。

在我们这些地区的人民，宗教使人比较不那么轻生。宗教教导他们说，那个愿意他们受苦并且因他们受苦而称心如意的上帝，很赞成他们设法零零碎碎地毁灭自己，赞成他们这样做去绵延自己的苦刑，但是不同意他们一下子把自己的生命线割断，或是随便处置上帝已赋给他们的这个生命。

有一些道德学家，姑不论他们的宗教观念如何，认为人和社会所结成的协定约束，是绝不容许割断的。另一些道德学家则把自杀看成一种怯懦：他们想，只有懦弱和畏怯才让人为命运的打击所打倒，他们认为只有具有极大的勇气和灵魂的伟大，才能承受痛苦，才能抵抗命运的打击。

如果在这个问题上我们请教自然，我们就会看到，作为必然的掌握之中的弱小玩物的人，他的一切行动都是不得不如此的，而且
238 都受这样的一个原因的支配：这个原因在他们不知不觉中，也不管他们愿意与否，就使他们活动起来，使他们每一刻都在完成它的某

一道指令。如果强迫一切有理智的生物都去珍爱自己生存的那个力量，使某人的生存成为这样痛苦这样残酷，以致觉得自己的生存可恨而且不可忍受，那么，他可以从自己的类族中退出，秩序对他说就是被破坏了，而他剥夺自己的生命，也就是完成了那个愿意他不再生存的自然的一项决定。这个自然，在大地中酝酿了千万年，才形成了这块命定要割断他的生命的铁器。

如果我们审察人与自然的关系，就会看到，两者之间的约定，从人这方面看既非自愿，从自然或从自然创造主这方面看也不是什么相互平等的。人的降生并没有人自己意志的参与，通常也是违反着自己的心愿迫不得已而死去，他的种种行动，正如我们已经证明过，也只不过是一些决定着他的意志的、为他所不知的原因的必然结果罢了。他在自然的掌握中，正如一把剑在他自己的掌握中一样；这把剑从手中掉下去，我们绝不指责它弃约食言，也不指责这表示了执剑人的忘恩负义。人只有在幸福的条件下，才能爱自己的生命；只要整个自然拒绝给他幸福，只要他周围的一切对他变得不舒服，只要他的悲凄的观念只把种种令人愁苦的图景呈现给他的想象，他便可以退出这个对他不再合适的行列，因为在那里他找不到寄托，他已经不再存在了，他已被悬在空虚之中，他对自己和对别人都不能是有益的了。

如果我们考察把人联结于社会的这个协定，我们就可以看到，任何协定都是有条件的、相互的，就是说，都是以缔约双方的相互利益为前提。公民只有通过幸福生活这条纽带，才能与社会、祖国，以及它的成员们连结在一起；这个纽带一旦割断，他便恢复自由，无拘无束了。社会或代表社会的人们，不是对他严酷不公，不

是使他的生存感到难堪么？在一个藐视人而且冷酷的世界中，不是贫困和耻辱都来威胁着他么？那些背信弃义的朋友不是在他陷
239 入患难时都掉头不顾？不忠实的妻子不是伤了他的心？忤逆不孝的儿女们不是使他老境凄凉？不是他把唯一的幸福寄托在他不可能得到的一些东西上面？最后，不管为了什么原因，忧伤、悔恨、郁悒、失望，不是对他把宇宙的景象都给改观了么？如果他不能忍受自己的不幸，就让他离开这个已经对他不过是一片可怕的沙漠的世界吧。让他永远离开这个不愿再把他算在自己孩子之列的不人道的祖国；让他从这座威胁着他、眼看就要塌在他头上的屋子中出来；让他抛弃社会、抛弃这个他再不能为它的幸福而工作而只有他自己的幸福才能使他爱惜的社会吧。一个人，在命运使他降生的那个城市中自觉无用无救，凄凄切切自沉在孤寂之中——对于这样一个人我们还要责难他吗？那么，凭什么权利责难一个由于绝望而自杀的人呢？人死了，和他自己把自己孤立起来，又有什么两样呢？死就是失望的唯一的救星；因此，一把利刃就是留给不幸的人的唯一的朋友和唯一的安慰者。只要希望对他还存在，只要他的不幸在他看来还可以忍受，只要他可以自慰总有一天看见不幸会过去，只要他还存在着可以找到某些温柔的东西的可能性，那么他是绝不同意剥夺自己的生命的；但是，当没有什么东西再支持他对于自己生命的爱的时候，那么，活着就变成了最大的不幸，而死亡对于愿意逃脱生活的人就成了一种义务。[1]

① “不幸的是必须生活；但必须生活并非必然生存。既非必然生存，那么会怎样呢？显然到处展开着许多既方便又简捷的自由之路的。感谢上帝，没有人能够掌握生命。”参看塞纳加的《书信》第12页。

一个不能或不愿给我们提供任何福利的社会，就丧失对我们的一切权利；一个坚持使我们的生存成为不幸的自然，就是命令我们从它那里走开；我们死去和我们进入生命之中，同样都是
在完成自然的指令。对于愿意去死的人来说，没有任何不幸不可 240
以解救；对于拒绝死的人来说，那就是还有一些使他留恋世界的好东西。在后一种情形下，愿他能唤起他的力量，以自然仍然给予他的勇气和方法，去反抗压迫他的命运吧。只要自然还给他留下对于快乐的感觉和自己的困苦即将终结的希望，那么自然就是还没有把他完全抛弃。至于迷信的人，他的痛苦是没有终极的；要想缩短自己的痛苦都不被许可[①]。他的宗教命令他继续呻吟；禁止他求救于死，虽然这个死，对他来说其实正是一个不幸生存的开始；他会因为敢于提前执行了上帝后来才要给他们命令的缘故而受到永恒的惩罚，这个残酷的上帝喜欢看见他一步步地陷于绝望，不愿意人没有它的意旨而大胆地离开它给人指定的岗位。

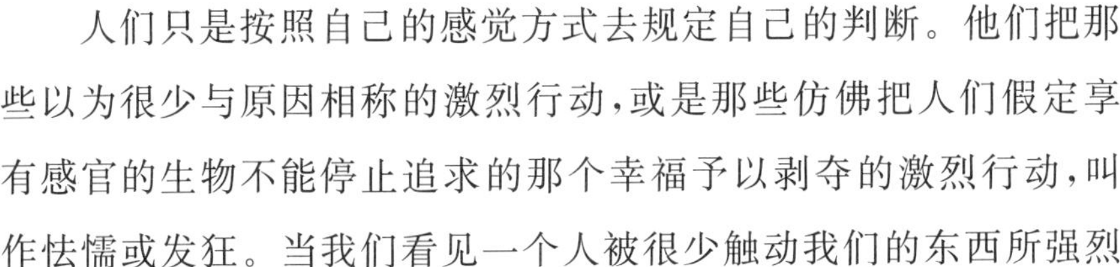

人们只是按照自己的感觉方式去规定自己的判断。他们把那些以为很少与原因相称的激烈行动，或是那些仿佛把人们假定享有感官的生物不能停止追求的那个幸福予以剥夺的激烈行动，叫作怯懦或发狂。当我们看见一个人被很少触动我们的东西所强烈

① 基督教义和基督教徒的民法，在非难自杀这一点上是矛盾百出的。旧约在撒姆松(Samson)、爱勒阿札尔(Eléazar)身上，即是说在上帝很喜欢的一些人身上，就对这点提供了一些例子。弥赛亚(或基督教徒们的上帝之子)，如果他的死当真是心甘情愿，那么这显然是自杀。对于许多自愿受刑的殉教者以及把自己逐渐毁灭作为功德的苦修士，我们都可以这样说。

地感动,或当他不能忍受我们自己满以为能比他再为坚强地承担的种种不幸的时候,我们就把这个人当作弱者看待。我们指责牺牲自己生命的人发疯、狂暴、傻瓜,因为生命,我们毫无分别地把它看成是最大的财富,而他们却为了那类在我们看来绝不值得作出如此重大牺牲的东西而牺牲自己的生命。我们就是这样,常常自
241 己抬高自己,自以为是别人的幸福和感觉方式的裁判者!一个在失掉财富后自杀的吝啬鬼,在不太迷恋财富的人眼中看来是一个糊涂虫。他绝没有感到,对于一个吝啬爱财的人,没有钱,生活就只是一个继续不断的苦刑,在现世,没有什么东西能够解除他的痛苦。这个不太爱钱的人会向你说,要是他处在这个人的地位,他是不会这样干的。可是,要完全处在另一个人的地位,那就需要有这个人的机体、气质、情欲和观念;他应当是这个人,并且使自己处在同样的环境中,被同样的原因所驱动,然而这样一来,任何别人也都会像那个吝啬鬼一样,在失掉那作为自己幸福的唯一源泉之后,一死了之。

剥夺自己生命的人,只有当世上再也没有什么能够使他快乐或使他摆脱痛苦的时候,才走到如此与他的自然倾向相反的极端。他的不幸,不管他怎么样,对他总是实在的;他那无论是坚强还是软弱的机体,总归是他的,而不是别人的机体。一个想象自己病了的人是很实在地感受痛苦的,一些恼人的噩梦事后却很真实地使我们觉得不自在。所以,只要有人自杀,我们就应该结论说,原来是一件好东西的那个生命,现在对他已变成了一个最大的不幸;生存在他看来已经丧失一切魅力,整个自然再没有什么东西可以诱惑他;对于他,自然的迷人的法术已经不灵了,他那被

扰乱了的判断对生存和非生存加以比较，他以为非生存要胜于生存。

难免有很多人会把这些反抗既定成见、允许不幸者自绝生命的言论，看成危险的东西，可是，促使人们采取一种这样激烈的解决办法的，绝不是这些言论。使人在心中产生毁灭自己的打算的，是由于忧伤而变得苛刻起来的气质，是多胆汁而忧郁的身体组织，是机体里面的毛病，是机制里面的紊乱，是必然，而不是理论上的
思辨。只要他还有理性，或者，只要他还抱有作为一切不幸之最后 242
安慰的希望的时候，是没有什么东西可以邀他去走这条绝路的。至于念念不忘自己的烦恼和困苦，精神上总盘踞着自己的种种不幸的倒霉的人，就被迫只有向自己的不幸讨主意。此外，日益陷于失望的不幸者，被忧愁所压倒、被悔恨所折磨、再没有理由使自己对别人有用、自暴自弃、再没有心思来保存自己的生命的愤世者，社会又能从他们那里期望得到什么好处和帮助呢？假如人们有一天能够做到说服坏人，叫他们从我们眼前撤去那些有害的东西，假如他们做不到，法律就不得不予以摧毁，那么，我们这个社会不是更为幸福吗？假如这些坏人能够预见等待他们的是什么耻辱和刑罚，他们不是也更要幸福些吗？

既然生命对于人，一般是所有财富中最大的一种，那就可以认为，破坏自己生命的人是为一种不可战胜的力量所支配的。正是过分的不幸、失望、忧郁所引起的机体内部的紊乱，才使人去寻死。这时候，他被互相矛盾的种种冲动所震撼，像我们在前面已经说过，便不得不采取一条中间道路，结果是死亡。如果说，人在一生中没有一刻是自由的，那么，在结束他生命的这一行动中他就更不

是自由的。[①]

可见,自杀的人并不像人们所说的那样侮辱了自然,或者,如果一定要这样说,侮辱了自然的创造主。他采取自然留给他摆脱自己困苦的仅有的道路,也就是顺从了这个自然的冲动。他通过自然给他敞开着的大门退出了生存,他是完成了必然的法则,不能
243 说是侮辱了自然;必然的铁掌,既然扭断了使他的生命成为可欲求的并且推动他去保存自己的这根发条,就给他指出他应当从自觉太不幸因而不愿在那里停留下去的行列或体系中退出去。祖国或家庭,绝没有权力对这样一个成员,即它不能使他幸福而且也不能对他再有什么希求的成员,有所埋怨。要成为有益于国家或家庭的人,就应该珍爱自己的生命,有心去保护它,热爱把自己和别人结合起来的那些联系,并且能关心他人的幸福。最后,如果要使自杀的人在来生遭受惩罚,为自己的仓促行为而饮恨,那么他就必须在来世还活着,因此他也就必须在来世仍有他的器官、感觉、记忆、观念和他现在的生存和思维方式。

总之,再没有什么比教导人以对于死的轻视、从他们精神中驱走人家给予他们的关于死后的种种错误观念,更要有益处的了。对于死的恐惧,永远只能造成胆小鬼;对于假想的死后的恐惧只能造成迷信极深和愁眉不展的虔诚者,既无益于他们自己,也无益于别人。死就是一种手段,一种绝不该从被压迫者——人们的不公时常逼得他们走投无路——的道德上给剥夺的一种手段。如果人

① 据说,在气候使居民们趋于忧郁的英国,自杀是很流行的。在这个国度中,自杀的人被人说成是"月症者";他们这种病好像并不比脑筋错乱更招人谴责。(西方人曾认为,神志不清等等毛病与月亮有关。——译者)

不怎么怕死,他们就不会是奴隶,也不会是迷信者。真理也就会找到更热情的捍卫者,人权将被人更大胆地支持,谬误将更强烈地遭到打击,暴政将要永远被排除在各民族之外;懦弱滋养暴政,而恐惧又使暴政绵延。一句话,只要人们的见解迫使人们自己战战兢兢,那么人们就既不能快活,也不能幸福。

第十五章　论人类的利益，或论人对幸福的种种观念；人没有德行便没有幸福

244 效用，像我们在别处已经讲过，应该是评断人的唯一尺度。使自己有用，就是增进自己同类们的幸福；成为有害，就是助长他们的不幸。承认了这一点，那我们就来看看我们前此确立的那些原则，对于人类究竟是有益呢，还是有害，有用呢，还是无用。如果人的一生时时刻刻都在追求自己的幸福，那么他对能给他提供幸福的东西或能把获得幸福的方法供给他的东西，就应该表示赞成。

到目前为止我们讲过的那些，已经可以用来确定我们关于构成幸福这种东西的观念了；我们已经使人看到，这个幸福不过就是连绵不断的快乐而已[①]。但是，要让一件东西使我们喜欢，那么它在我们心上造成的印象、它给我们的知觉、它留给我们的观念，一句话，它在我们身上所引起的种种运动，就一定要相类于我们的机体、气质和个别的本性，即被习惯以及被给我们以或多或少永久的或暂时的存在方式的无穷环境或原因所改变了的本性。这件触动我们或把观念留给我们的东西，它的活动一定要经常在增加，而远

① 参看第九章。

不是削弱或是消灭。这件东西也一定要把我们的机体所不断需要的适度的活力给予我们的机体而不致疲乏、耗尽或扰乱我们的器 245
官。什么东西才具备所有这些性质呢？什么人的器官能经受继续不断的激动而不衰弱、不疲乏，并且不感到困难呢？人只要没有痛苦地生存着，他总是愿意尽可能强烈地感知他自己的生存的。我说什么好呢？他常常同意，与其毫无感觉不如感觉痛苦。他熟习于很多很多事物，这些事物，起初可能是以一种令他很不愉快的方式感动他，而往往终于成了他的需要，或是成了完全不能打动他的东西[①]。实在，在自然中，哪里找得到这样的东西，即它们随时能把在分量上适合我们机体状况、其动力能使我们机体适应永恒变化的那种能动性供给我们？最强烈的快乐总是最不持久的，因为引起我们最大疲惫的正是这些东西。

如要毫不间断地感到幸福，那就需要我们生命的力量无穷无尽，就需要我们的生命不仅有活力，还要生气勃勃，还要有什么也摧毁不了的坚固性。或者，就需要那些把运动传递给我们的事物，能够按照我们的机体被迫相继经过的那些不同情况，获得或是丢掉一些性质；就需要事物的本质随着我们那受着千百种在我们不知不觉中、也不管我们愿意与否就在改变着我们的原因之不断影响的机体条件，以同样的比例变化。如果说我们的机体时刻都在

① 我们在烟草、咖啡以及特别是欧洲人为奴役黑人和控制野蛮人所借用的白酒里面，可以找到这样一些例子。也许这就是为什么我们要去看悲剧，而老百姓去看罪犯的执行（这对他们就是一些悲剧）的原因所在。总之，想感觉或想被强烈地感动的欲望，似乎就是好奇心，以及我们在猎取神奇、超自然、不可思议和一切使我们想象大为活跃的东西时所伴有的那种贪心的根源。人之不肯放手他们的宗教，正如野蛮人之不肯放手他们的白酒。

感受由于空气的不同程度的弹力、重量、清浊,由于我们血液的不
246 同程度的热力和流动,由于我们肉体不同部分之间的不同程度的秩序或和谐,而产生或多或少显著的变化,如果说在我们有生之时的每一刻,我们并没有同样的神经的张力、同样的筋络的弹性、同样的精神的活动性、同样的想象的热力等等,很显然,那就是因为同样的原因并不总是保持同样性质,不能任何时候都同样感动我们的缘故。这就是为什么以前我们喜欢的东西,现在却引不起我们的喜爱;这些东西并没有什么明显的改变,而是我们的器官、机体的条件、观念、我们的看法和感觉方式有了变化,这就是我们的无常性的泉源。

如果同样的一些事物都不能恒常使同一个人感到幸福,那么,显而易见,它们就更不能使所有的人都喜欢,或同一幸福适合于一切人了。在气质、力量、机体、想象、观念、见解和习惯上各不相同,而且被无穷的物质环境或精神环境予以各式各样改变的人,必然对于幸福有极不相同的看法。一个吝啬者的幸福和一个挥霍者的幸福不能相同;一个纵欲者的幸福和一个情欲冷漠的人的幸福不能相同;一个没有节制的人的幸福和一个重视健康的理智的人的幸福也不能相同。因此,每个人的幸福都是由于他自己的自然机体以及曾改变过他的种种环境、习惯、真实的或错误的观念等等复合因素而形成的。机体和环境既然从来就不一样,因此构成这一个人的愿欲之对象的东西,必然为另一个人所漠视,甚至是为他所不喜的,并且,正如我们在前面说过,谁也不能对助成他的同类们的幸福的东西加以评断。

人们所谓的**利益**,就是每个人按照他的气质和特有的观念把

自己的安乐寄托在那上面的那个对象；由此可见，**利益**就只是我们每个人看作是对自己的幸福所不可少的东西。还应该从这里得到这样的结论：在这世界上，全无私利的人是绝对没有的。吝啬者的 247
利益就是积攒钱财；挥霍者的利益就是把钱财花掉；野心家的利益在于获得权力、头衔和爵位；谦逊的智者的利益在于享受安静；放荡者的利益就是要毫无选择地纵情于各种各样的快乐之中；小心谨慎的人的利益就是要避开一切可能对他有害的东西。坏人的利益就是要不惜一切代价满足自己的情欲；有德行的人的利益则是以自己的行为表明值得别人的爱慕和赞许，绝不干那些连自己也觉得糟蹋自己的勾当。

这样，当我们说"利益就是人的行动的唯一动力"的时候，我们是想指出：每个人都是以自己的方式致力于自己幸福的，他把这个幸福寄托在或是可见的、或是隐蔽的、或是真实的、或是想象的某种对象之中，而他的行为的整个体系也是为了取得这个幸福。承认了这一点，那么，没有任何人可以称得上是无私的；这个名称只是给予我们不知他的动因或是我们赞许他的利益的那种人的。我们就是这样，把那种对于援救陷在不幸之中的友人的快乐远比对于把无益的金钱锁在保险箱中的快乐更能触动他的心的人，叫作慷慨的、忠诚的和无私心的。我们称呼所有把自己名誉的利益看得比自己财产的利益更要贵重的人为无私心的人。最后，任何人为自己幸福之所寄的对象而作出牺牲，而我们由于并不同样重视这个对象而认为他们的牺牲未免过大，这样的人，我们也称作无私心的。

我们对于别人的利益往往评断得很不正确，是因为促使他们活动的那些动力过于复杂而为我们所不能认识,再不然,就是因为,如果要像他们那样评断,就一定要有和他们同样的眼光、同样的器官、同样的情欲和意见,然而,事实上我们却只能根据别人的行动在我们自己身上产生的结果去评断别人的行动。因此,每当促使他们进行活动的那个利益对人类产生某种好处时,我们就对这种利益大加称赞。我们就是这样赞美价值、慷慨、对于自由的
248 爱、伟大的才能、德行等等,我们这样做,就是称赞那些为我们所颂扬的人曾把自己的幸福寄托在那里面的那些东西。我们称赞他们的资质,虽则我们还不能感到从他们资质中将要产生怎样的一些结果;但即使在这个判断内,我们自己也不是没有私心的。经验、反省、习惯、理性曾给我们以道德的趣味,我们在眼见一个伟大而慷慨的行动时所得到的快乐,和一个有审美观念的人在欣赏一幅并非为他所有的美丽图画时所得到的快乐,同样之多。养成实践道德习惯的人,在他心目中不断以博得别人的爱戴、尊重和援助为利益,正如他心目中有着自爱、自重的需要一样。充满这些已经在他身上变成了习惯的观念,他甚至禁止自己去做在自己心目中可能使自己卑贱的、别人看不见的种种罪恶,他好像是一个从小就养成了洁癖的人,因为看见自己脏了,虽然谁都没有看见,但他仍然感到很难过。好人就是这样的人:真实的观念给他指出他的利益或幸福在于这样的活动方式,即,别人为了自己的利益不能不爱、不能不称赞的那种活动方式。

这些原则,予以正确阐述,就是道德的真正基础。再没有比建立在一些被人们放在自然之外的想象的动因之上,或是建立在某些思辨家们看作先于一切经验,并且不依赖那些对我们产生一些

好处的先天感情之上的道德，更是虚构的了。人从本质上就是自
己爱自己、愿意保存自己、设法使自己的生存幸福[①]。所以，利益
或对于幸福的欲求，就是人的一切行动的唯一动力。这利益取决
于人的自然机体、他的需要、他获得的观念，以及他沾染上的种种
习惯；当一个败坏了的机体或是一些错误的意见，给他指示他的安
乐就在那些不仅对他本人而且也对别人无益或有害的事物之中的
时候，毫无疑问，他是陷在错误中的。可是，当一些真实的观念使 249
他把自己的幸福寄托在一种有益于人类、为别人所称赞，并且使他
成为人们所关切的对象的行为中的时候，他就是向德行稳步前进
了。如果道德学不给人证明他们的最大利益在于成为有德行的
人，那它就是一种空洞的科学。任何义务，只能建立在取得一种善
或避免一种恶的盖然性或确实性上。

事实上，一个有感觉有理智的动物，在有生之日，他时时刻刻都不能不牢记保存自己和自己的安乐，有责任为自己求得幸福。但是，经验和理性很快给他证明，如果没有援助，光靠自己，他是不能给自己提供为幸福所必需的一切东西的。他和一些同他一样有感觉、有理智、关心个人幸福、并且能够帮助他获得自己所愿欲的东西的人们一起生活，他觉察到，这些人，只有在对他们的安乐有利时，才给自己方便，因此他得到结论：为了自己的幸福，自己的行为随时都必须能够得到那些最能协力于实现他的目标的人们的欢心、称赞、尊敬和援助。他看到，对于人的安乐，最需要的还是人，

① 塞涅卡说："所以人是生来就知道关怀的方法的，换言之，知道怎样关心自己和保护自己；谁若说不会关心自己或保护自己，那么傻子也会怀疑。"

要使别人有利于自己的利益,就应该使他看出协助自己实现计划是有种种真实的好处的,把真实的好处给予人们,这就是有德行;有理性的人因此不能不感到,成为有德行的人是对自己有利的。德行不过是一种用别人的福利来使自己幸福的艺术。有德行的人,就是把幸福传导给那些能回报他以幸福、为他的保存所需要,并且能给他以一种幸福生存的人们的人。

这就是一切道德学的真正的基础。功与德是在人的本性和需
250 要上面建立起来的。人,只有凭借德行,才能使自己幸福[①]。没有德行,社会就既没有用处,也不能存在;除了集合起一些为相爱的欲望所鼓舞、并乐意致力于共同利益的人之外,社会不能给人什么真实的好处。如果家庭的成员们不是满心情愿地彼此帮助,互相分担生活的苦难,用联合起来的努力去排除自然所强加在他们头上的不幸,那么,家庭中就没有什么温暖。夫妇关系,只有在它使两个由于合法快乐的需要而结合起来的人的利益一致,从而支持了政治的社会并且能为社会造就一些公民的情况下,才是甜蜜的。而友谊呢,则只有当它特别是把一些有德行的人,就是说,为助成彼此幸福的诚挚热望所鼓舞的人们联合起来的时候,才有乐趣。总之,只有由于表现了德行,我们才值得所有同我们有关系的人的善意、信任和尊重。一句话,光是自己一个人,是谁也不能幸福的。

实在,每个人的幸福取决于他由于命运而置身其中的那些人内心里引起并培养起来的种种情感。显赫的身世固然足以使那些

① “道德不是别的,就是成全自己,把本性提高一步。”西塞罗,《论法律》,第 1 章。他在另一处又说:“德行就是理性能自主。”

人头晕目眩，威权和力量固然足以取得他们并非出自心愿的敬意，家资豪富固然可以贿买低下卑劣的灵魂，然而唯有人道、慈惠、同情和公正，才能毫不费力地得到一切有理性的人所感到需要的那些十分温柔的亲切、深情和尊重的感情。做有德之人，就是把自己的利益放在同别人的利益相适合的那种情况之中；就是享受那些施给别人的善举和快乐。凡是天性、教育、思索、习惯都使之具备这些条件而环境又使之心满意足的人，便会成为使所有接近他的 251
人感兴趣的人物。他无时无刻不在享受；他快乐地在每个人脸上看到满足和喜悦；他的妻子、孩子、朋友和仆人们，都用坦白而安详的面孔对他，都向他表现正是他自己招致的那种知足与平和的神态。围绕着他的一切都乐意同他甘苦与共；既然受人爱戴、尊敬、重视，一切便使他乐天而知足。他充分知悉自己在一切人心中所获得的权利；他庆幸自己成了一种幸福的泉源，而众人都由于这幸福，与他命运相连。我们对于自己的爱，被命运使我们连在一起的一切人所分享的时候，这种感情就百倍地甜美了。德行的习惯给我们造成的需要，德行本身就足以满足；德行就是这样往往成了自己的报酬，它把一些好处给予别人，也就是给了自己。

人们少不了要向我们说，甚至还要给我们证明：在现在的世道下，德行，远不能使实践它的人得到快乐，反而使他们时常陷于不幸，给他们的幸福连续安置障碍；我们到处看见德行是得不到回报的；叫我说什么呢！千千万万事例可以使我们相信，几乎在所有国家中德行是被人仇恨、遭人迫害、使人不得不抱怨人们的忘恩和不公的。我这样回答：我承认，由于人类迷误的必然结果，德行很少引向一般人寄托幸福的那些事物上去。大多数社会，常常被那般

由于无知、谄媚、偏见、滥用权力,以及罪而不罚等等使之成为德行之敌的人们所统治,往往不惜把社会的尊重和恩惠仅仅给予那些不肖的子民,只奖赏浅薄而有害的才能,而绝不给有功劳的人以他应得的公平。不过,正人君子从这个组织得如此之糟的社会中,既不贪图得到奖赏,也不贪图得到推崇,他满足于家庭生活的幸福,
252 并不想加多那些只会给他增加危险的关系。他知道,一个邪恶的社会是一个大旋涡,正直的人是不能随波逐流的,于是他退避一旁,远远离开那条他必将被践踏以死的人们趋之若鹜的道路。他在自己的范围里尽可能地行善;他退出战场,让那些愿一决雌雄的恶人去自由活动;他为他们互相拳打脚踢而叹息,他庆幸自己的平凡把他置于安全之中。他哀怜那些由于错误、由于错误之命定的必然结果的情欲而成为不幸的国家。它们只拥有不幸的公民;这些公民,远不去想到他们的真实利益,远不去致力于他们相互的幸福,远不去感到德行对于他们应该是如何地可贵,反而公开地互相攻打,或是暗地里自相残杀,并且憎恶那使他们放纵情欲感到不便的德行。

当我们说德行就是它自己的报酬时,我们只不过是简单地宣称:在一个社会中,如果它的眼光是被真理、经验和理性所引导的话,那么每个人就会认识他的真实利益,会意识到联合集体的目的,会发现完成自己的义务的种种好处或实在的动因,一句话,会深信要想使自己得到稳固的幸福,他就应该从事于自己同类们的福利,并且应该博得他们的尊重、爱戴和援助。最后,在一个组织良好的社会中,政府、教育、法律、榜样和训练,应该一致向每个公民证明,他作为一分子的那个国家乃是一个没有德行便不能幸福

和生存的整体；经验应该时时刻刻使他深信，部分人的福利只能从全体的福利中得来；正义会使他感觉到，社会，要成为有益的，就应该是一个意志的体系，在这个体系中，凡以符合于全体利益的方式而活动的意志，必定产生有益的反应。

但是，唉！由于人们的错误在自己观念中所造成的黑白颠倒，德行横遭贱视、放逐、迫害，它再也得不到它有权期望的任何好处。人们不得不把给它的奖赏悬之于未来，而在现世中，它是几乎永远 253
被剥夺了的。人们相信不得不哄骗、诱惑和吓唬凡人们，才能使他们服服帖帖遵守德行，而世上的一切都使他们感到德行给人以妨碍。人们用一些遥远的希望来填满他们的心，用一些悲惨的恐怖使他们惶恐，这样诱使他们顺从那一切都使他们感到可恨的德行，或是使他们掉头躲开那一切都使他们觉得可爱而必需的恶行。政治和迷信就是这样，凭借着种种幻影和引动人心的利益，想要补自然、经验、开明的政府、法律、教育、模范，以及合理的意见所能给人提供的种种实在而真实的动因的不足。可是这些人，为恶行所吸引、为习俗所左右、为必需而又危险的情欲所盲目，对于人们给他们所作的那些不确定的诺言和威胁，是丝毫不在意的。他们的快乐、情欲、习惯的现时利益，常占上风。使他们不顾人们指示他们去获得未来福利和避免种种不幸这种利益。这种种不幸，每当他们拿来和现在的利益比较的时候，在他们看来都是一些靠不住的东西。

迷信就是这样，远不能从原则上造成一些有德行的人，而只是把一种严酷而又无益的桎梏强加在人们身上。实际上只是那些狂热者或懦夫才套上了这个桎梏，而他们的意见使自己成为不是不

幸的就是危险的人物;而且这些人,战战兢兢地嚼着人家穿在他们口中的口嚼,也并没有使自己成为更为优秀的人。实在,经验给我们证明,那样多原因积累起来,给予腐朽的急流以一股无可抗拒的力量,而宗教却是徒然想挡住这个急流的一道堤。加之,这个宗教本身,难道不是用它所放纵并且圣化了的危险情欲,增加了公众的混乱吗?几乎在一切地方,德行只不过为某些坚强的人所具有,这些人抵抗得住偏见的激流,对他们在社会上广行善举而任劳任怨,谦虚地以博得少数赞同者的赏识为满足,而对于不公平的社会常
254 常只许给卑下、阴谋、罪恶勾当的那些小恩小惠,是全然无所动心的。

尽管不公平统治着世界,但到底总还是有一些有德行的人;甚至在最坏的国家中,也有一些行善的、认识德行的价值的人,他们知道德行这东西即使在它的敌人那里也会得到敬意的。有些人至少可以满足于那些内心的或隐匿的酬报,这些酬报,人地上没有任何权力能够剥夺。因为,正人君子有权利获得那些其行为与自己正相反的人们的尊重、敬仰、信任和爱戴;邪恶不得不屈从于德行,自惭形秽,承认德行的优越。除去这种如此温柔、如此巨大、如此确实的优势不算,当整个世界都以不公正对待正直的人时,他自己还是留有自爱自尊、愉快地进入自己内心深处,用别人如果不盲目也应当具有的那种眼光去鉴赏自己的行动的快乐。没有任何力量能够剥夺他理所应得的自尊。这种自尊心,如果毫无根据,就只不过是一种可笑的感情;只有当它以一种使别人屈辱、令别人恼火的方式表现自己的时候,它才是应当非难的,我们把这种情感叫作**傲慢**;如果它只根据一些无聊的事物,我们就称它是**虚荣**。如果它根

据的是确实有益于社会的德行和才能，——尽管这些德行和才能并不能为社会所欣赏，我们就不能谴责它，我们就认为它合情合理，仍然把它叫作**高尚**、**灵魂的伟大**、**高贵的自豪**。

那么，让我们不要再听那些迷信的胡说吧，它们是我们幸福的敌人，它们想破坏我们的幸福直到我们内心的深处。它们要我们恨自己、轻视自己；它们硬要把在这败坏的世界上留给德行的往往是仅有的那种酬报从善人那里夺走。在他心中消灭有根据的自尊心这种如此正直的情感，这就是把推动他去为善的那根最有力的发条打断。这样一来，在大部分人类社会中，还给他留下什么动力 255
呢？在这些社会上，我们不是看见德行遭到轻视、遭到打击，而放肆的罪恶和巧妙的恶行却得到奖赏吗？我们不是看见热爱公共福利被说成是疯狂，如实完成自己的义务被看作是欺骗，同情、慈悲、温和和夫妇间的忠诚，以及真挚不渝的友谊，都受到轻视而且被当作可笑的东西看待吗？人要行动，就必须有一些动因；人只是为了自己的幸福才或好或坏地行动。凡是他判定是自己的幸福的东西，就是他的利益；他绝不会无缘无故地去做什么；而且当他做了一些有益的活动而得不到人们的报酬时，他就会不是变成和别人一样的坏人，就是要用自己的双手设法取得补偿。

既然这样，善人就绝不可能是完全不幸的；它所应得的奖赏不能全部被剥夺；德行能够代替一切财富或幸福，什么东西也不能代替德行。可是，正直的人也不能免于痛苦；正和坏人一样，他是可以有物质上的痛苦的。他能够陷于贫困，他往往是诬蔑、不公、忘恩和仇恨的众矢之的，但是他在逆境、困苦和忧伤之中，也会在自己身上找到一种支持；他满意自己、尊重自己、意识到自己的尊严、

认识到自己的正义的善良、由于深信自己动机是正义的而感到自慰。这些支持,不是为坏人而有的。坏人,也和善人一样,同样会丧失体力、受到命运的播弄,但在他心里只有忧虑、遗憾和悔恨;他意志消沉,得不到自己良心的支撑;他的精神和肉体觉得同时受到各方面的压迫。善人绝不是一个无感觉的禁欲主义者,德行也并不能使人实现不可能的业绩;但是,如果他丧失体力,他不会像坏人病了那样怨天尤人;如果他陷于贫困,他不会像落在困苦中的坏人那样感到不幸;如果他地位下降,他也不会像坏人失意那样,痛不欲生。

每个人的幸福要看他的被培植起来的气质。自然造成一些幸
256 福的人,文化、教育、思索,则使自然所创造的这片土地肥沃起来并使它能产生一些有益的果实。天生幸福的人,就是从自然接受了一个健康的身体、活动灵敏的器官、正确的精神和一颗其情欲与欲求都和命运曾把我们置于其中的环境相类似和相适合的心的人。当自然已经给了我们一定分量的活力和精力,足以使我们获得我们的身体状况、思维方式和气质促使我们去欲求的事物时,自然也就是为我们做到了一切。如果自然给予我们的血液过于沸腾,想象过于活动,急不可待的欲望要获得的事物在我们的环境中是不可能得到,或者至少是不费一些可能危及我们福利并扰乱社会安宁的非常努力便不能得到的,那么,自然便是送给了我们一件不幸的礼物。最幸福的人通常大概就是这样一些人:他们具有一个平和的灵魂,只希图一些它能用一种可以维持它的活动而不给它引起过于麻烦而猛烈的震动的努力就能得到的东西。一个哲学家,他的需要很容易被满足,没有野心,高兴和少数友人交游聚谈,无

疑要比一个野心勃勃、满想蹂躏世界而终归失望的征服者，生来要幸福些。生来幸运的或自然使他能够受到适宜的改变的人，是绝不会有害于社会的。社会通常只是被那些生来不幸的人所扰：这些人喧噪不休、不满意自己的命运、为情欲弄得昏头昏脑、孜孜于种种艰难的目标，因而把社会弄得乌烟瘴气，以便取得那些他们自己幸福所系的想象的好东西。亚历山大对于光荣的欲求已经形成了错误观念，他的想象因而遭到歪曲，要使这样的人得到满足，就需要有多少帝国毁灭，多少民族浸沉于血泊之中，多少城市化为灰烬。对于狄奥日内斯(Diogenes)，只需要一只大木桶和表现怪僻的自由[①]；对于苏格拉底，只需有造就一些有德行的弟子这种快乐就够了。

人，既然由于自己的机体的缘故是一个时常需要运动的生物，因此必然时常有所欲求；这就是为什么得到东西过分容易，很快就会使这些东西对人变成无味。要感觉幸福，一定要为取得这个幸福曾作过种种努力；要在享受中觉得快乐，一定要这个欲求是为一些阻碍所刺激。毫不费力而得到的好东西，是很快就会使我们感到索然无味的。对幸福的期待，自己为得到幸福而作的必需的劳动，以及想象使我们对幸福构成变幻而繁多的图画，都给予我们脑子以它所需要的运动，使它运用自己的种种能力，使它所有的动力都活动起来；一句话，给它一种惬意的活动，这种惬意的活动，就是对幸福本身的享受也绝抵消不了的。活动是人类精神的真实要

① 狄奥日内斯(公元前413—前323)希腊斯多噶派哲学家。生活淡泊，厌恶舒适，常以一只大木桶为床，四季赤脚为乐，以性格怪僻著称。——译者

素;只要精神一旦停止活动,它便陷于烦恼。我们的灵魂需要观念,正如我们的胃需要食物。[①]

所以,欲望给我们的那个冲动,本身便是一件很好的东西。它之对于精神,犹如体操之对于身体,没有它,我们便会在人家给我们的那些食物中尝不到任何口腹之乐;正是口渴使得饮水对我们成为如此惬意的快乐;生命就是再生的欲望和满足了的欲望之永不间断的循环。对于劳动的人,休息才是一件好东西;对于无所事事的人,它便成了烦恼、忧愁和种种恶习的泉源。不间断地享乐,就是丝毫乐趣也没有享受到;无所欲求的人,无疑是比受苦的人还要不幸。

258 这些基于经验的思考应该给我们证明,坏和好同样都取决于事物的本质。幸福,为使人感觉到,是不能连续不断的;为使人的快乐有个间歇,劳动对人就很必需。人的身体需要运动。他的心也需要欲望。唯有不舒适才能使人尝到舒适的滋味;正是这个不舒适,才在人的生命的图画中形成阴影衬托。由于命运的一道不能收回的法则,人们都被迫不满意于自己的命运,被迫去为改变这个命运而作出努力,彼此羡慕他们之中不论谁都不能完满享受的那种幸福。穷人就是这样羡慕富有者的豪富,而富者却往往比穷人更不幸;因为富人也羡慕他在穷人身上所看到的那种勤劳、健

① 学者和文人比那些无知者和无所事事的人,或是那些不习于思维和学习的人都优越的地方,就在于学习和思考给他们提供了观念的繁多和变化。一个肯思维的人的精神在一本好书中所找到的养料,多于一个无知者的精神在他的财富给他提供的一切快乐中所找到的。学习,就是积累许许多多的观念。正是观念的繁多和组合使人与人之间有了这样多的差别,使人优于其他的动物。

康,以及即使在困苦之中也仍然时常面带笑容的那种种优点。

假如所有的人都对一切感到满意,那么世界上就不会再有什么活动了。为要幸福,就一定要欲望、活动和劳动;这就是自然的秩序,因为自然生生不已,正是由于它活动。人类社会所以能够继续存在下去,只是由于人们把自己的幸福寄托在其中的那些事物之继续不断的交换。穷人不得不有所欲求和劳动,以便取得他知道为保存自己的生命所必需的那些东西;吃饭、穿衣、住房、传种,这就是自然给他的第一需要;这些,他都满足了吗?那么,很快他又不得不产生一些完全新的需要,或不如说他的想象只是根据最初的那些需要而加以精炼了。它设法使它们多样化、愿意它们更富有刺激性;当他一旦达到豪富,尝遍了各种需要和各种需要的组合,他就开始厌恶,觉得没有什么滋味了。不再劳动了,他的身体就逐渐变得迟缓起来,缺乏了欲望,他的心也陷于委顿;被剥夺了活动性,他便不得不把自己的财富分别交给一些比他活动、比他更勤劳的人;这些人,为了自己的利益,就负责为他而劳动、给他提供需要、使他摆脱困倦、满足他一时的意欲。富人和老爷们,就是这样激起穷人的能力、活动性和技能来;而穷人在为别人劳动的同 259
时,也为自己的安适付出了劳动。这样,想改善自己命运的欲望使人们互相需要;常常更新而永不满足的欲望就是这样成为生命、健康、活动性,以及社会的根源。假如每个人都能自给自足,那就没有丝毫必要去过社会生活;我们的需要、欲望、幻想,使我们依赖别人,并且使每个人为了自己的利益都不得不有益于那些能够给他提供他所没有的东西的人们。一个民族,不过是由于需要或快乐而互相联系起来的许多人的联合。最幸福的人,就是需要最少而

满足需要的方法最多的那些人。

在人类的某些个人,一如在政治社会中,需要之不断进步是一件必然的事情,它是建立在人的本质之上的。自然的需要一经满足之后,必然要代之以我们所说的**想象的**需要或**舆论的**需要;这些需要与前者同样成为我们幸福所不可少的东西。习惯,许可美洲蛮人赤身裸体走来走去,却迫使欧洲民族的开化居民穿衣服;穷人以有一件朴素的终年穿用的衣服为满足,有钱的人则愿意有适于每个季节的穿着;如果他没有新装更换,他便感觉痛苦,如果他的穿着不能显示给别人他的财富、地位和优越,他便会觉得烦恼。习惯就是这样使富人的需要层出不穷;他的虚荣心本身变成了一种需要,使得千百只手动起来忙于使它得到满足,这种虚荣心也给穷人提供了生存手段。习于盛宴、习于在衣着方面讲究奢华的人,当他被剥夺了他的幸福观念所系的豪富标志的时候,便会感到与没
260 有衣服可穿的穷人同样可怜。今日的开化民族,最初都是野蛮的、不定居的和游荡的人;他们忙于打猎和战争,被迫艰难地寻找食物;渐渐,他们定居下来,从事农业,后来又从事商业;他们精炼了最初的一些需要,又扩充了需要的范围;他们想象出千百种方法来使这些需要得到满足。对于有感觉的需要、为了幸福而必然要使自己的感觉多样化的能动的人,这就是他们的自然而又必然的渐进过程。

随着人们的需要的增多,他们也就变得更难于满足,他们不得不依赖于更多的人;为激起这些人的活动性,为使这些人都来助成自己目的的实现,人们就不得不争取获得能够促使别人来满足自己欲望的东西。一个野蛮人只要伸手去摘下那足以作为他的食物

的果子就够了，而一个在繁荣的社会中，豪富的公民则不得不使千百双手活动起来，去制作豪华的盛馔和考究的菜食，才能唤起他那衰退的食欲或满足他的虚荣心。由此可见，我们不得不在我们的需要增多的同时，相应地增多满足需要的手段。财富不外是约定的手段，我们借以使得许多人共同出力来满足我们的欲望，或者说，诱之以利，招请他们来成全我们的快乐。富有的人，如果不向贫困的人们声明：如果他们同意顺从他的意志，他就能给他们提供一些生存手段，那么他做什么呢？有权的人，如果他不向别人指出他是能够给他们提供幸福手段的，那么他又做些什么呢？君主、大人物和富人们，在我们看来是幸福的，那只是因为他们握有促使许多人去谋求自身幸福的足够手段和动力。

我们越对事物加以观察，我们就越相信人的错误意见乃是他们不幸的真实泉源。在他们当中幸福所以是这样少，就只因为他 261
们把幸福不是系在一些无关重要的事物上，就是系在一些无益于他们的福利的事物上，再不，就是系在一些对他们转变成真实不幸的事物上。财富，就它本身来说是无所谓的，只有人们拿它来做什么，才使它成为有益的还是有害的。金钱对于不知如何使用它的野蛮人是无所谓的东西；守财奴把它攒起来，成了废物；落在挥霍无度的人和纵欲的人手里就把它花掉，他们只是用它买回悔恨和衰弱。对于不能感觉快乐的人，快乐就等于零；有损于我们的快乐，一旦扰乱了我们的机体组织，使我们轻忽自己的义务，使我们在别人眼中成为可鄙视的人，那么快乐就变成了真正的祸害。权力本身也是无所谓的；如果我们为自己的幸福而善于利用它，它对我们是有益的；若是滥用它，它对我们就成为不幸的；若是我们用

它来造成一些不幸者,那它就成为可恨的东西了。因为对于自己真实的幸福缺乏明见,在那些具有一切手段使自己成为幸福的人们当中,有些人几乎永远找不到如何使用这些手段去获得自己幸福的秘密。享乐的艺术是最为人所不知的;这或许就是人在欲求之先首先应当学习的。大地上充满了这样的人:他们只是努力使自己获得手段,却永远不知道使用这些手段的目的。人人都渴望财产和权力,我们却看见极少有人因而获得幸福。

能够有助于增加我们幸福的总和的东西,我们想得到它,这是自然的、很必然也是很合理的。快乐、财富和权力,当我们知道如何应用它们来使自己的生存更可爱的时候,它们称得起是我们意欲和努力的对象;对于渴求这些东西的人,我们不能非难,对于占有这些东西的人,我们也不能轻视或憎恨,除非为得到这些东西他使用了卑鄙的手段,或是在得到它们之后,他使这些东西变成为一种不是有害于自己就是有害于别人的东西。威权、伟人和信用,当我们能够不以我们自己的安宁或和我们一同生活的人们的安宁为
262 代价而博得它们时,就让我们欲求它们吧。当我们知道如何真正有益于我们自己也有益于别人地去利用财富的时候,就让我们欲求财富吧;但是,千万不要为了得到这些东西而使用我们将不得不责备自己或使我们引起自己同社会的人的仇恨的方法。永远要记住:我们的巩固幸福应该建立在我们对于自己的尊重之上,建立在我们提供给别人的那些好处之上;在一切计划之中,对于一个生活在社会中的人来说,想不求外力独自使自己幸福,这计划是最行不通的。

第十六章　对于幸福的错误观念是人类不幸的真正泉源；论无效的药剂

理性并不禁止人产生广泛的欲望；野心如果以幸福为目标，不失为一种于人类有益的情欲。有些伟大的灵魂愿意在一个广大范围中活动；有些有力的、明见的、慈爱的、机缘幸运的天才们，把自己有益的影响传播得很远；他们都是为了自己的幸福，有必要使很多人也得到幸福。君主们那样多，而享受到真正幸福的却是这样稀少，其原因就是因为他们那无力而狭小的灵魂，被迫要在一个对他们薄弱的能力来说过于广泛的范围中去活动的缘故。由于自己领袖们的懈怠、懒惰、无能，许多民族就是这样在贫困之中委顿下去，而且屈服于那些既不能造福自己、也不能给自己臣民们造福的主子们。另一方面，有些过于狂热、过于沸腾、过于活动的灵魂，它们自身在限制着自己的那个范围中深感局促，因而它们那妄动的热力便造成了人类的一些祸患[1]。亚历山大是和他所推翻了的那 263
个疏懒的暴君同样有害于天下并同样不满于自己命运的君主。两者的灵魂都与自己的活动范围不大相称。

---

① “因为世界狭小，到处产生不幸。”在谈到亚历山大时，塞纳加说：“在达留斯王和英杜斯王以后，亚历山大是可怜的；可是这个贪得无厌的人，当他占有了一切，他又贪求其他的东西了。”参看塞纳加的《书信》第 120 页。

人的幸福永远只有在他的欲望和环境相适合的情况下才能获得。最高统治权力，如果掌握它的人不知为自己的幸福去利用，那么它就等于没有；如果它使人不幸，那么它就是一种真正的祸害；如果它使一部分人类倒霉，那它就是一种可恨的多余的东西了。最强有力的君主们往往不知幸福为何物，而他们的臣属通常那样不幸，就只因为前者占有一切使自己成为幸福的手段，却永远不知使用或只知滥用。一个身居王位的贤者是人类中最幸福的。事实上，君主是这样一个人：他倾其全力也不能使自己得到不同于自己最微末的属下所具有的感觉器官和感觉方式。如果他有胜过后者的地方，那就是他所从事的事物庞大、多样和繁多，而且使他的精神不间断地活动，阻止他委靡消沉和陷于烦恼。如果他的灵魂是崇高而伟大的话，那么只要能把臣民的意志和自己的意志结合起来，使他们去关心他，博得他们的爱戴，得到所有民族的尊重和颂扬，他的野心也就会感到满足了。这些就是理性建议给所有命定统治帝国的人们要去争取的东西；它们是巨大的，足以满足最强烈的想象和最强大的野心。国王们，只有有能力使大多数人幸福，从而使他们有更多的缘由获得合理的满足，才是人类中最幸福的人。

264 君主威权的这些优点被所有为治理国家出力的人们所分享。这样，高位、品级、声誉，对所有知道怎样为自己的幸福而利用它们的人才是大可欲求的对象；对那些既没有力量也没有能力以一种有益于自己的方式去使用它们的平庸之辈，它们是毫无用处的；当有人为得到它们反而危害自己的幸福和社会的幸福时，那么它们就是可憎的东西；有些人使用权势破坏社会，对于这种权势，除非社会从中获益，否则不可赞许，对于这样的人，社会也表示尊敬，那它就是陷在错误之中了。

财富对于吝啬的人毫无用处，吝啬的人不过是可怜的守财奴；财富又有害于放纵者，财富只能给他们带来病残、烦恼和厌倦。但财富却能把千百种增加幸福的方法放在善人的手中。不过在想得到财富之先，必须知道使用财富。金钱不过是代表幸福的标志；享用它，就是利用它造成幸福——实情就是如此。依照人们不成文的法规，金钱是能提供一切人们所能希求的好东西的，唯有一样它不提供，就是怎样知道利用金钱。有钱而不知享用，就犹如拿着一把宝殿的钥匙而自己却不能升堂入室；挥霍金钱，就无异于把这把钥匙抛在河中；把金钱用于坏的用途，这就等于用来残害自己。把最丰富的宝藏给予明智的善人吧，他绝不会被这些宝藏压倒；如果他有伟大而高尚的灵魂，他只会使善举惠及四方，他会博得很多很多人的爱戴，他会得到他周围的人们的爱慕和敬礼；他会节制自己的快乐以便能享受这些快乐，他会知道金钱绝不能恢复被享乐所耗损的灵魂、因放纵而削弱了的器官以及衰弱了的、从此只能靠各种禁忌勉为维持的身体，他会知道过度的肉欲将堵塞快乐的泉源，而倾世上一切宝藏都不能使感官恢复青春。

由此可见，再没有什么比反对欲求权力、伟大、财富、快乐的那
种阴郁哲学的种种论调更为浅薄的了。权力、伟大、财富、快乐，这 265
些东西，只要我们的命运许可我们去追求，或当我们知道如何使它们对我们真正有利的时候，都是可以欲求的。当我们为取得它们并没有损害任何人的时候，理性对于它们就既不能非难也不能轻视；当我们用这些东西使自己得到幸福，也使别人得到幸福的时候，理性还得尊重它们。快乐是一件好东西，爱快乐是出于我们的

本质;只要快乐使我们珍爱自己的生存,只要它对我们自己丝毫没有害处,只要它的后果不使别人恼火,快乐就是合理的。财富是现世大部分好东西的象征,它只有掌握在会利用它的人的手里才成为一种现实。而权力,则一定要掌握它的人从自然和教育那里接受伟大、高贵、有力的灵魂,足以使自己的好影响遍及整个民族,把各个民族由此放在一种合法的依属之下并用自己的恩惠把它们联系在一起,这时候它才是一种最大的好东西;只有在使人们成为幸福的时候,人才获得统率别人的权利。

人对于自己同类的权利,只能建立在他给人家提供的或是他使人寄于希望的那种幸福上面;没有这,那么他施于别人的权利就是一种暴力、一种僭夺、一种显然的暴虐;只有在能使我们成为幸福的这种能力之上,一切合法的权威才能建立起来。没有哪一个人是从自然接受了指挥另一个人的权利的,可是对于我们希望从他可以得到幸福的人,我们却情愿把这种权利交给他。统治,无非是统率一切人的权利,是为被统治者的利益而授予君主的。君主是臣民的生命、财产和自由的捍卫者与保护者,只有在这个条件之下人民才同意服从;政府一旦滥用人家所付托的权力使社会成为不幸,那么它就只是肆行强盗行为。宗教不过是建立在人们现时
266 见解之上的帝国,它有使一切民族成为不幸的能力;如果诸神使人们成为不幸,那么它们就是一些可恶的幽灵[①]。政府和宗教,只有

---

① 西塞罗说:"如果上帝不取悦于人,上帝就不存在";"上帝不能强迫人们去服从它,除非它使人们认识它有权力能使人们成为幸福的或是不幸的。"参看《宗教的保卫》,第1卷,第433页。从这些原则应该得到结论说:人有权利根据宗教和神给社会提供的好处或坏处,而对它们加以评断。

在两者都有助于人们的福利的时候，才能是合理的体制；自行屈从于一种只会产生不幸的桎梏，那是出于疯狂；强迫人们放弃自己的权利而并不把任何利益给他们，那就是不公平。

父亲对于他的家庭行使的权力，只是建立在他被认为能给家庭提供的好处上面。在政治社会中，地位是以某些公民的真实的或想象的功用为基础，正是为了这种功用其他的公民才同意优待他们、尊敬他们、服从他们。有钱的人除非能够使穷人受到福利，不能获得对于穷人的权利。天才、精神的才能、科学与艺术所以对我们有权利，只是因为他们把功用、快乐和益处提供给社会。总之，正是幸福、幸福的期待、幸福的憧憬，才为我们不断钟爱和赞美。神、君王、阔人、大人先生们，固然能用他们的威权压制我们、炫惑我们、使我们畏怯，可是他们除了用真实的善举和德行，永远不能使我们心悦诚服，唯有我们的心才能给人以合法权利。功用不是别的东西，而是真实的幸福；有用即有德；成为有德行的人，就是使一些别人幸福。

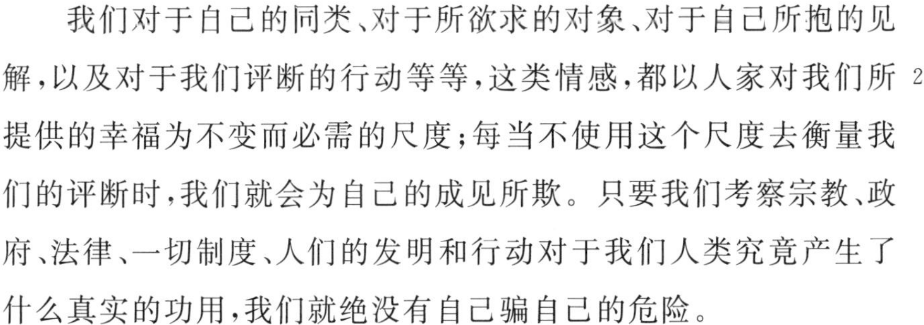

我们对于自己的同类、对于所欲求的对象、对于自己所抱的见解，以及对于我们评断的行动等等，这类情感，都以人家对我们所 267
提供的幸福为不变而必需的尺度；每当不使用这个尺度去衡量我们的评断时，我们就会为自己的成见所欺。只要我们考察宗教、政府、法律、一切制度、人们的发明和行动对于我们人类究竟产生了什么真实的功用，我们就绝没有自己骗自己的危险。

浮光掠影的观察时常使我们迷惑；认真思考过的经验则把我们引向理性，而理性是不能欺骗我们的。理性告诉我们，快乐是一时的幸福，但它往往变成不幸；不幸是暂时的痛苦，但又往往变成好事。理性使我们认识事物的真正本性,推知我们期待它们发生的结果;理性使我们得以区分自己的福利许可我们顺从的倾向同我们应该抵抗它们诱惑的那些倾向。最后,理性还常常说服我们,有理智的、热爱幸福的、渴望使自己的生存成为幸福的人们的利益,要求人家替他们把在这世界上阻碍他们获致幸福的一切幽灵、幻影和偏见,统统毁掉。

如果请教经验,就会看出,我们应该在某些神圣化了的幻想和见解中,去寻找到处压迫人类的许许多多不幸的真实根源。对于自然原因的蒙昧无知给人创造了一些神明;骗子手又使它们变成严峻可怕,它们的悲惨观念追踪着人,但并不能使他变得稍好一些,徒然使他战战兢兢,给他的精神塞满幻影,阻挡他理性的进步,阻止他去寻找幸福。他的恐惧使他成为那些以他的利益为借口而哄骗他的人们的奴隶。当人家对他说他的神明们要求一些罪恶,那么他就去作恶;他生活在困厄之中,因为人家告诉他,他的神明们在罚他成为悲惨的人;他永远不敢抵抗自己的神,也不敢摆脱自
268 己的镣铐,因为人家告诉他,说愚蠢无知、弃绝理性、精神麻木、灵魂卑贱,才是取得永恒幸福的可靠方法。

同样危险的偏见,也曾使人对自己的政府盲目。国民们丝毫不认识权威的真正基础;他们不敢向负有供给他们以幸福之责的国王们要求幸福;他们相信,那些假充神灵的君主,生来就有向其余的凡人们发号施令的权利,能随意处置人民的幸福,而对造成人们的不幸毫不负责。由于这些见解的必然结果,政治便堕落成为一种不幸的人为的权术,随意为了某个个人或某些拥有特权的坏人的偏私而牺牲一切人的福利。尽管国民们感受种种不幸,但他

们还是在自己所造成的那些偶像面前顶礼膜拜，疯狂地尊敬他们困苦的制造者；他们服从这些人的不公平的意志；他们为满足这些人的野心、无餍的贪求和层出不穷的幻想，不惜耗尽自己的生命、鲜血和财富；他们对于和君主一起有着害人之权的一切人怀有一种愚痴的崇敬；他们在名望、地位、官衔、豪富和奢华面前卑躬屈膝。这些作了自己成见的牺牲的人们，徒然等待从某些人那里得到福利，而后者，由于自己的恶行和没有能力享受，自己已经很不幸了，当然不能再去关心人民的福利。在这样一些领袖之下，他们物质的幸福和精神的幸福同样被忽视，乃至被消灭。

在民俗学里我们也发现有着同样的盲目性。从来只不过以无知为基础、以想象为引导的宗教，是绝不会在人的本性之上、人与人的关系之上，以及从这些关系必然产生的一些义务之上，来建立道德学的。它宁愿把道德学建立在一些想象的关系上面，这些关系，它认为是存在于人与它所毫无根据地想象出来并虚伪地使之讲话的那些不可见的势力之间的。正是这些被宗教常常描绘成万 269
恶暴君的不可见的神，才是人的行为的仲裁者和模范；当人想要模仿这些神化了的暴君或是信从他们那些宣教者的教导时，那么他就成了邪恶、孤僻、无用、喧噪和迷信的人。这些宣教者只是利用宗教和宗教在人精神上散布的愚昧；国民们既不认识自然，也不认识理性和真理。他们只有宗教，而没有任何有关道德或德行的确实观念。当人对自己的同类做了坏事，他却以为是冒犯了上帝，他在上帝之前把自己臭骂一通、向它作一些献仪、给上帝的教士一些好处，也就心安理得了。这样，宗教远不能给道德学一种确实、自然而已知的基础，只是给了它一个摇摇欲坠的、理想的、不可能认

识的根据。叫我怎么说呢?宗教败坏了道德,它的种种赎罪的方法还彻底毁灭了道德。当宗教想打击人们的情欲的时候,它是徒劳无功的;宗教常常狂热而缺乏经验,从来不认识真正解救情欲的方法;它下的药令人恶心,激起病人的反感;它把这些药视为神药,因为它们的对象本来就不是人类;它们毫无成效,因为要阻挡最真实最有力的原因在人心中使之诞生并滋长起来的那些情欲,幻影是不起任何作用的。在一切都向人大声疾呼不损害自己的同类便不能得到幸福的喧嚣的社会中,宗教或神的声音便不能使人听信了;这些徒然的叫嚷只能使德行成为可憎可恨的东西,因为它们总是把德行表现为幸福和人类快乐的敌人。在谈到人们的义务时,总是使人们看到对于自己所有最珍爱的东西的无情牺牲,而从不告诉人们作这牺牲的真实原因。现在的胜过未来的,可见的胜过不可见的,已知的胜过未知的,而人之所以坏,就因为一切都对他说,要得到幸福就应该去做坏人。

人类中不幸的人就是这样并未丝毫减少,相反,由于宗教、政
270 府、教育、意见,总之,由于人家在使他的命运变得更甜美这个托词之下使他采纳的一切体制机构,反而更行增多起来。指出以下一点,绝不是重复:我们应该看到是错误使得人类遭受种种祸害,绝不是自然使人类成为不幸,绝不是有个被触怒了的神要人在眼泪中度日,也绝不是遗传的恶根使人成为邪恶和不幸;而是错误,这些可悲的结果只能归咎于错误。

被某些智者如此渴求、被另外一些人如此夸大其词地宣扬的那个至高无上的善,只能被看作类似于某些行家当作万应良药的那种**妙灵仙丹**,不过是一种虚构的东西而已。一切人都是有病的,

一生下来就马上受到错误的传染；不过每个人都由于自己的天生机体和个别环境的缘故，受到的传染各有不同。如果还有一种普遍的良药可以拿来施用于人们各式各样的错综复杂的病症的话，那就只有一种，不用说，这种药就是那应该在自然中去汲取的真理。

只要看到使绝大多数人盲目并且从小就不得不感染上的那些错误，只要看到永远激动着他们的那些欲望、苦恼着他们的那些情欲、啃蚀着他们的那些不安，以及四面八方围困着他们的那些物质的和精神的痛苦，我们就一定会相信，幸福绝不是为这世界而有的，并且想要把那些一切都来加以毒害的精神治好是一件徒劳无益的事情。当我们对那些使人惶恐、使人不和、使人丧失理性的种种迷信，那些压迫人的政府，那些束缚人的法律，那些几乎世间的一切人都在它们下面呻吟的层出不穷的不公平，最后，使社会的情况几乎对所有处在社会中的人变得如此可憎可恨的恶行和犯罪——当我们对所有这些加以考察的时候，我们就难免有 271
这样一种看法：不幸为人类所固有，现世只是为集合不幸的人而设，幸福不过是一个幻影，至少是一个飘忽不定以至难以固定的点子。

忧愁的和被忧郁所滋养的迷信者，于是不断看到自然或自然的创造者原来是热衷于反对人类；他们假想，作为天怒之经常对象的人，甚至因为自己的欲望也会惹天发怒，因为追寻一个并不为他而造的幸福也会成为有罪。痛感于我们最热切欲求的事物永远不能满足我们的心，他们于是指责这些事物是有害、可恨而又可厌的东西。他们喝令人要躲避它们，他们毫无分别地剥夺了对于我们

以及对于和我们一起生活的人都是最有益的一些情欲;他们要求人麻木不仁、变成自己的敌人、跟自己的同类们分开、抛弃一切快乐、拒绝幸福,一句话,改变本性。他们说:“凡人啊!你们生来就是要成为不幸的;你们生命的创造者指定你们要过倒霉的生活;那么,顺从它的意旨,使你们自己成为不幸的人吧。打击你那些以幸福为目标的叛逆的欲望;放弃那些出于你的本质要去喜爱的快乐;不要迷恋尘世上的任何东西;逃开那个只会煽起你们的想象去追求你们应该拒绝的那些好东西的社会;把你们灵魂的动力摧毁;压制你那想结束痛苦的能动性;受苦吧,忧愁吧,呻吟吧:这对你就是走向幸福的道路。”

把人的自然状态当作病症的瞎了眼睛的医生呵!他们丝毫看不见,人的情欲和欲望就是人的本质的东西!禁止他去爱、禁止他去欲求,就是要夺去他的生命。他们看不见活动性就是社会的生命,而对我们说要自己恨自己、自己轻视自己,这就是剥夺最能促使我们敦品修德的动力。宗教就是这样,用它的超自然药物,远不
272 能把人的病痛治好,只是使这些病痛加深而且无望。本当平息他们的情欲,宗教却使得他们的本性为了自我保存和幸福而给予他们的那些情欲,更加不可医治、更加危险、更加激烈。能使我们幸福的,绝不是扑灭我们的情欲,而是把这些情欲引向对我们自己和对别人都真正有益的目标。

尽管有人类受其蒙蔽的种种错误,尽管有宗教和政治制度的荒诞,尽管有我们为反抗命运而不断发出的种种怨言和呻吟,人间毕竟还有一些幸福的人。我们在世间有时看见一些为使国家繁荣富强的雄心壮志所鼓舞的君主;我们发现一些像安多南、特拉让、

瑞连、亨利[①]这样的人物；我们也碰见一些高贵的灵魂，它们把自己的荣誉和幸福用于鼓励功勋、救济穷人、给受压迫的德行以援助。还有一些天才，他们渴望自己同胞们的由衷赞扬，为同胞们有利地服务，并且享受着把幸福给予别人的那种幸福。

让我们不要以为穷人自己就与幸福无缘罢。平凡和贫困，往往使他获得一些为富豪和大人物所不能不承认、不能不羡慕的优越之处。穷人的灵魂，时时在活动，不断地形成一些欲望，至于富人和有权的人，则往往陷在不知希望什么才好，或希求某些不可能得到的事物的可怜困境之中[②]。他的身体，习于劳动，知道休息的甜蜜；而休息对于因为无所事事而烦闷欲死的人，却是最厉害的疲乏。运动和淡泊给前者以生气和健康；后者却由于没有节制和不劳动而只能厌倦和衰弱。贫穷使灵魂的一切发条都紧张起来，它就是勤奋之母；富豪和大人物不得不致敬的天才、才能和功勋，正
是出自它的胎里。最后，在穷人那里，可以说命运的打击是碰到了 273
一棵柔韧的芦苇，它屈曲而不摧折。

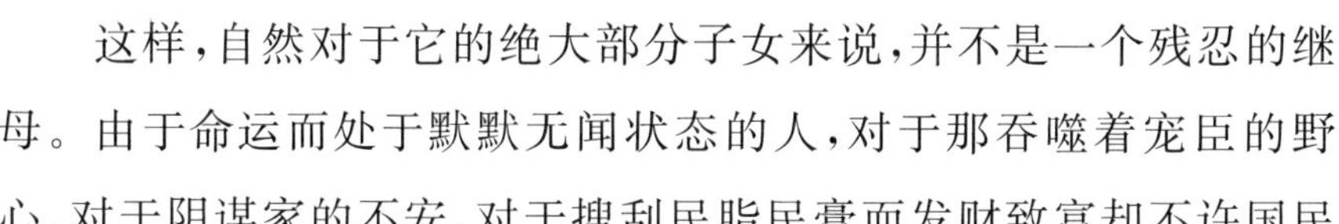

这样，自然对于它的绝大部分子女来说，并不是一个残忍的继母。由于命运而处于默默无闻状态的人，对于那吞噬着宠臣的野心、对于阴谋家的不安、对于搜刮民脂民膏而发财致富却不许国民

① Antonin le Pieux(86—161)，罗马皇帝，138—161年，对罗马进行公正而温和的统治。减税，改革立法，对基督徒宽容，是其从政的三个重要方面。Trajan (Marcus Ulpius Trajanus Trinitus 98—117)，罗马皇帝。卓越的组织者，支持对基督徒的迫害。Julien l'Apostat (331—363?)，罗马皇帝。Henri Ⅳ(1553—1610)(?)法国十六世纪末十七世纪初最著名的皇帝。有卓越的治国才能，死后，人民称之为“伟大的亨利”。——译者

② 贝特隆(Pétrone)说：“我不知道贫穷怎么能作善心的姊妹。”

沾光的人的悔恨、烦恼和厌倦,是完全不知其为何物的。身体越是劳动,想象越会安静;想象炽热旺盛,是由于它巡视的事物太多;在这些事物上得到餍足,它就厌倦了。贫困的人的想象为必然所限制,他接受的观念不多,认识的事物也少,因此他并没有很多的欲望;只要很少一点他就心满意足。可是养尊处优、尝遍了或享用尽了一切必需品的人,就是整个自然也很难满足他们那无餍的心愿和想象出来的需要。有些人,成见使我们把他们看成是人类中最不幸的,实际上他们往往比那些压迫他们、轻视他们,有时却只好羡慕他们的人们,还拥有更真实和更大的优越性。有限制的欲望是一件很真实的好东西。老百姓财产微薄,只欲求面包;他用自己的汗水挣得了它,只要世道不公还不至于使他觉得这面包带着苦味,那么他吃起来是非常快活的。由于政府的昏聩,过于饱足的人并不因为自己富有而更感幸福,却争夺农民用双手从土地里培育出来的果实。王侯们为了情欲和偏私,牺牲了自己的真实幸福和国家的幸福,使人民意志消沉,使自己的领地陷于贫困,使成百万的人民沦于不幸,而对王侯们自己却丝毫没有利益可言。暴政使它的子民不得不诅咒自己的生存、抛弃自己的工作,并且还剥夺了他们去生养可能会与自己父母同样可怜的孩子的勇气。有时,过度的压迫逼得他们起来造反,或者用谋害别人来报复别人对他们的种种不义。当不义使贫困的人走投无路的时候,便使他们不得
274 不以犯罪作为抵挡自己不幸的手段。不公平的政府使人心里产生失望;它的横征暴敛使农村凋敝、土地荒芜;使传染病和瘟疫猖狂起来的可怕的饥馑便由此而来。人民的不幸产生革命;人们的精神由于受到困苦的刺激,开始活动酝酿,一些帝国的倾覆就是它必

然的结果。物质和精神就是这样常常联结着，或不如说它们就是同一个事物。

即使领袖们的不公正并不总是产生这样一些明显的结果，至少它会产生懒惰。结果，社会上充满了乞丐和坏分子，这类东西，既不是宗教、也不是法律的恐吓所能制止的，没有什么东西可以约束住他们，使他们对于不许他们分享的福利只作不幸的旁观者。当不公正把可能使他们成为有用和正直的人的工作和技能的途径堵塞了的时候，他们就不惜牺牲生命去追求一时的幸福。

希望人们不要向我们说，没有哪一个政府能够使它所有的人民都幸福这类的话吧。当然，它不能指望能满足某些游手好闲的公民们的无餍的奇想，这些人只知为了平息自己的烦恼而想入非非，但是，政府能够而且应当致力于满足大多数人民的实际需要。一个社会，只要它的大多数成员都有吃、有穿、有住，一句话，只要他们不必过度劳动就能给自己提供自然使他们所必需的需要，那么，这社会便是享受了它所能享受的幸福。只要他们确有把握：任何力量也不能剥夺他们勤奋努力的成果，并且他们是为自己而劳动的，那么，他们的想象也就会满足了。由于人类疯狂的结果，许多民族的全体人民不得不为少数丧失理智的人、某些无用的人的豪华、奇想、腐化而劳动、流汗、以眼泪灌溉大地。而这少数人的幸福已成为不可能的了，因为他们那迷失了的想象再也不知道限制。宗教的和政治的错误，就是这样把世界变成了泪海。

正由于没有请教理性，没有认识真理的价值，不知什么是自己 275
真实的利益，不知稳固而真实的幸福何在，因此，君主和人民、富人和穷人、权贵和贱民，无疑，往往距幸福是很遥远的；然而，如果我

们对人类加以公正的观察,我们就会发现幸比不幸还是多得多。没有人是整个地幸福的,而只是部分地幸福。即使对命运的残酷埋怨最厉害的人,也宁愿苟延残喘,虽然往往奄奄一息,也不愿去死。因为,习于困苦,我们就觉得困苦轻微了;痛苦暂时停止了,会成为真实的快乐;每种需要,得到满足,也是一种快乐;没有忧伤和病痛,就是一种幸福境况,是我们暗暗享受而不自觉的。希望很少完全把我们抛弃,却帮助我们忍受最残酷的不幸。囚徒戴着镣铐也有笑的时候;倦归的乡人唱着歌走进他的茅舍;即使自称最命苦的人,除非绝望已经在他眼里把自然全然改观,他看见死的到来也绝不会不感到害怕的。[①]

只要我们还愿意继续我们生命的时候,我们就没有权利说我们是完全不幸的;只要希望还在支持着我们的时候,我们就还是在享受着一种很大的幸福。假如我们比较公正的话,那么在给我们的快乐和痛苦算一笔账时,我们就得承认前者的总数要比后者的多得多;我们会看到,我们拿着的清单上,对于不幸记载正确而对于幸福则不正确。因为,我们会承认,在我们生命的整个过程中,全然不幸的日子是不多的。我们不时感到的需要,使我们获得满足它们的快乐,我们的灵魂是永不间断地为千百种事物所触动,其
276 多样、众多、新颖,使我们快乐,中止了我们的痛苦,排遣了我们的烦恼。物质的痛苦纵然厉害,它们却不会长期延续下去,它们很快就会使我们达到生命的终点;我们精神的痛苦也同样引我们达到这个地方。自然固然拒绝我们任何幸福,却也把走出生命的那扇

① 请参看在第十四章中关于自杀所讲的。

大门向我们打开；如果我们拒绝从那里走出去，那就是我们还觉得活着有乐趣。陷于绝望的民族，它们不是完完全全地不幸的吗？那么，它们可以拿起武器，不顾灭绝的危险，作出一切努力去结束自己的痛苦。

有这么多的人坚持活下去，从这件事本身，我们就应得出这样的结论：他们并不是像我们所想象的那样不幸。所以，让我们不要再夸大人类的不幸，叫那些想使我们相信人的不幸无可解救的忧郁病患者住口吧。逐渐减少我们的错误，我们的苦难就会相应地减少下来。人心不断产生欲望，我们绝不要因而结论说人就是不幸的；他的身体每天需要食物，我们只能结论说他很健康，而且完成了他的职能；他的心有所欲求，因此应当结论说，它需要时时刻刻都被感动，而且对于这样一个生物——即能感觉、会思维、能接受观念、对于向他提供或答应给他一种类似于他的自然能力的生存方式的东西必然要爱和欲求，那么，情欲，对于这个生物的幸福便是绝不可缺少的。只要我们还活着，只要我们灵魂的发条还有着饱满的力量，这个灵魂就有所欲求；只要它还有所欲求，它就感受着为它所必需的活力；只要它还活动，它就是活着。生命好比是一道江水，后浪推着前浪、一浪跟着一浪、不断向前奔流。它们被迫在一条凸凹不平的河床上流动，不时遇到一些使它们停滞不前的障碍；但它们从不停止奔腾、跳跃、汹涌，直到它们泻入自然的海洋。

第十七章　论真实的观念或建立在自然之上的观念是解救人们不幸的唯一良药；上卷的概括

277　每当我们不再以经验为引导时，我们就要陷于错误。我们的错误，一旦获得宗教的批准，就要变得更加危险、更加不可救药了，因为，这时我们就绝不会同意返回正道了。我们还以为不再看什么、不再彼此了解，是对我们自己有利的，并且认为我们的幸福要我们在真理面前必须闭上眼睛。如果大多数道德学家不认识人的心灵，如果他们认错了人的病和可能对人适合的良药，如果他们给人开的药方毫无效验或者甚至是危险的，这是因为他们抛弃自然，反对经验，不敢向自己的理性请教，放弃感官的明证，他们只追随被狂热眩惑或被恐惧搅扰的想象的任意冲动；他们宁可要想象给他们显示的种种幻影，而不要永不骗人的自然的真实。

由于不愿意觉得：一个有理智的生物，时刻都必须关心自己的保存，必须考虑自己真实的或假想的利益、自己的巩固的或暂时的福利，一句话，自己的真实的或虚假的幸福，由于不想认为：欲望和情欲乃是我们灵魂之本质的、自然的、必需的运动，因此人类的医生们才为人们的迷误捏造出一些超自然的原因，只用无用或危险的药品去医治他们的病痛。他们吩咐我们窒息自己的欲望、克制

自己的倾向、扑灭自己的情欲，这只是给了我们一些无结果的、空 278
洞的、行不通的戒令。这些空洞的教训，对任何人都是不起作用的，充其量，它们只对那些由于平和的想象而仅仅微微倾向于恶的人加以抑制而已。然而这些教训带来的种种恐怖，却搅扰了某些本性温和的人的平静，但对于被情欲迷醉或被习惯的急流卷去的人们的不可驯服的气质，却永远也不能遏止。最后，迷信的种种诺言和威胁，只造成了狂信者、狂热者和无用的或危险的人物，永远不能造就真正有德的，就是说，有益于自己同类的人。

这些受盲目旧习指引的江湖医生，丝毫没有看到，人，只要还活着，是天生能感觉、有所欲求的，而且必定要按照自身机体的能力大小去满足这些情欲的。他们也没有觉察出，是习惯使教育在人心上撒下的这些情欲的种子生了根，政府的种种恶行使它们成长壮大，舆论支持它们，经验又使它们成为必需，而向有这样体质的人说去摧毁自己的情欲，这就无异于把他们抛在绝望之中，或是给他们开了一些过于猛烈的药，以致他们无法同意服用。鉴于我们这富足社会的现况，向一个由于经验知道财富提供一切快乐的人说，他不应该企求财富，不应该为得到财富而奔波，应该超然于财富之上，这，就等于劝他让自己成为不幸者。向一个把权力和伟大看作幸福之顶峰的野心家说，不要去企求权力和伟大，这实际上等于命令他一下子颠倒他观念的习惯体系，那就无异于对牛弹琴。叫一个性急的情人遏止对于他所迷恋的对象的情欲，这就等于叫他放弃自己的幸福。拿宗教去反对如此强有力的利益，这就是用虚构的思辨去攻击实在。

老实说，如果我们不怀成见去观察事物，我们就会发现，宗教 279

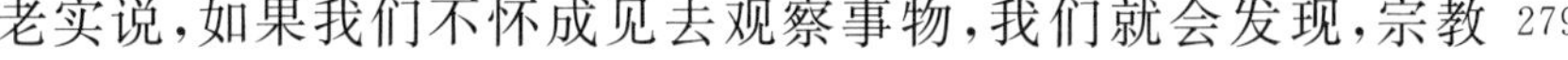

或它的迷信的超自然的道德学所给予人的大部分清规戒律，都是既滑稽可笑，又不可能实现的。禁止人们的情欲，这就是禁止他们成其为人；劝一个有着热烈想象的人节制自己的欲望，这就是劝他改变自己的机体，就是命令他的血缓慢一点流动。叫一个人放弃他的习惯，这就等于要一个习于穿着的公民同意赤身裸体地行走；如果要一个人不要有相类于他自然能力的情欲，要他放弃习惯和环境都使他已经习染并且转变成为需要的种种情欲，这就无异于要他改变自己的面容、破坏他的气质、熄灭他的想象、变坏他体内液汁的本性①。然而，这些就是大部分道德学家如此夸耀的用来抵制人类腐化的妙药灵丹。如果它们并不产生什么效果，如果它们使得人心里的情欲、人的恶行、习惯，不断与迷信要用来压倒他的种种虚构恐惧斗争，从而只使人陷于绝望，那么，这又有什么可奇怪的呢？社会上的种种恶行败习，社会用来刺激我们欲望的种种事物，快乐、财富，政府当作诱饵给我们炫示的种种荣誉，以及教育、榜样和舆论使我们觉得可贵的种种利益等等，向一方吸引着我
280 们；至于道德，则徒然劝诱我们倾向另一方。而宗教呢，则用它那种种可怕的威胁把我们投入烦扰，在我们内心引起一场激烈的斗争而永远得不到胜利；即便当它出于偶然战胜了那样多联合起来的力量，它也是使我们成为不幸者，完全摧毁了我们灵魂的动力。

① 我们看见，这些忠告尽管是这样荒唐无稽，却是由一切宗教向人们提出的。印度人、日本人、回教徒、犹太人，依照他们的迷信，都把吃斋、苦行、禁绝最高尚的快乐、逃避社会、用千百种自愿的折磨来使自己痛苦，以及毫不懈怠地致力于违反自然看作至善。在异教徒、高卢人和叙利亚的仙女祭师那里，它们也不见得要高明些；他们都由于虔信而损伤自己的肢体。

情欲才是真正能平衡情欲的东西。让我们不要想法消灭它们，而要尽力去引导它们：用有益于社会的情欲去抵消那对社会有害的情欲。作为经验之成果的理性，只不过是一种选择我们为了自身幸福而应当听从的情欲的艺术。教育就是在人心里种植有益的情欲的艺术。立法就是节制危险的情欲而把能够有益于公共福利的情欲激发起来的艺术。宗教呢，只不过是在凡人心灵里播下种种幻想、幻觉、邪术、疑惑，并且滋养它们，从而产生了对他们自己和对别人都是不幸的情欲的艺术；只有打击这些不幸的情欲，人才能踏上幸福的大道。

理性和道德，如果不给每个人指出他的真实利益是与有益于他自己的行为相关联的，那它们对人便不起什么作用。这个行为，要成为有益的，就应该使他自己的利益符合为他自身幸福所需的那些人的心意；所以，正是为了人类的利益或效用，为了由人类的利益或效用而产生的尊重、爱和好处，教育应该从早年起就燃起公民们的想象。习惯应该使他们熟悉、舆论应该使他们珍视、模范应该引起他们去追求的，就是取得这些好处的方法。政府应该用褒奖去鼓励他们遵守这个计划；用惩罚使那些想要扰乱这个计划的人不敢妄动。这样，对于真实福利的希望和对于真正不幸的恐惧，就可以与那些有害于社会的种种情欲相抗衡。如果我们不把不可思议的思辨和空洞无物的字眼塞满人的头脑，而去跟他们谈论真 281
实的事物，并把真实的利益指给他们，那么，有害于社会的情欲至少会减少很多的。

人之所以时常是坏的，只是因为他几乎总觉得做坏人对他有利；如果我们能使人们比较有知识、比较幸福，那我们是可以使他们做好人的。一个公平而审慎的政府，能够很快地使自己的国家充满诚实正直的公民；它给他们以当前的、真实而具体的动因去为善。它使他们受到教育，使他们感受到政府的关怀，用确保他自身幸福去诱导他们；它的诺言和威胁，忠实地执行，自然要比迷信的诺言和威胁有更大的分量。迷信所提出的，永远只是一些虚幻的好处，或是冷酷的坏人每逢遇到有利于他们生疑的时机就会加以怀疑的种种惩罚；现时的原因，远比那不定而遥远的原因感动他们要甚些。邪恶的人和坏人在世间是这样普遍、这样顽固、这样执著于他们的不轨行为，原因就是没有任何政府使他们发现成为公正的、诚实的和慈善的人的好处；反之，到处都有强大的利益助长他们那什么也不能纠正、什么也不能使之从善的邪恶机体的种种倾向，从而诱使他们犯罪[①]。一个在自己部落里并不认识金钱价值的野蛮人，对金钱是一定不会重视的，如果你把他带到我们的文明社会里来，他很快就会知道金钱的需要，他将努力去得到它；并且如果偷窃而无危险的话，他最后就会去偷窃，特别是当他还没有学会尊重他周围的人的财产的时候。野蛮人和儿童正是一样的情况；使他们成为坏人的，是我们。大人物的儿子从幼小起就会欲求权力，到成年时，便成了野心家；如果他侥幸机巧地骗得恩宠，他就会变成坏人，而且是一个作恶而受不到惩罚的坏人。所以，造成坏
282 人的，绝不是自然，而是我们的教育起着决定作用。在强盗当中成长起来的孩子只能成为匪徒；如果他在正经人的教育下长大起来，

① 撒路斯特(Salluste)说："没有人会无缘无故而不幸。"我们也可以同样说：没有人会无缘无故而幸福。

他就要成为好人。

我们当前对于道德、对于能在我们人的意志上产生影响的种种动因茫然无知，其根源，我们可以在大部分思辨家们创造的那些关于人类本性的错误观念中找到。民俗学之所以成为一种不可解之谜，就由于它把人说成是双重的，把人的灵魂从他的肉体中分别出来，把他的灵魂从物理界抽出，使它服从于从假想的宇宙中得出的空想的法则，并且假想灵魂具有一种与已知的事物全然不同的性质。这些假想便使人把全然有别于我们在一切物体中所看到的性质、活动方式、特性，赋给了灵魂。有些形而上学家赶忙抓住，极尽巧言令色之能事，把灵魂弄成了完全不可认识的东西。他们丝毫没有看出，运动之于灵魂，正与运动之于活着的肉体一样，乃是本质的；他们没有看到，两者的需要，都是不断更新的；他们也不愿相信，灵魂的这些需要正与肉体的需要一样，纯粹是物理的，而两者都永远只能为物理的和物质的东西所触动。他们也丝毫没有注意到灵魂与肉体之间的亲密无间而不间断的联系；或不如说，他们毫不同意灵魂与肉体只不过是从不同的角度去观察的同一个事物。他们固执地钻在自己的超自然的或不可思议的见解之中，拒绝睁开眼睛去看看肉体痛苦便使得灵魂不幸，而灵魂愁苦则腐蚀肉体并使肉体衰弱。他们也绝没有注意到精神的快乐和痛苦影响肉体，使肉体陷于衰颓或是给肉体以活力。他们相信灵魂从自己内部抽出它那欢乐的或是忧愁的思维；然而实际上，它的观念只是
来自物质地作用着或曾经作用过它的器官的一些物质的对象；而 283
灵魂之快活或忧愁，则只是由我们身体的固体和液体所处的长久的或暂时的状况所决定。总之，他们不承认这个纯粹被动的灵魂，

经受着同肉体所感受的一样的变化，只通过肉体的中介而被触动，只借助于肉体而活动，而且时常是，在它不自觉中、也不管它愿意与否，就从触动它的物理的对象方面获得它的观念、知觉、感觉、幸福或不幸。

从这些与种种神妙的体系相联系着的、或为证实这些体系而发明出来的意见推衍开来，人们遂假想人的灵魂是自由的，换言之，灵魂有因自己而运动的功能，并享有不依赖人的器官从外在事物接受冲动而活动的能力；人们还主张灵魂能抵抗这些冲动，并且不顾这些冲动而能遵循由于灵魂自己的能力给自己指定的方向；一句话，人们主张灵魂是自由的，就是说，具有能够不受任何外力支配而活动的能力。

这样，人们曾经假想具有一种与我们在宇宙中所认识的一切东西有别的性质的这个灵魂，因此也就具有一种特异的活动方式。可以这样说，它是一个孤立的点，不从属于那个连绵不断的各种运动的锁链，即各部分都永远在活动着的自然中一切物体彼此传导的各种运动的锁链。这些思辨者们，醉心于自己的崇高观念，不懂得：把灵魂从肉体和我们所认识的一切东西中区分出来，他们就是自陷于不可能对灵魂形成一个真实观念的情况之中；他们既不愿去觉察灵魂的活动方式与肉体被感动的方式之间的完全相类性，也不愿去觉察灵魂与肉体之间的必然而不断的相应性。他们也不
284 愿看到：与自然中一切物体一样，灵魂也不能免于种种吸引和排斥的运动（这些运动是使人的器官运动起来的那些东西之固有的性质）；而灵魂的意志、情欲、欲求，永远只不过是绝不属于它能力范围之内的一些物理的东西所产生的运动的结果；这些东西才是使

灵魂感觉幸福或不幸福、活动或委顿、满意或忧愁的原因，不管灵魂自己和它为要成为另一种样子而所能作出来的一切努力是怎样的。人们为使灵魂能活动，就在天上找到一些幻想的动力。人们只是把一些想象的利益呈现给世人，在使世人获得理想幸福的托词下，阻止他们为自己真实的幸福（人家唯恐使他们认识了的幸福）而努力；人们使他们的眼睛凝视天堂而不再去看着尘世；给他们掩藏了真理，主张凭借种种恐怖、幽灵、幻影去使他们成为幸福的人。结果，自身就是盲目的他们，却被另一些瞎了眼睛的人带路，在生命的道路上，他们只有双双走入歧途。

结　　论

从直到这里所讲过的一切，显然可以得到这样的结论：所有我们人类的各种各样的错误，都是由于放弃了经验、感官的证据、正直的理性，一任时常骗人的想象和常常可疑的权威的引导。人只要疏于研究自然，不增进对于它的不变法则的知识，不肯仅仅在自然中去寻找那能够真正解救作为他现时错误之必然结果的种种不幸的东西，那么他便永远不会认识自己的真正幸福。人只要相信自己是两重性的，并且被一种本性和法则都为他所不知的不可思议的力量推动，那么他对于他自己便永远是一个谜。他所称为理智的种种能力和他的种种精神的性质，如果不以看待他的肉体的性质或能力时同样的眼光去观察、不看见它们在一切方面都服从于同样的法则，那么这些东西对于他也是不可理解的。冒称的自由的体系是丝毫没有依据的；它无时无刻不被经验所戳穿。经验
285 给人证明，在他所有的行动中，他永远逃不出必然的掌握。这个真理，不仅对人决无危险、对道德没有破坏性，反之，能给道德提供真实的基础，因为道德使人感觉到存在于有感觉的、为了共同致力于相互福利这个目的才联合而成为社会的人们之间的关系之必然性。从这些关系的必然中，产生了他们的种种义务的必然，产生了对于他们称为有德行为给以爱的情感的必然，或对于他们称为邪

恶和有罪行为给以厌恶的情感的必然。从这里我们就看到了道德的义务的真实的基础。所谓道德的义务，不过就是为达到人在社会中向自己提出的目的而采取的种种方法的必然性。在社会中，我们每个人为了自己的利益、自己的幸福、自己的安全，不得不具有并且显示出为自己的保存所必需的和能够在同社会的人里面激起使自己成为幸福所需要的情感的种种条件。一句话，任何道德学都是建立在人类意志的必然作用和反作用上面，以及人们的灵魂之必然吸引和排斥上面；人们意志和行动的相合或和谐使社会得以维持，它们的不和谐则使社会瓦解，或使社会不幸。

从我们已经讲过的一切可以得出这个结论：人们用来指示那些在自然中活动着的隐藏的原因和它们各种结果的一些名称，永远不过是从不同角度被观察的必然性而已。我们已经发现，秩序乃是因果之必然连续，这个连续，我们看见了或是相信看见了它的总体、关联和进行，当我们觉得它适合于我们的存在的时候，它就使我们喜悦。我们同样也看到，我们称之为混乱的，乃是我们认为不利于我们自己或不适合于我们存在的因果必然连续。人们在理智这个名称下所指的，乃是一种必然的原因，它必然产生一系列我们称为秩序的事件系列。我们称为神的，是一种使整个自然活动起来的必然而不可见的原因，在这自然中，一切都遵循着不变的必
然的法则而活动。人们称为命运或宿命的，就是我们在这世界上 286
所看到的那些未知的原因与结果之必然的联系；我们使用偶然这个字，是指我们不能预测或我们不知它们和它们原因之间的必然联系的那些结果。最后，人们把假想被一个不可思议的动因发动起来的有机物的必然的结果和改变，称之为理智的和道德的能力。

这个不可思议的动因,人们以为它有别于有机物的肉体,或具有一种与肉体的性质不同的性质,人们就用**灵魂**这名称去指这个动因。

因此,人们就相信这个动因是不死的,是不像肉体那样可以消亡的。我们还指出了,对于来生的妙论只不过建立在毫无根据的已为深思所驳倒的一些假想之上而已。我们也证明了,这个假说不仅无益于世人的风尚,而且能使他们麻木不仁,使他们不去努力谋求自己现实的幸福;用有害于他们安静的种种晕眩和见解使他们迷醉;最后,它还能哄骗立法者们,使他们对于教育、社会的制度和法律,不给以应当给予的一切注意。我们也促使人们感觉到,政治曾错误地把自己建立在一种不能约束情欲的见解之上,一切都竭力把情欲在人心中煽起,而且只要现在诱惑它们或牵引着它们,它们就再也不去瞻望未来。我们还使人看到,对于死的轻视乃是一种有益的情感,它能给从事于真正有益社会的事业的人以勇气。最后,我们也使人认识是什么引人走向幸福,我们也指出谬误用来阻止人走向幸福的种种障碍。

那么,希望人家不要指责我们只破坏而不建设,只攻击错误而不代之以真理,既破坏宗教的基础、也破坏健全道德的基础吧。道
287 德对人是必需的,它建立在人的本性之上,它的义务是确定的,而且与人类同其悠久;它强制我们,因为没有它,个人也好,社会也好,就都不能存在下去,也不能享受他们本性迫使他们去渴求的种种好处。

那么,让我们听从这个建立在经验之上和事物的必然性之上的道德,而不要听从那基于冥想、欺骗和想象的任意冲动的迷信吧。让我们遵守那人道的、温和的、使我们经由幸福之路而导向德行的道德的教训吧。让我们堵住耳朵,不去听宗教的没有效验的呼声吧,宗教永远也不会使我们爱上一种被它弄成可恶可恨的德行,在期待着它许给我们在另一世界中的幻影时,它却使我们在这世界上成为真正的不幸者。最后,让我们来看看,如果没有一个败坏理性声誉的对手的援助,理性是否比这个对手更确实地把我们导向我们一切心愿所向往的目的。

很多世纪以来,神学就用那些玄妙的超自然观念充塞人类的头脑,实际上,直到今天为止,人类究竟从中提取了什么果实呢?所有那些由愚昧和想象所创造的幽灵,所有这些排斥经验的既无聊又狡猾的假说,所有这些充满了各种语言的空洞无物的字眼,所有那些人家用来影响人的意志的迷信的愿望和突然的恐怖,难道使人变得更好、更明白自己的义务、更忠实于完成自己的义务了吗?用来支持人们的奇妙体系和诡辩的发明,难道已经把光明带到我们精神里面,把理性带到我们行为中,把德行带到我们心灵中去了吗?可惜!所有这些东西只不过使人的理智陷在黑暗中而不能自拔,在我们灵魂中播下了危险的错误的种子,在我们心中孵化出我们将在其中发现人类深受其苦的不幸之真实源泉的悲惨情欲。

啊,人啊!那么就不要再任凭你的想象或别人对你的欺骗所创造出来的种种幽灵来搅扰你自己吧。放弃那些空洞的希望,摆
脱你那沉重的恐惧,顺着自然为你指出的必然的道路放心地走去 288
吧。如果你的命运许可,你就沿途撒下鲜花;如果你能够的话,就绕过丛生在那里的荆棘。千万不要用你的目光去探寻那看不透的未来;它的暧昧不明足以给你证明探测是无益或危险的。那么,你

就只去想在你所知的现时生存中怎样使自己成为幸福的吧。如果你愿保存自己,就要有节制、温和、有理性;如果你要想使快乐长久,你就千万不要浪费快乐。不要做对你自己和对别人都有害的事情。要真正地聪明,就是说,要懂得爱自己、保存自己、完成每一时刻你给自己立定的目的。要使自己得到巩固的幸福,要享受自然使他们成为你自己的福利所必需的人们的爱戴、尊敬的援助,你就使自己成为有德行的人吧。如果他们是不公平的,那么,你也要让你能自矜自爱而无愧;你将会满意地活着,你的宁静绝不会受到扰乱;你的生涯的末日,正如你的一生那样,没有良心的谴责,这就绝不会埋怨你有了生命。死之对于你,将是一个新的秩序中的一个新的生存的大门。你将要像现在这样,服从于命运的永恒的法则,这命运要求你如要在尘世幸福地生活,就需要造福给许多别的人。因此,你就让自然慢慢地拖着你,直到你平静地睡在那个曾经使你诞生的胎中去吧。

对于你,命运多舛的坏人啊!你时时刻刻在觉到自己和自己矛盾!既不能和你的本性相谐调、也不能与你同社会的人们的本性相谐调的紊乱了的机械!不要害怕在来生中对你所犯的罪恶的惩处吧。难道你不是已经被严酷的惩罚了吗?你的疯狂、你的可耻的习惯、你的放荡,不是已经损害你的健康了吗?你那由于纵欲而疲劳的生活,不是终于使你感到一切都乏味了吗?烦恼难道不是用你的种种被满足了的情欲来惩罚你?蓬勃的朝气和喜悦难道不是已让位给衰弱、疾病和悔恨?你的种种恶行难道不是每天都在为你掘着坟墓?每次当你被罪恶所玷污的时候,你敢毫无恐惧地反省吗?你难道不觉得在你心中滋长着追悔、恐怖和羞耻?你

难道不害怕你的同类们的目光？当你独处的时候，你难道不是战 289
战兢兢地、不住地担心那可怕的真理将揭穿你的隐秘罪行？那么，再不要害怕未来吧，它将使你给予自己应得的苦痛得到终结；死，在给人间解除了一件不愉快的负担的时候，也就是使你从你自己那里，即从你那最残酷的敌人那里，得到了解放。

汉外人名对照表

（页码指原书页码，即本书中的边码）

译 者 后 记

霍尔巴赫的《自然的体系》一书，根据哲学史家的记载，是1770年在荷兰阿姆斯特丹（Amsterdam）匿名印行的。以后，据译者所知，至少还有两种版本。一是1777年在伦敦出版的法文版，出版者不知何故把霍尔巴赫的《自然的体系》列为爱尔维修全集中的第四卷；另一是1822年在巴黎多墨尔书店（Domère Libraire）印行的新刊本。在这版本中，卷首有刊行者耐冗（Neigeon）写的序言，有关于《自然的体系》的历史以及霍尔巴赫的其他著作的书简，以及附在卷末的、作为全书提纲的《自然的体系的真实意义》。至于正文和注解，则与1777年的版本几乎完全一致。这两种版本比较起来，毫无疑问，1822年巴黎的新刊本要好一些，但可惜这书现在是很难找到了。

这个译本是根据1777年伦敦出版的法文版本（Système de la nature, ou des Lois du monde physique et du monde moral, à Londres M. DCC. LXX. VII.）译出的。在翻译过程中，曾参考杨伯恺的旧译本（1933年）；个别地方也参考了《自然的体系》的英译本。译成后，曾请中国科学院西方哲学史组同志通读一篇；王玖兴和陆达成二位同志对个别几章根据法文原本作了细致的校阅工作，提了很多宝贵的意见，译者在这里表示感谢。